装备科技译著出版基金

无人机系统成像与感知
——控制与性能

Imaging and Sensing for Unmanned Aircraft Systems:
Control and Performance

［巴西］瓦尼亚·V. 埃斯特雷拉（Vania V. Estrela）
［印］裘德·赫曼（Jude Hemanth）
［日］奥萨姆·邵图米（Osamu Saotome）　　编著
［瑞典］乔治·尼古拉科普洛斯（George Nikolakopoulos）
［阿联酋］罗伯托·萨巴蒂尼（Roberto Sabatini）

吴剑旗　李　晨　译
李　辉　王传声　审校

国防工业出版社

·北京·

著作权合同登记　　图字:01-2023-2213号

图书在版编目(CIP)数据

无人机系统成像与感知:控制与性能/(巴西)瓦尼亚·V. 埃斯特雷拉(Vania V. Estrela)等编著;吴剑旗,李晨译. —北京:国防工业出版社,2024.4

书名原文:Imaging and Sensing for Unmanned Aircraft Systems:Control and Performance

ISBN 978-7-118-13167-3

Ⅰ.①无… Ⅱ.①瓦… ②吴… ③李… Ⅲ.①无人驾驶飞机-飞机系统-图像处理 Ⅳ.①V279

中国国家版本馆 CIP 数据核字(2024)第 060437 号

Imaging and Sensing for Unmanned Aircraft Systems:Control and Performance by Vania V. Estrela, Jude Hemanth, Osamu Saotome, George Nikolakopoulos and Roberto Sabatini
ISBN:978-1785616426

Original English Language Edition published by The Institution of Engineering and Technology, Copyright © The Institution of Engineering and Technology 2020, All Rights Reserved.

本书简体中文版由 Institution of Engineering and Technology 授权国防工业出版社独家出版发行,版权所有,侵权必究。

※

国防工业出版社出版发行

(北京市海淀区紫竹院南路23号　邮政编码100048)
雅迪云印(天津)科技有限公司印刷
新华书店经销

＊

开本710×1000　1/16　插页4　印张19½　字数338千字
2024年4月第1版第1次印刷　印数1—2000册　定价158.00元

(本书如有印装错误,我社负责调换)

国防书店:(010)88540777　　书店传真:(010)88540776
发行业务:(010)88540717　　发行传真:(010)88540762

《无人机系统成像与感知》丛书译审委员会

主　任	吴剑旗				
副主任	李　晨	李　辉	王传声		
委　员	蒋大刚	郭拓荒	杨云志	丁　群	陈赤联
	徐春叶	黄大庆	昌　敏	牛轶峰	潘天水
	石　亮	赵　钰	施孟佶	陈　彦	陈华伟
	汪子君	魏明珠	方黎勇	孙　彬	黄　健
	张天良	乔　伟	马煜然	惠国保	高劲飞
	杨　巍	丁文锐	吴　玉	冯　慧	刘中杰
	孟祥玲	苏纪娟	吴永亮	王燕宇	曹　菡
	秦　乾	党帅军	李一航	张　鑫	张瑞雨
	徐玉龙	孙仁武	姬鹏飞	毛登森	张　明

丛 书 序

计算机视觉也称为机器视觉,是人工智能技术的应用之一,囊括很多能够理解图片图像和视频图像的算法,是许多创新型关键技术的基础,作为一种重要的感知手段,用途极为广泛。计算机视觉与无人机系统的结合,极大地拓展了无人机系统的用途。

近年来,我国持续扩大低空空域开放,促进了通航产业发展,无人机系统作为通航产业的重要内涵,发展尤为迅猛。目前,无人机系统可装载或挂载多样化任务载荷,可执行各种复杂任务,现已在电力、安防、测绘、能源、植保等领域中得到广泛应用;无人机在战场的使用将推动有人/无人协同作战的发展,极大改变未来作战方式和形态,各种军用无人机系统也在实战中发挥了不可替代的作用。

纵览无人机系统技术的发展,成像与感知技术正逐渐成为驱动无人机系统创新发展的关键支撑技术,拥有巨大的发展前景,无人机作战技术应用趋于智能化发展,具有感知智能化、判断智能化、决策智能化、打击智能化等特点。

原著作者团队包括马绍尔群岛计算机物理系统集团的创始主席和自主智能航空航天系统试验室的主任 Roberto Sabatini,巴西航空技术研究所的教授 Osamu Saotome 等专家学者,在航空航天领域具有丰富的研究经历和成果,全书围绕无人机系统成像能力和传感器集成部署,深度解析无人机系统引领的技术革命,系统展示了自主智能体探测与感知方面的成就和面临的挑战。

本书译者团队来自中国电科集团下属研究院所、电子科技大学航空学院和南京航空航天大学无人机学院等国内无人机系统领域具有领先视野的院所和高校,力求深入浅出、图文并茂,全景解析无人机系统在成像与感知领域的技术成果和发展趋势。本书介绍了无人机系统的图像和传感技术基础,阐述了机器视觉和数据存储在无人机系统的现状,视觉系统在无人机态势感知和探测、智能导航和姿态估计的应用,对无人机系统控制模型和仿真、多传感器融合导航、基于视觉的结构健康监测等技术进行了详细介绍,内容涵盖单体无人机系统的结构、姿态、导航及任务载荷的技术积累和展望。本书的出版将对无人机系统领域,尤其是计算机视觉技术在无人机应用中的理论基础和应用基础起到重要的推动作用,并为无人机系统探测与感知领域的研究人员和学生提供系统全面的知识资源,将进一步推进无人机系统在军事和民用领域的飞速发展。

院士

编著者简介

瓦尼亚·V. 埃斯特雷拉(Vania V. Estrela),弗鲁米嫩塞联邦大学(UFF)电信系的教员/研究员,UNICAMP 大学的访问学者,主要研究领域包括生物医学工程、电子仪器、建模/模拟、可持续设计、多媒体、人工智能、遥感、STEM 教育、环境和数字包容。曾担任电气和电子工程师协会(IEEE)、爱思唯尔、美国计算机学会、IET、斯普林格-弗拉格和 MDPI 的评审专家,并拥有理学硕士和博士学位,以及丰富的项目管理和博导经验,也是图书和特刊的编辑。

裘德·赫曼(Jude Hemanth),印度卡伦亚大学欧洲经济学院的副教授,美国电气和电子工程师协会深度学习工作组成员,国际一些参考期刊的副主编和编辑委员会成员。

奥萨姆·邵图米(Osamu Saotome),巴西国际航空技术学院(ITA)的教授。曾参与巴西空军、INPE、IEAv(法国、瑞典、美国、加拿大和日本)的几个国际研究和合作项目。

乔治·尼古拉科普洛斯(George Nikolakopoulos),瑞典鲁里亚理工大学(LTU)计算机科学、电气和空间工程系机器人和自动化教授。欧洲委员会非洲实时环境监测信息系统科学委员会的成员。在管理由欧盟、欧洲航天局、瑞典和希腊国家研究部资助的欧洲和国家研发和投资(R&D&I)项目方面拥有丰富的经验。

罗伯托·萨巴蒂尼(Roberto Sabatini),皇家墨尔本理工大学(RMIT)工程学院航空航天工程和航空学教授,RMIT 计算机物理系统集团的创始主席和自主智能航空航天系统试验室(劳伦斯·瓦克特中心)主任。在航空航天、国防和运输领域拥有超过 25 年的经验,包括先进的学术和军事教育、广泛的研究和飞行试验实践,以及在欧洲、美国和澳大利亚的大学和研发组织中先后担任技术和运营领导职务。除了拥有航空航天/航空电子系统(克兰菲尔德大学)和卫星导航/地理空间系统的博士学位(诺丁汉大学),萨巴蒂尼持有试飞工程师(快速喷气式)、私人飞行员(固定翼飞机)、远程飞行员(多旋翼无人飞机)执照。在其整个职业生涯中,他成功地领导了许多关于航空航天、国防和运输系统的工业和政府资助的研究项目,并撰写或共同撰写了 250 多份经同行评审的国际出版物和 100 多份研究/飞行试验报告。

萨巴蒂尼是特许专业工程师、工程主管和澳大利亚工程师学会会员。此外,他还是皇家航空学会会员、皇家航海学会会员（FRIN）、电气和电子工程师协会（IEEE）高级会员、美国航空航天学会（AIAA）高级会员和武装部队通信和电子协会（AFCEA）终身会员。他获得了各种科学和专业奖项，包括 ADIA 年度科学家奖（2019 年）、北约研究和技术组织科学成就奖（2008 年）、SAE Arch T. Colwell 奖（2015）、SARES 科学奖（2016）和诺斯罗普·格鲁曼职业奖学金（2017）。他是《航空航天科学进展》的航空电子编辑、美国电气和电子工程师协会（IEEE）汇刊《航空航天和电子系统学报》的技术编辑、《智能和机器人系统杂志》的高级编辑、《航空航天科学和技术》的助理编辑以及《导航杂志》的助理编辑。此外，他还担任美国电气和电子工程师协会（IEEE）航空电子系统小组副主席、美国国家航空航天局（NASA）无人机系统（UAS）交通管理（UTM）合作测试计划成员，以及国际民用航空组织（ICAO）航空环境保护委员会（CAEP）、影响和科学小组（ISG）的澳大利亚国家代表。

萨巴蒂尼从事航天、运输和国防应用的智能自动化和自治系统的研究，其研究领域包括航空电子设备和空间系统；通信、导航和监视/空中交通管理；制导、导航和控制（GNC）；全球导航卫星系统；无人机系统（UAS）和 UAS 交通管理（UTM）；国防 C^4ISR 和电子战系统；人机系统和可信自主。其研究导致了重大发现，包括创新的导航和制导技术；最佳控制和轨迹优化：全球导航卫星系统完整性增强；激光/光电传感器；试验飞行试验技术和仪器：UAS 感知和回避；和认知人机系统（自适应人机界面和交互，以实现可信的自主性和增强的人类性能）。

第1卷 前言

无人驾驶飞行器(UAV)也称无人机、无人机系统(UAS)或遥控飞机系统(RPAS)——是一种没有人类飞行员的飞机。它的飞行可以由车辆中的计算机自主控制,也可以通过远程控制。它们可以帮助执行大量的任务,例如在偏远地区的监视、救灾、医疗等。无人机具有独特的穿透区域的能力,这对于有人驾驶飞行器来说可能太危险了。使无人机自主化需要解决不同学科的问题,例如机械设计、航空、控制、计算机科学、传感器技术和人工智能等。

无人机网络-物理系统(CPS)包括所有子系统和接口,用于处理嵌入式电子系统(航空电子设备)和地面控制站执行的通信功能。为了实现所需的实时自主性,航空电子设备与空气动力学传感器和驱动紧密相连。完全自主的无人机可以:① 获取有关环境的信息;② 在无人为干扰的情况下长时间工作;③ 在无人帮助的情况下,将其全部或部分移动到其工作位置;④ 远离危险情况,保护人员及其财产。

航空电子设备在无人机中起着决定性的作用,包括用于飞机、航天器和卫星的电子设备(硬件和软件)。它们的成本,以及广泛的可用性,使得无人机的使用越来越适用于几种类型的潜在用户和应用。

在这些传感器中,视觉传感器包括人类视觉光谱范围和多光谱传感器,以及所谓的高光谱传感器,由于在导航、障碍物检测、避障等方面具有广泛的应用可能性,因此除了航空电子技术的挑战,还有计算复杂度和目标优化算法也受到关注。

视觉系统(VS)需要使用输出数据的方式,适合整体航空电子设备集成的架构,控制接口和操作使用。由于VS核心是其传感器,因此多传感器融合、导航、危险检测和实时地面关联是飞行操作中最重要的几个方面。

无人机航空电子设备旨在提高飞行能见度和态势感知能力。本书旨在成为视觉和传感器集成的参考。它将展示无人机成像能力和传感器集成部署的基本方面、正在进行的研究工作、成就和面临的挑战。

Vania V. Estrela
Jude Hemanth
Osamu Saotome
George Nikolakopoulos
Roberto Sabatini

目　录

第1章　无人机成像传感进展 ·· 001
1.1　基本概念 ··· 001
1.2　导航与智能 ··· 003
1.3　通信 ··· 005
1.4　传感器 ··· 006
1.5　计算方面：图像/视频处理、计算机图形学、建模和可视化 ······ 007
1.6　安全、健康和标准 ··· 009
1.7　应用 ··· 010
1.8　本书组织结构 ··· 012
参考文献 ·· 015

第2章　无人机中的计算机视觉和数据存储 ····························· 020
2.1　引言 ··· 020
2.1.1　需求 ··· 022
2.1.2　根文件系统 ··· 022
2.1.3　数据记录 ··· 023
2.1.4　云支持和虚拟化 ······································· 023
2.2　基于云的无人机体系结构网络-物理系统 ······················ 024
2.3　无人机需求与内存使用 ····································· 027
2.3.1　OVP的局限性 ·· 027
2.3.2　一般解决方案及其可行性分析 ··························· 028
2.4　无人机数据记录器（数据记录仪） ··························· 028
2.5　数据记录器的类型 ··· 030
2.5.1　需求和推荐方案 ······································· 032
2.5.2　带SD的内部RAM ······································· 032
2.5.3　带SD的外部RAM ······································· 032

     2.5.4　外部闪存 ·· 033
  2.6　讨论和未来发展趋势 ·· 033
     2.6.1　基于无人机的数据存储 ·· 033
     2.6.2　基于无人机的数据处理 ·· 033
     2.6.3　分布式控制与集中式控制 ··· 034
     2.6.4　数据对 UAV – CPS 的影响 ·· 034
     2.6.5　隐私和个人信息保护方面的挑战 ······································· 035
     2.6.6　组织和文化的障碍 ·· 036
  2.7　小结 ·· 036
  参考文献 ·· 038

第3章　光流法在无人机系统感知、检测及避障中的应用研究 ·············· 042

  3.1　引言 ·· 042
  3.2　计算机视觉 ·· 044
     3.2.1　光流 ··· 044
  3.3　光流和遥感 ·· 049
     3.3.1　航空三角测量 ··· 050
  3.4　光流和态势感知 ··· 051
     3.4.1　探测和避让系统 ··· 052
  3.5　光流和图像导航 ··· 054
     3.5.1　自运动 ··· 055
  3.6　案例研究：采用 FPGA 的惯性导航系统（INS） ····························· 056
     3.6.1　系统架构推荐 ··· 058
     3.6.2　使用卡尔曼滤波器融合 INS/GPS/OF ································· 060
  3.7　未来趋势和讨论 ··· 061
     3.7.1　三维(3D)光流 ··· 061
     3.7.2　多光谱和超光谱图像 ··· 062
  3.8　小结 ·· 063
  参考文献 ·· 064

第4章　基于计算机视觉的无人机导航与智能导论 ······························· 068

  4.1　引言 ·· 068
  4.2　基本术语 ·· 069
     4.2.1　视觉伺服 ··· 071
     4.2.2　视觉里程计 ··· 076

  4.2.3 地形参考视觉导航 ·· 080
 4.3 未来趋势和讨论 ··· 082
 4.4 小结 ·· 083
 参考文献 ·· 083

第5章 无人机系统建模与仿真 ·· 089

 5.1 建模和仿真的必要性 ··· 089
  5.1.1 控制系统设计 ·· 089
  5.1.2 操作员培训 ·· 090
  5.1.3 子系统开发与测试 ··· 090
 5.2 历史与使用 ·· 090
  5.2.1 早期航空 ··· 090
  5.2.2 第一次计算机仿真 ··· 091
  5.2.3 无人机投入使用 ·· 091
  5.2.4 商用和消费级无人机 ·· 092
 5.3 无人机动力学建模 ··· 092
  5.3.1 模型表示方法 ·· 092
  5.3.2 常用参考系 ·· 093
  5.3.3 状态变量的表示 ·· 095
  5.3.4 系统运动方程推导 ··· 098
  5.3.5 飞行物理模型 ·· 101
 5.4 飞行动力学模拟 ·· 102
  5.4.1 运动方程积分 ·· 103
 5.5 小结 ·· 104
 参考文献 ·· 105

第6章 基于视觉的无人机导航与制导中的多传感器数据融合 ············· 108

 6.1 引言 ·· 108
 6.2 数据融合算法 ··· 109
  6.2.1 扩展卡尔曼滤波器 ··· 109
  6.2.2 无迹卡尔曼滤波 ·· 111
  6.2.3 集成架构 ··· 113
 6.3 视觉传感器的融合 ··· 115
 参考文献 ·· 124

XIII

第7章 基于视觉的无人机姿态估计 ... 127

- 7.1 引言 ... 127
- 7.2 惯性导航系统 – 全球卫星导航系统(INS – GNSS)的缺点 ... 128
  - 7.2.1 惯性导航系统 ... 128
  - 7.2.2 全球卫星导航系统 ... 129
- 7.3 视觉导航:一个可行的选择 ... 131
- 7.4 视觉导航策略 ... 134
  - 7.4.1 摄影测量:从图像中提取姿态信息 ... 134
  - 7.4.2 模板匹配 ... 137
  - 7.4.3 地标识别 ... 140
  - 7.4.4 视觉里程计 ... 143
  - 7.4.5 方法组合 ... 145
- 7.5 视觉导航系统的未来发展 ... 146
- 7.6 小结 ... 147
- 参考文献 ... 147

第8章 无人机视觉 ... 153

- 8.1 引言 ... 153
  - 8.1.1 固定翼MAV ... 154
  - 8.1.2 旋翼MAV ... 156
  - 8.1.3 扑翼或仿生MAV ... 158
  - 8.1.4 混合型MAV ... 161
- 8.2 计算机视觉是来源于生物学的灵感 ... 162
- 8.3 感知在MAV中的作用 ... 164
  - 8.3.1 姿势估计传感器 ... 164
  - 8.3.2 环境意识传感器 ... 165
  - 8.3.3 声纳测距传感器 ... 166
  - 8.3.4 红外测距传感器 ... 166
  - 8.3.5 热成像 ... 167
  - 8.3.6 激光雷达 ... 167
  - 8.3.7 摄像头 ... 168
- 8.4 照明 ... 168
- 8.5 导航、路径规划和定位 ... 169
- 8.6 通信和极化启发的机器视觉应用 ... 172

8.6.1　机器人定向和导航 …………………………………………… 172
　　　8.6.2　极化对抗传感器 ……………………………………………… 172
　8.7　CCD 相机及其在机器视觉中的应用 ………………………………… 175
　8.8　不确定环境的误差建模 ………………………………………………… 178
　8.9　进一步的工作和未来发展态势 ………………………………………… 178
　　　8.9.1　微型飞行器面临的挑战 ……………………………………… 179
　　　8.9.2　面对微型飞行器设计难题的推荐解决方式 ………………… 179
　　　8.9.3　传感器新前沿 ………………………………………………… 180
　8.10　小结 …………………………………………………………………… 181
　参考文献 ……………………………………………………………………… 181

第 9 章　使用 ROS 实现无人机的计算机视觉研究 ………………………… 193

　9.1　引言 ……………………………………………………………………… 193
　9.2　ROS 上的计算机视觉 ………………………………………………… 193
　9.3　应用程序 ………………………………………………………………… 194
　　　9.3.1　ROS 中的 OpenCV …………………………………………… 194
　　　9.3.2　视觉导航 ……………………………………………………… 205
　　　9.3.3　设置无人机状态估计节点 …………………………………… 210
　9.4　ROS 的未来发展和趋势 ……………………………………………… 213
　9.5　小结 ……………………………………………………………………… 213
　参考文献 ……………………………………………………………………… 214

第 10 章　无人机和机器人操作系统的安全问题 …………………………… 218

　10.1　引言 …………………………………………………………………… 218
　10.2　无人机 ………………………………………………………………… 219
　10.3　ROS 的基本概念 ……………………………………………………… 220
　10.4　无人机安全审查 ……………………………………………………… 222
　10.5　ROS 安全审查 ………………………………………………………… 223
　10.6　无人机安全场景 ……………………………………………………… 224
　10.7　基于 ROS 的消费型无人机运行安全评估 ………………………… 225
　10.8　未来发展趋势 ………………………………………………………… 229
　10.9　小结 …………………………………………………………………… 230
　参考文献 ……………………………………………………………………… 231

第 11 章　室内外无人机视觉 ………………………………………………… 233

　11.1　无人机的计算机视觉 ………………………………………………… 233

11.1.1　室内环境 ·· 235
　　　11.1.2　室外环境 ·· 240
　11.2　处理室内和室外环境的其他方法 ··· 243
　11.3　小结 ·· 244
　参考文献 ·· 245

第12章　传感器和计算机视觉作为监控和维护无人机结构健康的手段 ··· 250
　12.1　引言 ·· 251
　　　12.1.1　案例研究:气动弹性失稳颤振现象 ································· 251
　12.2　相关工作 ·· 252
　　　12.2.1　结构健康监测 ·· 253
　　　12.2.2　良好结构的计算机视觉 ·· 253
　　　12.2.3　Flutter认证 ·· 253
　　　12.2.4　计算机视觉和飞行中测量:未来趋势 ···························· 254
　12.3　Flutter认证的信号处理 ··· 254
　12.4　试验和结果 ·· 255
　　　12.4.1　合成数据 ·· 255
　　　12.4.2　风洞试验 ·· 261
　12.5　讨论 ·· 264
　　　12.5.1　计算机视觉 ·· 264
　12.6　说明 ·· 268
　参考文献 ·· 269

第13章　小型无人机:让持续监视成为可能 ······································· 273
　13.1　引言 ·· 273
　13.2　系统总览 ·· 274
　　　13.2.1　系统介绍 ·· 274
　　　13.2.2　硬件组成 ·· 275
　　　13.2.3　组件推荐 ·· 276
　13.3　软件组件 ·· 279
　　　13.3.1　相机标定 ·· 280
　　　13.3.2　图像拼接 ·· 280
　　　13.3.3　稳定 ·· 281
　　　13.3.4　背景消除 ·· 281
　　　13.3.5　目标跟踪 ·· 282

  13.3.6　地理位置指向 ································· 283
13.4　未来趋势 ··· 286
13.5　小结 ··· 286
参考文献 ·· 287

第 14 章　总结与展望 ································· 292

第1章 无人机成像传感进展

无人机(UAV)又称无人机系统或遥控飞机系统,是一种机上没有飞行员的飞机,可以由机载计算机自主控制飞行或遥控飞行,可以帮助执行大量任务,如侦察、灾害预防/救援和偏远地区的医疗保健等。无人机可以在危险或有人驾驶机难以到达的区域活动。无人机自主化需要解决不同学科的问题,如机械设计、航空、控制、计算机科学、传感器技术和人工智能[1-5]。

无人机的信息物理系统由机载嵌入式电子系统(航空电子设备)和地面控制站上所有执行的处理和通信功能的子系统和接口组成[6]。为了实现所需的实时自主性,航空电子设备与空气动力学传感和驱动密切相关。一架完全自主的无人机可以:

(1) 获取环境有关的信息;
(2) 在没有人为干预的情况下长时间工作;
(3) 在没有人为帮助的情况下,将其自身的全部或部分移动到作业位置;
(4) 远离对人员及其资产造成危险的情况。

本章旨在介绍本书后续章节所述内容。首先介绍本书中的一些概念。

1.1 基本概念

无人机(UAV)的机动性允许其在更动态的领域中进行操作,并能够感知和应对不断变化的环境。定位和建图等问题源于使用传感器对物体进行定位并避开途中的障碍物。

无人机的尺寸可用于机载平台的分类。机身越小,可以允许使用的合适传感器和其他硬件的范围就越窄,需要采用较小的有效载荷,这也受到机载有限功率的限制,同时,有效载荷的重量也是飞机运载能力需考虑的重要因素之一。

下面列出一些重要的无人机分类(参考文献[7-8]):

(1)高空长航时(HALE):它们执行超远程(跨全球)侦察和监视,能够在15000m高空飞行24h以上。

(2)中空长航时(MALE):与一般在短程操作的HALE相似,但航程仍超过500km,升限为海拔5000~15000m,航时24h以上,有固定基地。

(3)战术无人机或中程无人机:其航程在100~300km,体积比HALE或MALE要小。

(4)垂直起降无人机:无人机可以垂直起飞、降落和悬停。

(5)近程无人机:它通常在100km的范围内工作,其用途最为广泛,可以执行侦察、目标指示、监视、作物喷洒、电力线检查和交通监控等多种任务。

(6)小型无人机:可手动发射,航程可达30km。

(7)微型无人机(MAV):广泛应用于城市和建筑物内。飞行速度缓慢,具有悬停和栖息模式,可以停止或吸附在墙上或柱子上(悬停和栖息模式)。一般来说,微型飞行器是手抛发射的。有翼无人机的机翼较薄,使其容易受到大气湍流和降水的影响[9]。

(8)微纳飞行器:它是一种超轻型无人机,可混淆雷达的探测,或者只要摄像机、推进和控制子系统足够小,就可用于超短程监视。

按照空气动力学进行分类,无人机可分为固定翼无人机和旋翼无人机[10-13]。固定翼(FW)无人机需要在空中保持一定的最小水平移动速度。它们的结构比旋翼无人机简单得多,因此维护和维修不那么复杂。因此,它们以更低的成本提供更多的运行时间、更高的空气动力学效率、更快的速度,以及更长的飞行持续时间,这使得每次给定的飞行能够有更大的访问区域。这些飞机可以在较低的功率下以更大的载重长距离飞行,这为携带更高性能、更高价值的传感器以及双传感器配置提供了空间。

旋转机翼或旋翼(RW)无人机通常可以有不同数量的旋翼:1(直升机)、3(三旋翼)、4(四旋翼)、6(六旋翼)和8(八旋翼)以及非常规的12和16旋翼布局。通过适当控制,它们可以悬停在空中。每种构型都有其独特的优缺点。旋翼无人机的控制源于旋翼推力和扭矩的变化。其最显著的优势就是能够垂直起降,这使得它们可在较小的区域内进行作业,不需要很大的固定着陆/起飞区域。旋翼无人机具有悬停和快速机动的能力,因此非常适合在敏捷机动以及需要长时间监控单个目标等条件下使用。与固定翼无人机相比,旋翼无人机的缺点是机械和电子的复杂性更大,导致维护和维修过程更复杂,运行时间更短,运行成本更高。

飞行平台移动的快速动态性对任务的执行和决策实时性提出了严格的要求。时间相关性是最重要的,尤其是对于室内无人机,因为他们需要应对近距离障碍。此外,航空平台的使用要求高安全性、高可靠性和稳健性。

有许多理由来关注成像传感器。无人机通常配备摄像头,因此不需要额外的设备。此外,它们重量轻、成本低,对功率要求低。对于室外无人机,其系统自主性以及态势感知能力,随着彩色/热敏摄像头的加入而得到提高。

对传感器的激励有四个特征:位置、形式、强度和持续时间。传感器激励模态是一种可以检测到的物理现象,如温度、气味、声音和压力等[14-17]。传感器是一个能感知周围环境中的事件或变化,并呈现等效输出的实体。传感器被外界激活的种类在处理其模态方面起着至关重要的作用。

多传感器或多模态集成(MMI)研究如何将来自不同感官模态的信息,如视觉、听觉、触觉、味觉、运动和嗅觉等,与控制系统相结合。一个合乎逻辑的目标结合模态的表达,就是一种有意义的、适应性的知识。MMI 还研究不同类型的传感器如何交互,以及修改彼此的处理。

无人机系统包括三大要素:

(1)飞机本身。

(2)指挥、控制、通信和计算机系统(C^4系统),也称为地面控制站。

(3)操控员。

图 1.1 显示了根据参考文献[18-19]组成航空电子系统架构的基本构成[18-19]。

有效载荷可以是高/低分辨率的相机、摄像机、昼夜侦察设备、高功率雷达、陀螺稳定系统、光电信号、气象、化学、生物传感器、通信和导航信号中继、货物,以及无人机为完成任务所需的任何设备。

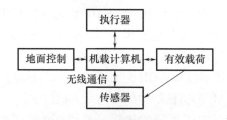

图 1.1 无人机基本体系结构

1.2 导航与智能

C^4 系统包括情报、程序、组织结构、地面人员、设备、设施和通信等,可在所有作战阶段支持无人机的指挥和控制[20]。

无人机先进的传感器载荷采集了大量的数据,然而通信带宽通常受到限制。同时,关键的任务信息在共享、传输和显示过程中也需要保护。这些限制要求无人机能够直接进行有效的信息处理。

由于通信服务的需求是与功能模型隔离的,因此通信网络可以独立地被指定在任一偏好的细节等级上。这样,逻辑模型相对于物理模型是不变的,这使得在设计大规模的指挥、控制和通信系统时具有灵活性。指挥、控制、通信、情报、监视和侦察体系结构规定了三种体系结构视图:操作视图、系统视图和技术视图。所提出的综合仿真技术和逻辑模型的不变特性,允许协同工作来开发操作架构和系统架构视图。

惯性导航系统(INS)利用计算机、传感器(如加速计、陀螺仪、磁强计等)帮助无人机导航,在没有外部参考的情况下估计运动物体的位置、方位、方向和速度。其他涉及惯性导航系统或密切相关设备的表达方式包括惯性仪表、惯性制导系统和惯性测量单元(IMU)。

卫星导航系统(SNS)提供自主的地理空间定位,允许小型接收机利用卫星信号高精度地保持其位置。这种系统可以处理定位、导航、跟踪那些由卫星跟踪的物体的位置,可以独立于任何电话或因特网连接,或与这些技术一起工作以获得更好的定位信息。全球卫星导航系统(GNSS)是一种提供全球覆盖的SNS。

合成孔径雷达(SAR)可用作辅助导航,特别是惯导系统测量不够精确时,可以减少无人机和预先规划航线之间的漂移[21]。这种问题可能会影响MALE无人机,使得重要和宽敞的有效载荷(如SAR所需)聚集大漂移。其基本思想是通过对机载SAR图像的幅度和相位进行检测,从而确定空中平台的位置和姿态。对于基于振幅的方法,将实际地标坐标与SAR图像自动确定的地标坐标进行匹配是实现所需导航校正的一种方法。当SAR振幅分析不可行时,相位数据可以通过SAR干涉测量和参考数字地形模型(DTM)进行分析。可行性研究可以通过探索采集框架的辐射和几何参数来获得足够的系统要求。中空长航时无人机依靠特定的商业导航传感器和SAR系统,具有典型的地标位置精度和等级,现有DTM允许使用基于SAR的备份结构的可用无人机技术。

室内和室外车辆提出了不同的挑战。虽然有些技术在这两种情况下都有效,但有些问题必须独立解决。室内无人机面临的最大挑战是缺乏全球定位系统(GPS)等无处不在的定位系统。即使它的可用性从来没有保证,但全球定位系统是一个户外无人机的重要组成部分。几种常用的传感器在室内没有意义或没有用处,例如高度传感器。因此,无人飞行器的室内自主运行是一个开放的问题,而人的探测可能变得具有挑战性[22-23]。由于成像和其他传感器类型有助于无人机在室外和室内环境中自主运行,因此可以考虑根据应用情况对其进行调整。对于前者,摄像机的输入增加了无人机可以自主执行的任务数量。对于后者,摄像头传感器可以提供基本功能,即在没有人参与的情况下保持飞行的能力[24-25]。

嵌入式电子系统(有时称为机载计算机)控制着无人机的飞行稳定性、导航和通信。对于小型无人机的硬件,通常称为飞行控制器、飞行控制器板或自动驾驶仪,它控制与基站的通信,维持无人机在空中漂浮和导航,同时执行以下操作。

(1)任务在一组代理之间分配,有时间和设备限制。

(2)满足某些目标和限制条件时的无人机路径,如障碍物[26]。

(3)控制操纵,沿着给定的路径或从一个位置到另一个位置。

(4)活动序列及其在代理之间的空间分布,以最大化任何给定任务场景的成功机会。

由于无人机不在驾驶舱内控制,因此需要通过三种可能的方式(地面控制或遥控、半自主、自主)进行控制。

机载和地面自动化系统可以控制无人机及其有效载荷。机载自主管理单元执行飞行计划并执行与飞行有关的其他基本任务,包括有效载荷定向飞行。其他需要的特征是在目标无法实现或相互冲突的情况下进行应急管理,以及与战术和战略情报的协调。这些巧妙的机动(外环)系统可以结合规划和决策模型,赋予无人机以目标导向的自给自足行为,并促进关键时间的重新规划和执行调整,以补偿不可预见的内部和外部条件或各种特定任务的相关知识的发现[27]。

挑战来自实时探测、计算、通信、需求、环境和作战不确定性跟踪、威胁,以及对增强型无人机技术(具有更大自主性和可靠性)的日益增长的需求。当考虑多车辆协调控制时,无人机之间的通信、指挥和控制的联系以及应急管理都面临着重大挑战。应对较低层次的挑战已经适度实现,为后续发展留下了整个领域。因此,需要创新、协调地规划和控制技术,如分布式人工智能、多智能体系统理论、计算智能和软计算、广义系统理论、博弈论、优化以及完善的硬件和软件体系结构[28]。

为了检查大面积或同时评估不同的点,多个无人机必须按照一定的队形移动。在群中,传感器数据应该通过无线通信在无人机之间交换,以帮助校正和控制飞行。大多数研究使用数值模拟来构造飞行。由传感器、处理单元和射频(RF)遥测组成的机载系统可以处理多平台无人机群的飞行编队算法[29]。

1.3　通信

自主性意味着空中机器人可以在不同的环境中安全地交互和操作,而无需依靠无线传输的外部帮助,从而执行更广泛的任务,具有安全性和自给自足性[30-31]。

无人机依靠通信进行指挥控制和信息传播。需要牢记的重要问题是频率和带宽可用性、链路安全性、链路范围和网络基础设施,以确保无人系统的作战/任务支持可用性。无人机部署的规划和预算必须为实际评估预计卫星通信(SAT-COM)带宽和密集使用机载预处理(仅传输关键数据)提供空间[30-31]。

设计航空无线数据链路比设计其他类型的无线链路要困难得多。关键的挑战是远距离、飞机高速和有限的无线电频谱可用性[30-31]。无人机和载人飞机需要开发新的数据链路,因为它们将共享同一空域,并且必须注意彼此的存在[30-31]。

(1) 远距离是航空数据链路的主要挑战。IEEE802.11 无线链路(也称为 Wi-Fi)是最常见的。IEEE802.16(WiMAX)无线网络覆盖大都市地区。对于较长的距离,信号强度会以距离的二到四次方的速度迅速降低。长距离导致沿路径显著衰减功率及非常低的频谱效率(以(bit/s)/Hz 表示)。长途旅行也会增加往返的延迟,这需要大量的守卫时间。增加的保护时间进一步降低了频谱效率。航空通信需要链路冗余和开销。

(2) 流动的速度快也会造成困难。Wi-Fi 支持最小的移动性。基于 WiMAX 技术的数据链路,设计用于起飞和着陆应用,提供更好的性能。

(3) 航空通信系统通常使用高频(HF)、甚高频(VHF)以及卫星通信频段。然而,卫星通信系统并不总是出现在无人机飞行的所有阶段。另外,高频和甚高频波段变得非常拥挤。由于空中交通量的不断增长,需要为空-地数据链路找到新的频谱。航空通信已经使用了 L 波段,该波段最近可用于航空移动路由服务,被谨慎地指定为下一个首选波段。首选较低的频带。然而,线路越来越忙,所以总的趋势是频率上升。更高的频带更全面,可以支持所需的更高数据速率[30-31]。

1.4 传感器

传感器是提供各种输出类型的传感器,最典型的是电信号或光信号。例如,热电偶根据其温度产生电压[32]。

传感器支持在不完整和不完善信息存在的情况下,多个代理之间的通信和协调。

随着技术的进步,传感器的应用已经超出了温度、压力或流量测量等最传统的领域。此外,模拟传感器,如电位计和力感应电阻器,仍然得到广泛使用。应用领域包括制造和机械、飞机和航空航天、汽车、医药和机器人。

传感器灵敏度表示当被测输入量改变时,其输出改变的程度。此外,一些传感器会干扰它们所测量的现象或特性。例如,室内无人机的某些故障会影响室温温度计。因此,传感器对测量的影响必须很小。通常,将传感器变小会改善这一点,并可能带来其他优势[33-36]。

传感器提供基本的功能,并帮助维持飞行,而无需人工输入,雷达、摄像机、红外(IR)扫描仪或电子情报技术是最常见的。其他类型可能包括(激光)目标指示器,以引导防区。对无人机有效载荷的感知要求扩展了情报、数据收集、侦察/监视、跟踪和有效载荷的交付,因为它们有助于探测和识别目标。

传感器是无缆飞机中最昂贵的部件之一,是导航和完成任务所必需的。处理单元允许无人机在很少或没有人为干预的情况下自主飞行完成任务[37]。

多模态图像的融合有助于研究搜救任务中潜在幸存者的人体检测和地理定位。扫描结果是受害者位置的地图,可以被第一反应者或机器人系统用来运送食物或医疗用品[38-39]。无人机跟踪功能可以提供低级别事件流,如地面目标的地理坐标,这允许对周围环境进行定性推理,并评估车辆超车、进入和离开灾难现场,此外还可以提高态势感知能力。

位置和运动传感器通知飞机状态。外部感知传感器从环境中获取数据,比如到物体的距离,并处理外部信息。内部状态传感器测量无人机内部的数值(如速度和航向),在内部和外部状态之间建立关联。

非合作传感器具有自主检测目标的能力,用于分离保证和避免碰撞。

自由度指的是船上传感器的数量和质量。

关键通信技术的问题是带宽、频率和信息/数据流的灵活性、适应性、安全性、稳健性和认知可控性[37]。无人机数据链路通常由射频发射器和接收器、天线和调制解调器组成,用于将这些部件与传感器系统连接起来。对于无人机来说,数据链路有以下三个基本功能。

(1)从地面站(GS)和/或卫星向无人机发送控制数据的上行链路。

(2)下行链路将记录从无人机机载传感器和遥测系统传输到地面传感器。

(3)方位角和距离测量方案用以保持GS、卫星和无人机之间的良好通信。

标准化数据链路的努力导致了公共数据链路(CDL),它通常是全双工宽带、抗干扰和安全的。这些链路通过直接点对点链路或使用卫星通信将地面传感器与无人机连接起来[40]。

1.5 计算方面:图像/视频处理、计算机图形学、建模和可视化

无人机在许多民用和军事应用中日益增多,引起了控制界的极大兴趣,这主要是因为无人机的设计揭示了一些最具刺激性的控制研究问题。其中之一是使用计算机视觉(CV)作为反馈控制回路中的传感器。自动飞机着陆与基于视觉的控制特别兼容,尤其是对于不确定或移动的着陆点[41]。

许多因素限制了成像在无人机系统中的应用,如衍射限制和光学元件的分

辨率限制。当涉及图像处理和理解时,有几个因素会进一步限制设计[1-3]。可以举出以下限制实例。

(1) 可能导致错误的像素的大小、形状和间距。
(2) 有些任务需要实时响应。
(3) CV 算法可能涉及极端计算条件。
(4) 不同加工水平之间的相互作用需要复杂的控制方案。
(5) 图像采集硬件面临着电荷耦合器件相机和环境条件的限制。

CV 和控制中的一个典型场景是针对给定的成像退化模型,将问题转化为优化任务。稀疏重建是一个典型的不适定反问题,它将测量误差和稀疏性作为相互冲突的目标函数同时处理。由于涉及大量的数据、维度和并行性,经典的优化和分析技术的性能可能会令人失望。这些密集的计算问题推动了计算智能方法的应用,并可能受益于生物医学工程等其他领域的进展。

运动估计(ME)算法有助于确定位置和方向、线速度和角速度,并且可能在图像噪声水平不稳定和摄像机高度不可靠,以及关于着陆垫(假设为平面)的不同相机运动的情况下工作[42,43]。通常,视觉问题相当于自我问题的一个特例,即所有特征点都位于平面上。ego ME 的离散版本和差分版本都有助于获得无人机在着陆平台上的位置和速度。由此产生的算法允许视觉传感器在反馈回路中作为着陆控制(LC)的状态观测器。这些方法适合于实时实现。由于线性,数值稳健性和低计算负担,结果 LC 子系统来自一个完整的无人机动态模型。利用非线性控制理论,将无人机动力学等效为内外系统的组合。控制方案可能依赖于外部系统的微分平坦度。如果整个闭环系统指数稳定得到保证,那么控制器可以与基于视觉的状态估计和辅助传感器(如加速计)紧密耦合[41]。

平均而言,无人机视觉系统是以一种廉价的方式,增加传感器套件的飞行器,包括全球定位系统。视觉系统提供有关惯性系和 INS 的位置数据[44]。作为一种被动的、信息丰富的传感器,CV 在无人机传感器中的地位越来越重要,引起了人们对视觉传感器控制设计的兴趣。立体视觉系统扩展了无人机多传感器套件,包括用于着陆的激光测距仪[45],估计着陆垫的位置/方向[46],以及关于着陆垫的摄像机。

此外,由于无人机是欠驱动非线性动力系统,基于 CV 的无人机控制比经典方法更具挑战性[47]。为了保证整个闭环系统的性能和稳定性,需要对无人机动力学进行全面的描述。

在各种无人机成像应用中,多传感器超分辨率(SR)方法一直是一个难题,引起了越来越多的关注。多传感器 SR 算法利用多光谱低分辨率(LR)图像生成高分辨率(HR)图像,以提高无人机图像处理系统的性能。为了在无噪声放大和后处理伪影的情况下恢复图像细节,提出了一种结合方向自适应约束和多尺度非局部均值滤波的正则化 SR 算法。因此,多光谱传感器的物理限制可以通过使用强度 – 色调 – 饱和度图像融合从一组多光谱 LR 图像估计彩色 HR 图像来得到克服[48]。

无人机也可以基于三维地标观测和地标位置的预测进行控制,即使在严重的外部扰动下也是如此[49]。

由于进入无人机平台的光会被大气中的灰霾和灰尘散射,因此获取的目标图像会失去原始的颜色和亮度。为了提高各种无人机图像的可见度,增强受模糊影响的图像是当务之急。空间自适应去模糊算法可以依赖于颜色直方图的合并,并考虑到与波长相关的大气浑浊度。基于波长自适应模糊图像采集模型,图像去模糊过程包括三个步骤:① 图像分割;② 创建上下文自适应通信图;③ 强度变换以增强模糊图像。退化模型必须考虑光源的波长,透射图必须提供一个理论基础,以便使用浑浊度和合并分类结果从视觉上区分相关区域[50]。

增强现实(AR)是将真实图像与虚拟场景相结合以提高无人机应用水平的技术和方法。

高视角以及(多模态)真实和虚拟场景的组合为工程师提供了观察/分析现场的增强视图。AR 增加了发现问题的可能性。一个成功的 UAV – AR 平台的重要特征是:① 稳定的图像采集;② 图像/视频传输;③ 可靠的通信;④ 观察界面。AR 可以导致场景的(重新)构建。UAV – AR 解决方案可用于施工、规划、检查和修复[51-52]。

空间信息在环境测量和灾害监测等遥感和制图应用中起着决定性的作用[53-54]。无人机移动地图系统(MMS)可以在有限的条件下实现快速的空间数据采集,具有更好的移动性和灵活性。直接地理参考(DG)系统的精度可以通过使用这种硬件在较低的高度飞行而大大提高[55]。

1.6 安全、健康和标准

最近,大量的研究致力于通过许多容错飞行控制方案来提高飞机的运行安全性。美国宇航局领导的广泛研究项目集中在设计和验证一些容错飞行控制方案设计的具体方法[7-8],主要集中在控制面致动器的故障或推进系统的故障。然而,与传感器故障相关的问题被认为是较低优先级的问题。历史上,传感器套件上的三重或四重物理冗余,以及内置测试(BIT)和/或投票方案的实施,一直是应对飞行控制系统大多数传感器失效的可靠方法[3-4]。另一方面,物理冗余对小型无人机等轻型廉价飞机有明显的限制。然而,最近的事件表明,在提供空速测量的空中数据系统中,物理冗余并非绝对正确,因为所有冗余传感器在飞行中都受到相同的环境条件的影响。

物理冗余的另一种方法是分析冗余。通常，基于分析冗余的传感器故障检测、识别和调节方案可以是不同的、连续的任务，如传感器故障检测和识别(SF-DI)任务和传感器故障调节(SFA)任务。SFDI 任务旨在监控传感器系统，无需物理冗余，以检测早期故障迹象，然后识别和隔离此类故障；相反，SFA 任务负责提供一个替代估计值来代替故障传感器的测量值。有几种方法实现分析冗余，用于检测、识别和调节飞机上速率陀螺仪的故障。

飞行终止系统(FTS)除了保证整个无人机网络－物理系统(CPS)的整体安全性和可预测性外，还具有很强的优势，可以与所有无人机硬件/软件冗余和独立功能协同工作。如果发现无人机缺乏系统冗余，独立的 FTS 可以保护人和关键资源。

当无人机被设计为完全自主，没有飞行员干预能力时，它将面临以下机载挑战：智能、团队/群集、使用软件系统"应用公共 Lisp 的计算逻辑"(ACL2)的健康管理、碰撞避免、可承受性和传感。

操作系统(OS)以及相应的应用程序编程接口(API)是必不可少的，因为飞行控制的时间关键性。操作系统要求高可靠性和实时性。IEEE1003.1POSIX 是首选的操作系统接口标准，因为它受到广泛支持，并允许在各种 UNIX 风格和 QNX 之间轻松移植应用程序。QNX 目前广泛应用于桌面和嵌入式计算，因为它提供了一组优秀的特性和性能。

感知和避免设备的目的是使用传感器和其他工具来发现和保持对其他交通的态势感知，并在发生交通冲突时根据规则让出通行权。

自动恢复是至关重要的，因为飞行员控制是不可能的。一架无人机必须有多个自动防故障设置，以防链路丢失，从而确保在链路丢失的情况下保持机载操作。

1.7 应用

大多数无人机主要用于情报、监视和侦察(ISR)，可以使用化学、生物、放射性和核探测，或者仅仅是那些被认为对载人飞机来说过于危险或具有政治挑战性的任务。无人机比载人飞机更受欢迎，这不仅是因为缩小了风险，增强了任务成功的信心，同时避免了任务失败时人员伤亡的代价，而且还因为无人机在单调的作战中对人类具有更好的持续警惕性。此外，许多其他技术、经济和政治因素也鼓励了无人机的发展和运行。

涉及 30h 或 40h 以上任务的行动最好使用无人机执行。自动化带来了低工作量、低强度的任务，适合无人驾驶飞机。

无人机是在敌对环境中作战的完美选择,例如,一些消防队在难以接近的地点或烟雾和火焰会使人类存在危险的地方侦察火灾,使用小型无人机。

在不友好地区进行侦察等行动可能会导致人员伤亡。因此,在这种情况下,可以使用多架廉价的无人飞机来处理探测、指挥和控制系统。

一个完整的温室监测传感平台(SPGM)由一个小型无人机上的传感系统组成,用于测量温度、湿度、光度和 CO_2 浓度,并绘制这些变量的地图。这些 SPGM 功能允许根据气候和植物生长模型以及船上集成的要求进行气候控制、作物监测或脆弱性检测[56-57]。

无人机的其他可能应用如下。

(1)侦察、监视和目标捕获。

(2)SAR 监测。

(3)支持海上演习。

(4)气象任务。

(5)航路和着陆侦察保障。

(6)间接火灾的调整和预防。

(7)无线电和数据中继。

(8)核云监视。

(9)转播无线电信号。

(10)污染监测。

(11)远程高空监视。

(12)雷达系统干扰与破坏。

(13)安全。

(14)损伤评估。

(15)警务职责。

(16)交通定位。

(17)渔业保护。

(18)管道测量。

(19)体育赛事电影报道。

(20)农业经营。

(21)电力线测量。

(22)航空摄影。

(23)边境巡逻队。

(24)监视沿海边界、道路交通等。

(25)灾害和危机管理搜救。

(26)环境监测。

(27)农业和林业。
(28)公共卫生。
(29)消防。
(30)通信继电器和 RS。
(31)航空制图和气象。
(32)大学试验室研究。
(33)执法部门。
(34)其他应用。

1.8 本书组织结构

本书主要包括以下几章。

第1章收集了一些关于被视为 CPS 的无人机的重要信息。

第2章重点讨论了图像和视频的获取、存储、处理和压缩的相关问题。它描述了 CV 软件如何影响处理、通信、存储和压缩等任务,以及 UAV CPS 特定的其他应用程序,同时解释了基于云的 UAV CPS 的总体架构[58-59],其挑战、必要性、设计目标、内存使用、特定要求、机载存储的限制、通用解决方案、UAV DL 和协议标准化(附示例)。

第3章研究了在视觉态势感知、检测和避障系统中的角色,这些系统通过传感器和执行器与环境进行交互。摄像机的使用允许 CV 算法与 INS 集成。图像的运动特征与无人机的动态特性相融合,可以改善无人机的遥感过程,避开障碍物,或者估计无人机的位置和速度。在文献中,有各种算法来定位两幅连续图像之间的特征点。本章介绍如何将图像中像素纹理的运动与 INS 相结合,并比较用于确定连续图像之间的点的不同算法,以及实现用于确定连续图像之间的点的算法,从计算上讲,该算法成本较低且消费较少内存。一个使用 FPGA 作为视觉伺服的一部分的案例研究被讨论,展示了如何将结果集成到无人机的 CV 硬件系统中,并解决了处理多分辨率等问题的需要。

第4章探讨了基于视觉的智能传感器系统,未来无人机对给定导航传感器的非分级空域性能评估的先决条件,在独立和集成框架中实现的视觉传感器的定量评估,以及 INS 的更多内容。

第5章讨论了无人机系统建模和仿真的需求,回顾了该领域的历史发展、当前使用的技术和未来的发展。在有人和无人系统的现代发展中,系统动力学建模和执行仿真是常用的技术和几乎是关键的组成部分。

第6章介绍了视觉传感器在多传感器系统中的集成,并回顾了该领域的重要研究成果。由于需要在全球导航卫星系统拒绝的环境中运行无人机,这一研究领域已经成熟。

第7章描述了主要的基于视觉的姿态估计算法,并讨论了它们的最佳应用位置和失败时间。本章还介绍了最新的研究成果,以促进制定新的战略,克服这一研究领域的剩余挑战。

随着无人机使用量的增加,关于其自主飞行的研究成为研究人员非常感兴趣的学术领域。直到最近,大多数研究都是以 IMU 和 GNSS 作为主要传感器来计算和估计无人机的姿态。这些传感器,另一方面,有几个限制,这可能会影响导航,从而影响系统的完全自主性。在飞行过程中捕获的图像、计算机视觉算法和摄影测量概念已经成为实时估计无人机姿态的核心数据源,因此构成了新的替代或冗余导航系统。科学界已经提出了几种算法,每种算法在特定情况下都工作得更好,并且使用了不同类型的成像传感器(主动和被动传感器)。

第8章研究了微型飞行器,它的应用范围从商业、科研、政府到军事都非常广泛。近年来,仿生微型飞行器的应用引起了大量的生态、地质、气象、水文和人为灾害。事实上,动物在不同的环境中使用不同的运动策略,这使得动物能够通过最小的能量消耗来适应自己获取食物、逃离威胁等。因此,以动物为灵感设计和建模无人机,不仅可以降低机器人长期应用的能耗,而且有助于我们提供一些可以在不同危险的户外环境中使用的机器人,即使像无人机这样的普通机器人在灾害研究中也无法接近动物。无人机还具有一些有用的优点,如安全性、灵活性、相对较低的拥有成本和易操作性。仿生机器人既可以在陆地上飞行也可以在陆地上移动,可以跳跃也可以步行。这种车辆最关键的部分之一是视觉系统。

第9章讨论了机器人操作系统(ROS)及其在无人机部署的 CV 任务中的应用实例,并参考了 ROS2.0。它还讨论了 ROS 和可用软件套件之间的关系。

第10章将一些主题从第8章扩展到安全分析领域。本章初步介绍了无人机领域安全缺陷的典型、已发表和正在进行的研究工作,以及可能由此产生的场景。根据典型的安全方法(如认证和加密技术)、当前的研究工作和从飞机设计指南中得出的见解,提出了弹性操作的安全策略,以支持新的无人机设计,这些研究工作和见解涉及故意未授权交互(网络威胁)及其对安全的影响。最后,将机器人操作系统(ROS)部署在消费型无人机(Parrot AR. Drone 2)上,并对其进行网络安全评估,包括评估结果、缓解措施和加强其操作(恢复能力)的建议。

第11章探讨了环境类型如何影响 CV 技术、算法和要使用的特定硬件。室内环境也称为受控环境,通常依赖于基于信标、接近传感器和图像处理的解决方案进行数据采集。在这种情况下,随着环境被控制,场景的照度被调整并且传感器被预先定位,将有助于这些系统的开发和执行。室外环境通常以不可控的环境变量著称,通常需要基于图像处理技术的解决方案来提供数据采集。在这种环境下,场景照度的非恒定变化和图像背景的巨大变化是影响图像处理算法运行的重要因素。此外,建筑和建筑物阻塞了传感器和全球定位系统的信号,使得处理这些因素引起的异常更加困难。在 CV 系统中处理的每个异常都有很高的计算成本。如果在使用嵌入式硬件的应用程序中考虑到这一点,有些项目就变得不可行。研究人员努力优化软件,以获得高性能和更好地利用硬件资源,从而降低对处理能力的要求,并对节能产生积极影响。本章回顾了目前用于室内外环境任务控制软件开发的主要 CV 技术,为这些空中机器人提供自主导航和交互。

在第 12 章中,当代研究的重点是提高对无人机结构健康监测中视觉重要性的认识。本章讨论了基于算法的无人机系统基础设施损伤实时识别和损伤鉴定解决方案。损伤检测和识别的影响是量化的补救措施。基于视觉的无人机系统可以从感兴趣的受损表面获取视觉证据,以检测故障,从图像数据中消除不相关区域,发现损伤,测量由此产生的后果,记录信息,识别故障类型,并指出当前最显著的问题。本章还讨论了在气动弹性认证试飞中感知和获取振动数据以及对这些数据进行预处理的新方法。这些新方法的目的是减少识别气动弹性现象的时间,减少必须安装在飞机上的硬件的尺寸,从而将振动试验的风险和成本降到最低。随着计算机视觉系统的发展,摄像机作为一种运动跟踪器的传感器,具有毫米级的精度和准确度。非接触式传感器不干扰飞机的动力学特性,适合于颤振分析。借助于计算机视觉算法,它们可以采集二维和/或三维数据,而不是传统振动传感器(如压电加速度计)采集的一维数据。然而,值得注意的是,为了捕捉气动弹性现象,这些相机的帧速率必须至少比传统相机高五倍。因此,能够以合理的成本处理所获得的图像并向用户提供向量中的运动数据以供用户使用的智能视频传感器系统是一个正在开发的重要课题。此外,本章还提出了对传统颤振验证分析中所用信号的采集和预处理方法的改进,例如适用于嵌入式系统的模态分析和近实时处理。

第 13 章处理情报、监视和侦察任务,持续监视通常被定义为通过利用空中平台(有人或无人)在高空监视广域覆盖区域数小时的行动来执行自动情报发现。该平台可以大到足以承载高分辨率传感器矩阵和高性能计算机架,以实时处理所有传感器的反馈。随着当前情报、监视与侦察能力的不断增强,基于工程和光学的空中监视解决方案已成为对设计的挑战。在带宽受限的手术室中,需要更多的板载处理以提高保真度/分辨率传感器的馈送,同时匹配受限交换(尺寸、重量和功率)预算需求。小型无人机(sUAV)技术的出现,能够携带复杂的光学有效载荷和从战略角度拍摄航空图像,在当今战场上已成为不可避免的、有助于推进 ISR 的能力。除了对 sUAV 飞行时间的严格限制外,受限的机载处理能力也是实现基于 sUAV 平台的经济高效的持续监视所必须克服的严重挑战之一。

所有以前的例子都表明,调整传感器以匹配平台的环境是一项具有挑战性的工作,因此,架构师已经将其设计方法转变为基于硬件和软件开放体系结构,作为其构建经济高效的监视解决方案设计方法的核心。本章简要介绍用于开发持久监视系统的硬件和软件构建块。在我们的背景下,将特别关注光电(视觉光谱)和红外综合解决方案,利用计算机视觉技术的监视任务。

第14章主要涉及一些重要结论和关于新研究方向的更多信息。

参考文献

[1] Razmjooy, N., Mousavi, B. S., Soleymani, F., and Khotbesara, M. H. 2013. A computer – aided diagnosis system for malignant melanomas, *Neural Computing and Applications*, Vol. 23(7 – 8), 2059 – 2071.

[2] Moallem, P., Razmjooy, N., and Ashourian, M. 2013. Computer vision – based potato defect detection using neural networks and support vectormachine. *International Journal of Robotics and Automation*, Vol. 28(2), 137 – 145.

[3] Mousavi BS, Sargolzaei P, Razmjooy N, Hosseinabadi V, and Soleymani F. 2011. Digital image segmentation using rule – base classifier. *American Journal of Scientific Research*, Vol. 35, 17 – 23.

[4] Hemanth, D. J., and Estrela, V. V. Deep learning for image processingapplications. Adv. Par. Comp. IOS Press. ISBN978 – 1 – 61499 – 821 – 1(print)978 – 1 – 61499 – 822 – 8(online)2017.

[5] Jesus de M. A., Estrela V. V., Saotome O., and Stutz D. Super – resolution viaparticle swarm optimization variants. In: Biologically Rationalized ComputingTechniques for Image Processing Applications, pp. 317 – 337, 2018.

[6] Estrela, V. V., Saotome, O., Loschi, H. J., et al. 2018. Emergency responsecyber – physical framework for landslide avoidance with sustainable electro – nics, Technologies, 6, 42. doi: 10.3390/technologies6020042.

[7] Petricca, L., Ohlckers, P., and Grinde, C. 2011. Micro – and nano – air vehi – cles: state of the art. *International Journal of Aerospace Engineering*. Vol. 2011, Article ID 214549, 17 pages. http://dx.doi.org/10.1155/2011/214549

[8] Ezequiel, C. A. F., Cua, M., Libatique, N. C., et al. UAV aerial imaging applications for post – disaster assessment, environmental management and infrastructure development. In Proceedings of the 2014 International Conference on Unmanned Aircraft Systems(ICUAS 2014), 274 – 283.

[9] Zingg, S., Scaramuzza, D., Weiss, S., and Siegwart, R. 2010. MAV navi – gation through indoor corridors using optical flow. Proceedings of the 2010 IEEE International Conference on Robotics and Automation(ICRA 2010).

[10] http://www.questuav.com/news/fixed – wing – versus – rotary – wing – for – uav – mapping – applications(Accessed on November 20, 2016).

[11] Rangel, R. K., Kienitz, K. H., and Brandão, M. P. 2009. Development of amulti – purpose port-

able electrical UAV system, fixed & rotative wing. Proceedings of the 2011 IEEE Aerospace Conference, doi:10. 1109/AERO. 2011. 5747512.

[12] dos Santos, D. A. , Saotome, O. , and Cela, A. 2013. Trajectory control ofmultirotor helicopters with thrust vector constraints. Proceedings of the 21st IEEE Mediterranean Conference on Control & Automation(MED). doi:10. 1109/MED. 2013. 6608749.

[13] Figueiredo, H. , Bittar, A. , and Saotome, O. 2014. Platform for quadrirotors: analysis and applications. Proceedings of the 2014 IEEE InternationalConference on Unmanned Aircraft Systems (ICUAS). doi:10. 1109/ICUAS. 2014. 6842332.

[14] Krantz, J. 2013. What is Sensation and Perception? *Experiencing Sensationand Perception*.

[15] Stein, B. E. , Stanford, T. R. , and Rowland, B. A. 2009. The neural basis ofmultisensory integration in the midbrain: its organization and maturation. *Hear Res*. 258(1 − 2):4 − 15. doi:10. 1016/j. heares. 2009. 03. 012. PMC2787841free to read. PMID 19345256.

[16] Lewkowicz, D. J. , and Ghazanfar, A. A. 2009. The emergence of multi − sensory systems through perceptual narrowing. *Trends in Cognitive Science*, 13(11):470 − 8. doi:10. 1016/j. tics. 2009. 08. 004.

[17] Zmigrod, S. , and Hommel, B. 2010. Temporal dynamics of unimodal and multimodal feature binding. *Attention, Perception, & Psychophysics*, 72(1):142 − 52. doi:10. 3758/APP. 72. 1. 142.

[18] Ellen, R. A. , Roberts, P. J. , and Greer, D. G. 2005. An investigation into the next generation avionics architecture for the QUT UAV project. In Proceedings of the Smart Systems 2005 Postgraduate Research Conference. Goh, Roland and Ward, Nick (Eds.), Brisbane. http://eprints. qut. edu. au.

[19] Bilbao, J. , Olozaga, A. , Bravo, E. , García, O. , Varela, C. , and Rodríguez, M. 2008. How design an unmanned aerial vehicle with great efficiency in the use of existing resources. *International Journal of Computers*, Vol. 2(4), 442 − 451.

[20] Salkever, A. 2003. The Network is the Battlefield(Business Week). https://citizenlab. org/2003/01/the − network − is − the − battlefield − business − week/(Accessed October 21, 2016).

[21] Nitti, D. O. , Bovenga, F. , Chiaradia, M. T. , Greco, M. , and Pinelli, G. 2015. Feasibility of using synthetic aperture radar to aid UAV navigation. *Sensors*, 15, 18334 − 18359.

[22] Zhu, Q. , Avidan, S. , Yeh, M. − C. , and Cheng, K. − T. 2006. Fast human detection using a cascade of histograms of oriented gradients. In Proceedings of the 2006 Computer Vision and Pattern Recognition(CVPR06), 1491 − 1498.

[23] Zhou, J. , and Hoang, J. 2005. Real time robust human detection and tracking system. In Proceedings of 2005 IEEE Computer Society Conference on Computer Vision and Pattern Recognition(CVPR05), 149.

[24] Vanegas, F. , and Gonzalez, F. 2016. Enabling UAV navigation with sensor and environmental uncertainty in cluttered and GPS − denied environments. *Sensors*, 16, 666.

[25] Rudol, P. , and Doherty, P. 2008. Human body detection and geolocalization for UAV search and rescue missions using color and thermal imagery. *Proceedings of the IEEE Aerospace Con-*

ference. doi:10. 1109/AERO. 2008. 4526559.

[26] Razmjooy N. , Ramezani M. , and Estrela V. V. A solution for Dubins path problem with uncertainties using world cup optimization and Chebyshev polynomials. In:Iano Y. , Arthur R. , Saotome O. , Vieira Estrela V. , and Loschi H. (eds) , *Proc. BTSym2018* . *Smart Innovation*, Systems and Technologies, vol 140, 2019. Springer, Cham doi:10. 1007/978 – 3 – 030 – 16053 – 1_5, 2019.

[27] DeGarmo, M. , and Nelson. G. 2004. Prospective unmanned aerial vehicle operations in the future national airspace system, In Proceedings of the AIAA 4th Aviation Technology, Integration and Operations(ATIO) Forum, Aviation Technology, Integration, and Operations(ATIO) Conferences, Chicago, USA doi:10. 2514/6. 2004 – 6243.

[28] França, R. P. , Peluso, M. , Monteiro, A. C. B. , Iano, Y. , Arthur, R. , and Estrela, V. V. Development of a kernel:a deeper look at the architecture of an operating system. In:Iano Y. , Arthur R. , Saotome O. , Estrela V. V. , and Loschi H. (eds) *Proc. BTSym2018* . *Smart Innovation*, Systems and Technologies, vol 140. Springer, Cham, 2019.

[29] Park, C. , Cho, N. , Lee, K. , and Kim, Y. 2015. Formation flight of multiple UAVs via onboard sensor information sharing. *Sensors*, 15, 17397 – 17419.

[30] Jain, R. , Templin, F. , and Yin, K. – S. 2011. Wireless datalink for unmanned aircraft systems:Requirements, challenges and design ideas. In Proceedings of the Infotech@ Aerospace 2011, St. Louis, Missouri, American Institute of Aeronautics and Astronautics, doi:10. 2514/6. 2011 – 1426.

[31] Sayyed, A. , de Araújo, G. M. , Bodanese, J. P. , and Becker, L. B. 2015. Dualstack single – radio communication architecture for UAV acting as a mobile node to collect data in WSNs. *Sensors*, 15, 23376 – 23401.

[32] Zhang, T. , Li, W. , Achtelik, M. , Kuhnlenz, K. , and Buss, M. 2009. Multisensory motion estimation and control of a mini – quadrotor in an air – ground multi – robot system. In Proceedings of the 2009 IEEE International Conference on Robotics and Biomimetics(ROBIO 2009) , 45 – 50.

[33] Kretschmar, M. , and Welsby, S. 2005. Capacitive and inductive displacement sensors, in Sensor Technology Handbook, J. Wilson(Ed.) , Newnes:Burlington, MA.

[34] Grimes, C. A. Dickey, E. C. , and Pishko, M. V. 2006. Encyclopedia of sensors (10 – Volume Set) , American Scientific Publishers. ISBN 1 – 58883 – 056 – X.

[35] Bănică, F. – G. 2012. Chemical sensors and biosensors:Fundamentals and applications. Chichester, UK:John Wiley & Sons. ISBN 978 – 1 – 118 – 35423 – 0.

[36] Blaauw, F. J. , Schenk, H. M. , Jeronimus, B. F. , et al. 2016. Let's get Physiqual – an intuitive and generic method to combine sensor technology with ecological momentary assessments. *Journal of Biomedical Informatics*, Vol. 63, 141 – 149.

[37] Nonami, K. , Kendoul, F. , Suzuki, S. , Wang, W. , and Daisuke Nakazawa, D. 2010. Autonomous flying robots, unmanned aerial vehicles and micro aerial vehicles, Springer, ISBN 978 – 4 – 431 – 53855 – 4.

[38] Doherty, P. , and Rudol, P. 2007. A UAV search and rescue scenario with human body detection and geolocalization. In Proceedings of the 20th Australian joint conference on advances in artifi-

cial intelligence(AI'07),1-13,Berlin,Heidelberg,Springer-Verlag. ISBN 3-540-76926-9,978-3-540-76926-2.

[39] Rudol,P.,Wzorek,M.,Conte,G.,and Doherty,P. 2008. Micro unmanned aerial vehicle visual servoing for cooperative indoor exploration. In Proceedings of the IEEE Aerospace Conference,1-10.

[40] Griswold,M. E. 2008. Spectrum management key to the future of unmanned aircraft systems? USAF,Air University Press Maxwell Air Force Base,Alabama.

[41] Shakernia,O.,Koo,T. K. J.,and Sastry,S. S. 1999. Landing an unmanned air vehicle:Vision based motion estimation and nonlinear control. *Asian Journal of Control*,Vol. 1,No. 3,128-145. http://www2.eecs.berkeley.edu/Pubs/TechRpts/1999/3782.html

[42] Coelho,A. M.,and Estrela,V. V. 2012. EM-based mixture models applied to video event detection,"Principal Component Analysis-Engineering Applications," Dr. Parinya Sanguansat (Ed.),101-124,InTech. doi:10.5772/38129.

[43] Coelho,A. M.,and Estrela,V. V. 2013. State-of-the-art motion estimation in the context of 3D TV,"Multimedia Networking and Coding," Reuben A. Farrugia,and Carl J. Debono (Eds.). doi:10.4018/978-1-4666-2660-7.ch006

[44] Werner,S.,Dickmanns,D.,Furst,S.,and Dickmanns,E. D. 1996. A visionbased multi-sensor machine perception system for autonomous aircraft landing approach, In Proc. the SPIE-The Int. Soc. Optical Eng.,Vol. 2736,Orlando,USA,54-63.

[45] Schell,F. R.,and Dickmanns,E. D. 1994. Autonomous landing of airplanes by dynamic machine vision. *Machine Vision and Applications*,Vol. 7,127-134.

[46] Yang,Z. F.,and Tsai,W. H. 1998. Using parallel line information for visionbased landmark location estimation and an application to automatic heli-copter landing. *Robotics and Computer-Integrated Manufacturing*,Vol. 14,No. 4,297-306.

[47] Espiau,B.,Chaumette,F.,and Rives,P. 1992. A new approach to visual servoing in robotics. *IEEE Transactions on Robotics and Automation*,Vol. 8,No. 3,313-326.

[48] Kang,W.,Yu,S.,Ko,S.,and Paik,J. 2015. Multisensor super resolution using directionally-adaptive regularization for UAV images. *Sensors*,15,12053-12079.

[49] Karpenko,S.,Konovalenko,I.,Miller,A.,Miller,B.,and Nikolaev,D. 2015. UAV control on the basis of 3D landmark bearing-only observations. *Sensors*,15,29802-29820.

[50] Yoon,I.,Jeong,S.,Jeong,J.,Seo,D.,and Paik,J. 2015. Wavelengthadaptive dehazing using histogram merging-based classification for UAV images. *Sensors*,15,6633-6651.

[51] Wen,M.,and Kang,S. 2014. Augmented reality and unmanned aerial vehicle assist in construction management. Computing in Civil and Building Engineering. 1570-1577. doi:10.1061/9780784413616.195 http://asceli-brary.org/doi/abs/10.1061/9780784413616.195.

[52] Li,H.,Zhang,A.,and Hu,S. A multispectral image creating method for a new airborne four-camera system with different bandpass filters. *Sensors* 2015,15,17453-17469.

[53] Aroma R. J.,and Raimond K. A novel two-tier paradigm for labeling water bodies in supervised satellite image classification. 2017 International Conference on Signal Processing and

Communication(ICSPC),384 – 388,2017.

[54] Aroma R. J. ,and Raimond K. A review on availability of remote sensing data. 2015 IEEE Technological Innovation in ICT for Agriculture and Rural Development(TIAR),150 – 155,2015.

[55] Chiang,K. – W. ,Tsai,M. – L. ,Naser,E. – S. ,Habib,A. ,and Chu,C. – H. 2015. New calibration method using low cost MEM IMUs to verify the performance of UAV – borne MMS payloads. *Sensors*,15,6560 – 6585.

[56] Roldan,J. J. ,Joossen,G. ,Sanz,D. ,del Cerro,J. ,and Barrientos,A. 2015. Mini – UAV based sensory system for measuring environmental variables in greenhouses. *Sensors*,15,3334 – 3350.

[57] Gonzalez,L. F. ,Montes,G. A. ,Puig,E. ,Johnson,S. ,Mengersen,K. ,and Gaston,K. J. 2016. Unmanned aerial vehicles(UAVs)and artificial intelligence revolutionizing wildlife monitoring and conservation. *Sensors*,16,97.

[58] Estrela, V. V. , Monteiro, A. C. B. , Francça, R. P. , Iano, Y. , Khelassi, A. , and Razmjooy, N. Health 4. 0:Applications,management,technologies and review. *Medical Technologies Journal*,2(4)262 – 276,2019. doi:10. 26415/2572 – 004x – vol2iss1p262 – 27.

[59] Kehoe,B. ,Patil S. ,Abbeel P. ,and Goldberg,K. A survey of research on cloud robotics and automation,IEEE Transactions on Automation Science and Engineering,2014.

第 2 章　无人机中的计算机视觉和数据存储

无人机(UAV)的功能应用在检查、测绘、监测和测量等领域,例如辅助图像处理、航拍和计算机视觉(CV)算法。搭载了摄像头的无人机可以收集大量的图像和视频用于各种研究和商业应用。此外,无人机有各种传感器,如热传感器、磁传感器、声音传感器、光传感器和速度传感器,用于收集应用在特定研究和商业用途中的环境细节。因此,本章着重于获取、存储、处理、压缩图像和视频;主要介绍计算机视觉软件对无人机 CPS(网络–物理系统)除了特定应用(例如处理、通信、存储、压缩等任务)之外的影响[1-8]。

此外,第 2.2 节解释了基于云平台的无人机 CPS 的总体架构、挑战和设计目标。第 2.3 节讨论无人机的内存使用,具体要求,板载存储的限制和常规解决方案。第 2.4 节通过示例简要介绍了无人机的数据记录(DL)、主要优势和协议标准化。第 2.5 节提供了不同类型的数据记录(DL)和需求,并提出了解决方案。第 2.6 节讨论了数据存储、数据处理、控制、大数据的影响、复杂性、隐私壁垒、基础设施和其他挑战的未来趋势。

2.1　引言

为了获得高速数据记录的质量和可靠性、计算能力、兼容性、功耗和接口能力,在机载组件的选择过程中需要考虑尽可能低的重量、小的体积和低的振动灵敏度。计算机视觉算法在计算上的支出往往很昂贵,无人机项目需要在计算资源和其他硬件需求之间进行平衡以便使用 CPS 范式来更好地理解给定的最大有效载荷。有效载荷一词是指飞机内用于运输目的的简约物理空间。

无人机的应用涉及有限的计算处理,无人机的低能量资源是值得注意的测试处理、网络和决策等实时信息。大量采集数据所面临的挑战主要是视频、不规则且有限的测试处理、网络和决策网络手段,以及有限的无人机资源,一个云支持的无人机应用框架可以有效解决这些问题。该结构可以集成视频采集、文件调度、信息处理和网络状态评估,以便提供一个高效和可扩展的系统。该框架包括一个集成在无人机 CPS 上托管的客户端机制,它有选择地卸载收集的数据传送到基于云平台的服务器。然后,该服务器进行实时处理并向相关地面站或控制中心和客户提供数据反馈服务。

本章讨论了无人机 - CPS 中图像采集、分析、压缩和知识检索的存储和软件要求。以下是一些值得讨论的问题。

(1)系统在引导方法的帮助下内存安全地运行并且远程更新无困难。

(2)操作系统(OS)内核。

(3)具有最小实用程序的文件系统运行并远程访问无人机。

(4)无人机关键软件的实现方法。

(5)对所有数据记录方法的全面回顾。

(6)开发软件模拟器,对硬件进行建模和测试车辆在安全情况下的部件和物理特性。

开发无人机软件是一项巨大的任务,包括构建、整合、编写、模拟和测试一个可用的无人机平台中所有不可或缺的组件。在开发自动驾驶汽车从顶层到底层的软件的完整过程中,预计会出现各种各样的问题,因此本章提供了一个可用于实际应用的完整无人机软件框架。

使用仿真软件可以用最少的硬件来设计新产品,同时也可以减少成本和时间。此外,通过简单的软件更新,它可以轻松地将产品升级,甚至完全可以修改,从而简化了产品的使用。这些都增加了航空电子产品的价值。无人机 - CPS 软件的核心和大脑角色如图 2.1 所示,图上还描述了与无人机生态系统接口所需的配套硬件模块。

几乎所有的无人机类别都遵循上述架构范式。传感器感知环境并将其信号作为输入发送到控制硬件和软件。执行器在决策后使用软件输出来实现环境中的改变。通信模块通过通信链路与无人机实现实时交融。充分反映和设计用于保存无人机活动和发现的机载日志数据的硬件是基础。

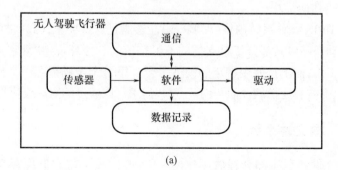

(a)

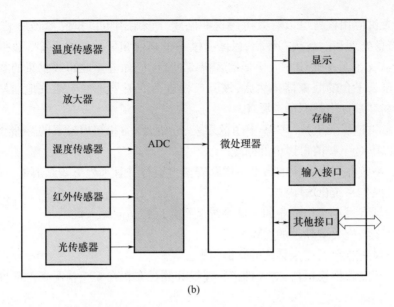

(b)

图 2.1 软件在自动驾驶汽车中的作用(a)和典型的数据记录器(b)(见彩图)

2.1.1 需求

无人机计划用于一些不能立即转换成源代码的高级应用程序。首先,开发阶段需要说明无人机保持接口支持和平台独立性的操作必要性。由于传感器和执行器存在着各种各样的接口,例如 USB、以太网、RS232、I2C、RS422、RS485、SPI、蓝牙、PWM 等,通信硬件必须解决这些接口,使得在处理数据记录的同时整个系统保持正常工作。UAV – CPS 硬件和软件平台的选择应该支持当前和最终特定应用所需的所有接口。

此外,软件和硬件平台应该是独立的。软件可移植性允许在使用相同的现有软件的同时交换计算机硬件而无需修改太多的代码,或者在理想情况下,无需编写更多代码。由于航空电子的多学科特性以及民用和军用需求的不同,软件的可移植性仍在研究中。

免费的 UNIX 操作系统内核(如 Linux)能够满足这些要求,因为它具有所有强制接口的驱动程序以及部分接口支持的不可移植的软件环境,并且它可以在多个硬件平台上工作,而不是使用特定的硬件平台。每个无人机都有一个特定需求的列表,在接口支持和便携软件的帮助下,这些需求可以通过编写高级代码来满足。

2.1.2 根文件系统

所有的文件和程序都会释放用户内存空间,内核会将它们保存在根文件系统中。无人机的文件和程序应该尽可能小并且只包括所需的程序,这样减少了存储空间,可以轻松地运行和维护最小的系统。无人机需要很少的内存,分配给几个标准实用程序用来配置系统,这几个应用程序用于基本的网络服务,以及一些特定于车辆的程序来执行特定于无人机的任务。然而,可以在机上执行的 CV 任务数量正在增加,类似的程序对文件系统的要求也在增加。编辑器,库,编译器,调试器,图形用户界面等通常不适合放在飞行器文件系统。

2.1.3 数据记录

虽然数据记录是无人机最关键的特性,但它不应该干扰无人机的关键控制路径。

写文件是一个必不可少的任务,但潜在的阻塞操作,在等待一个文件写操作完成的过程中可能导致无人机宕机。基于 UNIX 的操作系统有几种数据日志记录方法,有些数据记录方法适合于特定的应用程序,但有些则不适合。因此,定量地理解每种 DL 方法对于选择适合无人机应用的方法至关重要。

无人机传感器的数据存储需要适当的压缩技术,这有助于在无人机可用的固定存储量中存储更多的信息。此外,数据压缩技术有助于将无人机传感器数据以有限的可用带宽在最短时间内传输到云中或地面站。

2.1.4 云支持和虚拟化

存储虚拟化是指一种技术,它使一个资源集合看起来像另一组资源,理想情况下具有增强的特性。资源集合的逻辑表示必须独立于物理限制,并且必须隐藏部分复杂性。此外,这种逻辑表示必须包括与现有服务相集成的新功能,并且可以嵌套或分布在系统的多个层上[9]。

虚拟化一词属于更广泛的软件定义存储(SDS)概念,SDS 是一种数据存储方法,它将控制与存储相关的任务的程序控制从物理存储硬件分离出来。这个观念允许 SDS 解决方案安装在任何现有的存储系统上,或者大多数情况下,安装在任何商用个人计算机硬件和管理程序上。更改 IT 堆栈层次结构中的高级级别需要更深入地集成并处理存储性能和存储能力方面的应用程序需求。SDS 解决方案提供一套完整的存储服务(可与传统硬件结构相媲美),拥有大量持久存储资源:内部磁盘、云、外部存储系统或对象/云平台。

本章除本节外由六个部分构成。第 2.2 节研究了基于云平台的无人机信息物理系统的体系结构。无人机需求与内存使用和架构将在第 2.3 节中出现。第 2.4 节讨论无人机数据日志记录。第 2.5 节讨论无人机数据记录的类型。第 2.6 节讨论未来的发展趋势,然后是第 2.7 节的小结。

2.2 基于云的无人机体系结构网络-物理系统

图 2.2 描述了一个典型的无人机 CPS,其通信网络环境通常被称为断开的、间歇性的和有限的(DIL),并具有由于信息丢失或损坏、间断性的或受限的连通性而造成的损伤。

通常,云计算通过处理一些卸载数据来克服无人机的一些资源限制。然而,使用卸载处理数据有成本,例如,巨大的数据量会严重降低无人机的可用能量,并需要相当大的网络带宽。与智能手机应用现有的移动云应用类似,定制算法可以在卸载前找到网络基础设施的强度和准备情况。这些算法启发了依赖于计算云和网络组件的无人机-CPS 框架。与移动网络相比,DIL 环境对网络状态测量能力的需求更大,移动网络使用坚固冗余的商业结构,是无人机-CPS 客户端-服务器配置的重要组成部分。无人机硬件承载客户端,该客户端收集视觉和上下文信息,并具有上下文感知的视频调度单元,可根据上下文数据选择性地将获取的信息卸载到云中。云基础设施将服务器封闭起来,并关注传入的客户机流量。在接收到有意义的数据后,服务器会提供有价值的服务,比如对目标识别的强大处理能力,以及对场景的理解,这将导致服务器必须向给地面站或其他控制设施发送高级处理服务的选择[10-12]。

部署用于收集关键数据的无人机需要创新,这是一项具有挑战性的任务,包括以下一些问题[11-12]。

(1)观察到的区域可以改变或使无人机操作变得混乱。

(2)无人机电池存在的局限性对其飞行时间、通信结构和处理能力有很大的影响。

(3)无人机可以通过 DIL 网络环境连接,其中网络状态感知必须由一种算法处理,该算法决定何时可以将信息重新分配给云服务器。

(4)无人机整体感知对正确性有严格的要求。例如,在搜救场景中,收集到的图像或视频证据必须得到适当处理。

(5)无人机的移动模式直接影响到信息获取和图像处理过程的执行。特别是在飞行期间收集的数据质量可能会有波动。如果所有记录都被传送到地面站,将消耗额外的电力和带宽。

(6)目标检测和其他应用需要高质量的图像和视频数据,这导致无人机飞行配置需要调整以优化分辨率、维度和视觉数据的质量。

(7)智能视频捕捉和智能视频处理工具显著提高了灾难场景中的决策质量。

由于无人机面临着与移动通信网络相同的挑战,这些系统使用云计算和虚拟化。然而,与云连接并不总是可取的,因为无人机的部署比智能手机在移动网络中的使用具有相当高的复杂性。其他因素如时间、任务管理、飞行路径和信息处理,可能需要特定的突破性解决方案。

(1)高效的成本效益板载视频预处理程序可以由以前的框架来完成,以扩大性能。

(2)基于帧的视频分割和通信具有便捷的采样率,可以减少卸载到云的数据量。

(3)在当前固态技术的帮助下,有足够的无人机机载存储来保存整个部署期间捕获的所有数据。

(4)无人机、地面站(GS)、云和其他控制/管理中心之间的充分无线通信要求无人机上的预处理程序可以过滤掉多余的帧;剩余的关键帧必须在云和无人机之间可靠地交换。

(5)云计算可以帮助解决 UAV – CPS 的可扩展性和性能等问题。

图 2.2 从设计的角度提供了 UAV – CPS 客户端和服务器框架的高级视图。UAV – CPS 是一个客户端,由一个上下文收集器、一个上下文感知的视频调度器、一个用于捕捉视频的摄像头和一个视频预处理单元组成。云服务器存储视频、检索视频、检测对象和执行其他类型的数据挖掘。无线网络连接客户机和服务器。控制中心通过服务器访问处理后的数据,协助自动和人工决策。

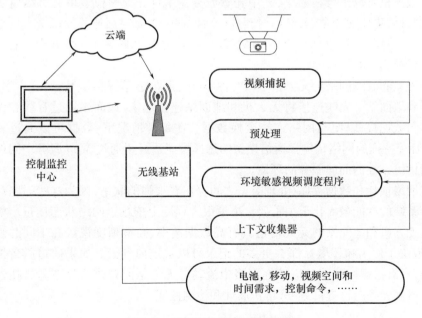

图 2.2 无人机信息物理系统架构

除了运行简单的预处理外,客户端视频录制和预处理单元收集视频数据,将它们存储在板载存储库(例如硬盘)中。此外,它在预定义的时间瞬间选择帧并将其发送给预处理单元,为上下文感知调度器获取材料,该调度器从上下文收集器接收视频数据和信息。

上下文收集器指示机载传感器和其他系统同时收集无人机电池电量、实时移动模式、控制中心信息、空间坐标、时间数据和网络状态度量。上下文感知调度器对从图像预处理阶段发展起来的获取材料和输出图像进行处理,然后确定帧。为了进行更严格的分析,帧被传输到云中。

云支持虚拟化,托管服务器组件,可伸缩的资源分配,以及简单的配置特征,比如后处理过程的应用方式,以满足电力需求和计算密集型需求。该服务器包含两个焦点模块:视频检索单元和数据存储模块。数据存储系统支持各种数据挖掘服务和信号处理。服务器检索带有结果的视频数据和客户端信息用于广泛的检测(例如检测潜在目标),这些数据被定向用于评估的控制中心。首先,调度过程检查无人机的状态,以确保有足够的电力传输数据。如果满足了这个条件,接下来会检查无人机运动模式以获得所需要的高质量数据,包括感兴趣的对象。最后,一个更复杂的任务,是将正在处理的帧的直方图分布与先前获得的帧的直方图分布联系起来。如果发生重大变化,则评估网络状态以确定帧是否将在适当的时间内进行实时评估。

如果网络可访问性和容量足够,那么云将接收帧进行额外处理。

虚拟机可以运行在云中,云中托管服务器组件。视频检索单元持续监听到达的数据,重建视频数据,然后对其进行后处理。当需要额外的知识来支持选择时,服务器还可以保存传入的视频数据,以便其他控制服务进一步处理。服务器也负责控制中心接口[13]。

无线和有线网络为无人机–CPS各部分之间的通信提供了基础:客户端、服务器和地面站。无线连接将无人机和地面站连接起来,地面站通过有线和无线连接与云连接,以便与网络连接交换数据。在每种情况下,数据可以通过表现DIL环境特征的网络传输。通信模型的选择可能适合于通过Web服务中间件实现通信可靠性的面向服务的环境。

网络损耗和数据存储/处理类型之间存在着很强的联系,因为这些问题对于整个系统的性能最大化至关重要。决策很大程度上依赖于网络状态度量。如果连接无人机和地面站的无线信道具有高数据速率、高清晰度视频和不同的帧速率(取决于使用和环境),那么更多的记录可以被定向到云。如果信道质量是严格的,只有关键帧和消息应该在网络中流动。无论是前置或后处理算法托管在无人机和云都应该提高效率,可扩展性和检测性能。

2.3 无人机需求与内存使用

对于无人机使用的 CV 处理框架,有遥操作(TO)和机载视觉处理(OVP)模型,如图 2.3 和图 2.4 所示。

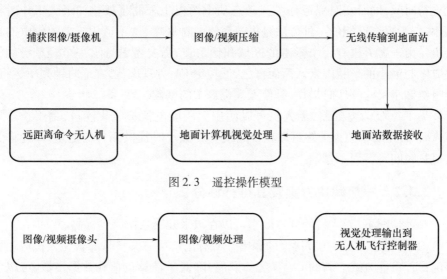

图 2.3　遥控操作模型

图 2.4　机载视觉处理模型

在 TO 模型中,机载摄像机获取的视频和图像通过 JPEG、小波、MPEG 或其他标准程序进行压缩,然后通过无线传输到 GS。相反,图像和视频压缩是计算密集型任务,对系统的功耗有不利影响。此外,压缩图像和视频数据使用无线传输,这需要足够的带宽,增加了电力系统资源的压力。因此,到达 GS 的图像和视频数据通常是有噪声和延迟的[14]。经过地面计算机处理后,远程指令通过 TO 发送回无人机,但最多只能保证接近实时操作。同样地,人类参与 TO 是一个显著的缺点,它既能帮助你,也会带来一些自治风险。

与 TO 相反,从图 2.4 可以看出,OVP 模型鼓励板载处理。该模型在有限的机载计算资源下保障了自主性和实时操作。该模型仅适用于简单的图像处理任务。即使是简单的 CV 操作,保护系统的功耗在合理的范围内也是一项艰巨的任务。本章强调了机载 CV 处理的实施瓶颈和可能的解决方案,因为自主性在航空电子研究中至关重要。

2.3.1　OVP 的局限性

CV 程序是计算和数据密集型的。与无人机相比,即使是拥有多个处理器、深度管道、复杂内存层次和高功率工作的计算机,也面临着运行低级 CV 算法的挑战,比如对中分辨率图像进行特征提取。CV 处理对嵌入式计算机的高性能要求依赖于商用现货(COTS)。

由于具有简单、低功耗、计算能力有限的板载处理器,无人机不能总是实时提供图像/视频数据。缺少实时处理图像/视频记录的计算机架构是机载无人机视觉处理的一个显著障碍。严格的功率限制也意味着低功率解决方案可以最大化飞行时间,同时实时完成任务。动态功率约束也限制了架构的最大工作时钟频率,因为提高性能的一种方法是提高系统时钟频率,这不适用于电池供电的无人机。由于无人机有一个紧凑的区域和低重量,需要考虑寻求一个轻量级的解决方案与最小的形状因素。简而言之,低功率 CV 处理架构,在低时钟频率运行,轻量级和小尺寸的实时操作,是使无人机自主的基础。

为了克服动力限制,无人机可以使用太阳能电池板收集能量,用于长途飞行[15]。激光功率波束最终可以在夜间或亮度最小时提供额外的能量,以允许无人机长时间飞行而不着陆[16]。

2.3.2 一般解决方案及其可行性分析

一般情况下,无人机的计算效率可以在以下几个层次得到提高。

(1)算法:由于前几节讨论的原因,CV 算法解决方案将是部署无人机应用程序的最佳可能方式。新的 CV 算法的发展,降低了计算负荷和数据维数,可以为在 COTS 低功耗嵌入式计算机上的实时部署铺平道路。

(2)软件:CV 算法的目标是高执行速度,比如加速的稳健功能[17],需要改进提供实时性能。因此,纯基于软件的方法在这一点上并不总是可行的,因为它可以解决计算问题,但若严重依赖计算能力则会受到底层硬件的影响。

(3)硬件:最近的研究[18-25]表明,硬件驱动和混合解决方案都可以推进无人机 - CPS。COTS 的改进将支持所有其他级别,而无需定制架构。

(4)混合解决方案:它指的是其他三种解决方案的任何可能的组合(例如,软硬件协同设计或硬件解决方案与一些算法优化以减少计算)。由于价格低廉,设计时间短,FPGA 可以满足 UAV - CPS 实时性能所需的严格的重量、尺寸和功率限制,会生成一些有趣的基于现场可编程门阵列的解决方案[26-27]。

2.4 无人机数据记录器(数据记录仪)

数据记录(DL)器(又称为数据记录仪)如图 2.1(b)所示,是一种通过内置传感器或外部工具和传感器来记录无人机参数(如姿态)的设备。一般来说,它们体积小,便携,用电池供电,至少有一个微处理器,内部内存可用于存储数据和传感器信息。一些数据记录器可以与其他计算机连接,并通过软件启动数据记录器,这样收集到的数据就可以在地面或远程进行可视化和分析。

数据记录器与可用于各种测量的多用途数据记录器不同,也不同于仅用于测量一种环境或类型的非常特殊的仪器。一般的数据记录器通常是可编程的。虽然电子数据记录器取代了一些海图记录器,但仍有数量有限或参数不可变的静态机器。

数据记录器提供24h的信息自动收集,这是它主要的优点。数据记录器的特点是在激活后的监控期内自动感知和感应并记录信息。这有助于全面、准确地描述监控时经历的环境条件,例如相对湿度和空气温度。

协议和数据格式的标准化曾是一个大问题,但现在正在行业中形成。例如,XML、JSON 和 YAML 正逐渐地被用于数据交换。语义网和物联网的不断增长可能会加速这一趋势。一些标准协议包含一个名为 SDI-12 的智能协议,允许将一些仪器连接到各种数据记录器上。SDI-12 还支持多点仪器。一些数据记录器公司也提供通常用于工业控制的 MODBUS 标准,有无数的工业设备经受住了这种通信标准的考验。另一种广泛使用的多点协议依赖于 CAN 总线(ISO 11898)。一些数据记录器采用可扩展的脚本方案来适应各种非标准协议。

数据记录器通常具有较慢的采样速率,并且它们是隐藏式的独立设备。特征数据采集系统从连接的计算机获取数据。数据记录器的这一独立性意味着板载存储器可以保存采集的数据。理想情况下,这种内存应该扩展到可以容纳一个扩展。

由于数据记录器的记录时间很长,它们通常具有一种机制来关联一个时间戳,以确保每个记录的数据都有获取日期和时间,以创建一个事件序列。就其本身而言,数据记录器通常采用集成的实时时钟,其漂移可能是最重要的考虑因素。

数据记录器不同于简单的单通道输入和复杂的多通道仪器。总之,最简单的设备可以带来最高的编程灵活性。在某些预先确定的条件下,一些更精细的仪器允许跨通道计算和警报。最新的数据记录器可以为许多人提供网页,以便远程观察系统。

各种数据记录器应用的自动化和远程特性要求它们与太阳能电池一起工作。这些限制使得设备非常高效,因为在许多情况下,它们在恶劣环境中工作,高可靠性成为额外的先决条件。

数据记录器必须非常可靠,因为它们需要在很少或几乎没有人参与的情况下长时间地不间断工作,并且经常安装在环境严酷或难以接触的位置。只要它们有能力，它们就不会因为任何原因而无法记录数据。因此，当程序崩溃并最终导致操作系统不稳定时，数据记录器几乎完全不受影响。以下是一些数据记录器的例子。

(1) 飞行数据记录器获取飞机性能的具体数据。

(2) 制造商安装了一种称为事故数据记录器的设备，用于在事故发生前和事故发生后收集和保存各种数据。

(3) 在嵌入式系统和数字电子设计中，专门的高速数字数据记录器有助于绕过传统仪器作为逻辑分析仪的限制。数据记录器可以记录非常长的时间，以帮助修复偶尔发生的功能错误。

(4) 微型无人机(MAV)可以为医疗保健部门带来相当大的改善，在涉及数据记录器时需要特别关注一些问题。基于树莓派(Raspberry Pi)[28-30]，可以快速构建开源的电子健康数据记录器。例如，动态心电监护仪可以连续监测心血管系统的无数电活动，为住院病人和门诊病人提供更大的灵活性。

2.5 数据记录器的类型

机载平台的状态细节对于实现安全飞行至关重要。通常，无人机只接收操作员和控制算法的控制命令。此外，一个次级无线电信道可以发送必要的遥测信息。

这种方法使用相对较低的频率来监测大部分在线状态和传输高级命令的能力。因此，无线连接的范围和质量就会出现问题。在飞行过程中，无人机可能超出无线电信号的覆盖范围，导致接收到的数据损坏或丢失。因此，当发生事故时，系统需要一个额外的机载记录单元来备份关键的状态变量。这个特殊的物品(又名黑匣子)不依赖于无线电通信质量，可以调查系统故障的原因。更复杂的估计和控制算法需要更高的数据刷新率和对系统内部变量的访问。算法的验证过程监控标准工作条件。一种可能的解决方案是在整个飞行过程中在平台上记录这些材料，以便离线处理。该子系统不应阻碍黑盒方案，以保持高可靠性。最后一点，科学平台需要要用低频和高频频率记录数据。这两种解决方案都需要为主要的电子元件提供额外的存储空间。图2.5描述了UAV-CPS中存储类型对应的框图。

一般来说，一个航空电子系统包含三个主要模块：主板(MB)、姿态和航向参考系统(AHRS)和电源板[28-29]。最基本的组件是主板，因为它执行程序并融合整个系统的所有信息。因此，它应该是额外记录内存的最佳位置。主板可以使用安全数字(SD)卡，这是非易失性存储器，通过直接存储器存取(DMA)和串行外设接口(SPI)进行接口。

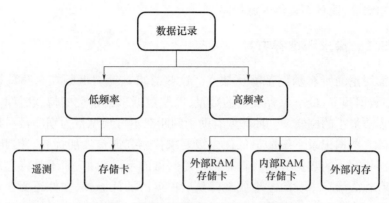

图 2.5　数据记录程序和存储格式的框图

文件系统简化了信息的上传和下载。在初始化阶段,飞行参数来自配置文件。此时,将生成具有独特名称的辅助文件,该文件将存储状态变量。写入过程是连续的,对应于每个时间戳的不同行。非最佳写入数据量和将浮点变量转换为文本限制了最大写入速度。值得注意的是,数据记录具有最低的优先级。软件程序的修改可以提高该子系统的性能。在更大的缓存的帮助下,依赖于一个被称为安全数字输入输出的标准,通过 SD 模式通信,数据可以按顺序多块写入并发送。正如参考文献[31]中所述,它的数据传输比使用存储卡的 SPI 工作得更好。这促使作者尝试在硬件计划升级的基础上构建一种创新的通信方法(SD模式)。本章将集中讨论当前黑盒子系统的改进,以及开发次要的记录方法——高频数据记录的解决方案。市场上有几个开源的或共有的航空电子模块[32],配备了特定的数据记录程序,比如 Ardupilot[33]。

分析一些已知的航空电子系统,可以得到数据记录的两种选择:① 离线(tlogs),遥测记录被发送到地面控制站(GCS)并由专门的软件保存;② 依赖额外的板载闪存的数据闪存日志,在线记录可以提供必要的参数。

Mikrokopter[34]等多家商业公司都在把飞行控制器和广泛的天线系统分散开来,但这在高频数据记录方面并不是很有用。然而,板载 SD 卡限制了它的能力。Pixhawk[35]是一种先进的开源系统。它包括标准的飞行控制器,在某些版本中,还有另一个嵌入式计算机。此外,这个航空电子设备有最好的记录功能。类似于以前的设计,遥测链路可以传输数据,并且它有一个额外的 SD 卡。对于给定的 CPU 负载和内存速度,可以以任意速率完成高频数据记录。遗憾的是,如果控制器不能捕捉到频率,一些数据包可能会丢失,从而导致在许多科学研究环境中不可接受的行为。所有提供的例子都是开源的。

因此,制造商可以将固件开发为通用硬件,并开发定制的日志程序。市场上的专业无人机可以充分支持科学研究,包括许多需要的功能。不幸的是,这样的平台成本很高,而且不提供开源代码。

2.5.1 需求和推荐方案

前面讨论的所有示例都有优缺点。这些需求是针对低频和高频数据记录的:最小数据频率,最小保存变量的数量,以及数据采集过程的持续时间。黑匣子日志需要最小的刷新率。此频率有助于判断在不可预见行为期间最后发生的系统故障。数据记录系统的最低优先级要求控制和通信功能优先。因此,这种方法优于将写入的数据分割成具有特定时间戳的不同向量,而不是将它们累积起来保存在大缓存中。除了生成文件是一项艰巨的任务外,文件还要在紧急断电期间关闭和打开以保存数据。在使用存储卡进行通信时,通过修改软件例程或 SD 模式的使用,应该支持甚至改进声明的参数,以减少处理时间。高频数据记录需要对 AHRS 模块估计算法进行诊断,这是一项非常苛刻的任务。高频数据记录将记录来自惯性测量单元传感器的原始信息,不会丢失样本。这些活动对于算法的正确开发是至关重要的,例如,确定测量值的差异和调试控制例程。下面描述的三个主要解决方案来自参考文献[36]和 2.5 节的示例。

2.5.2 带 SD 的内部 RAM

第一种解决方案依赖于已经实现的机制,该机制除了用于主板微控制器的内部 RAM 之外,还利用了存储卡。由于已存在的局限性,这种策略需要现代化改进。要求用空闲 RAM 中的数据填充测量表。操作员创建序列,它的持续时间严格依赖于一些变量和采样频率。减少频率是为了在一个周期内保存更多的变量。当记录一些给定的测量值时,该解决方案不会涉及任何延迟或严格的时间要求,但另一个问题出现了——要以什么方式来将这些数据保存到非易失性存储器中呢?由于 RAM 的特性,断电后所有记录都会消失。因此,在测量结束后,在 SD 卡中会形成一个新文件,该文件是带有数据的副本。遗憾的是,存储卡记录的标准频率将导致时间的显著增加,这是所述方法的显著缺点,因为没有其他办法来提高飞行中的写入频率以保障飞行控制任务。因此,一个简单的改进方法是仅在下降后和关闭发动机的情况下提高频率,这种方法将最高数据的采集速率提高了五倍。但遗憾的是,变量数量的限制依然存在。

2.5.3 带 SD 的外部 RAM

第二种方法通过增大与控制器接口的外部 RAM 的大小,使用一个灵活的静态内存控制器来扩展第一种方法。然而,随着变量数量的增加,数据最后进入 SD 卡的时间也会变长。这种方法与之前的方法的不同点在于,任意地址表和外部内存的处理方式不同。

2.5.4　外部闪存

第三种解决方案使用外部非易失性闪存电路。由于存储单元的结构不一致,它的某些功能与其他方法不同[37]。存储电路除平面外,还可分为页、块。这种内存类型取消了向 SD 卡的数据传输,变量被直接写入非易失性区域。然而,这种方法有两个明显的问题:① 数据可访问性;② 写入速度。这种方法所实施的内存容量鼓励人们使用多个区段来保存时间间隔。这种方法改进了数据记录方法,它将使用整个页面,而不是仅使用具有适当记录过程的第一扇区。因此,它必然是一个用地址范围规范识别每个序列的简化系统。这在第一个存储块中实现。每个测量值都有一个不同的页面,该页面保存了这些数据以及它们的日期和变量名。

2.6　讨论和未来发展趋势

2.6.1　基于无人机的数据存储

一些 UAV – CPS 程序会把所有传感数据直接发送到地面站(GS)或其他单位。而其他的程序会将这些数据保存在无人机中,原因是:① 长期缺乏高通信带宽;② 除了被强制要求的部分之外,其他所获得的信息并不是强制性和直接传输的;③ 机载存储器的存在。

另一个改进是,只有在处理数据并在操纵过程中迅速积累之后,才把感应到的信息传送到地面站。根据应用程序收集到的信息是否相同,无人机之间的数据存储和信息收集能力也可能相同或不同。当多架无人机收集的数据量不一致或多架无人机的存储方式不同时,就需要一种协同的数据存储机制,使无人机机群能够很好地积累收集到的信息。

2.6.2　基于无人机的数据处理

高分辨率图像/视频处理、模式识别、流周期数据挖掘和在线任务准备等应用可能需要无人机之间的协作和高性能计算。高性能信息处理任务可以使用一架无人机的一个计算单元,也可以使用多架无人机的多个处理单元。当有多架无人机时,需要实现可靠的分布式处理方法。此外,天空中所有的处理器都必须是可访问和可操作的。如果无人机在远离地面导航系统的区域工作,并且需要即时结果来触发适当的行动,这将是至关重要的。例如,无人机可能需要在一些响应单元附近识别农作物中的特定种类的害虫。在这种情况下,CV 和模式识别对于识别有利目标以立即修复问题是不可或缺的。有时,程序不能等待来自遥远的地面站的可靠记录和相应的反馈,必须立即采取行动。因此,区域内的无人机可以一起完成分析并做出相应的响应。

2.6.3 分布式控制与集中式控制

多架无人机的安全且有效的部署需要独特的分布式协同实时控制。多无人机的协调工作有助于完成特定任务,有效利用其资源,安排安全机动,并维持容错机制。尽管如此,以前的需求需要不同的控制机制,这对集中式控制方法来说可能是一个挑战。出现这种情况有三个原因:① 集中式控制系统可能出现单点故障问题;② 并不是所有的无人机都会一直连接到 GCS,因为控制信号可能不会到达无人机;③ 集中控制会造成通信和安全瓶颈。

2.6.4 数据对 UAV – CPS 的影响

大数据(BD)会导致 UAV – CPS 中出现一些警告,包括过时的 IT 结构、大数据(和原始数据)的内在复杂性和无序性、组织内部缺乏数据科学知识、隐私问题以及不利于数据驱动的运营和决策的组织文化[30]。下面将讨论这些挑战。

2.6.4.1 基础设施准备

为了大数据分析,发展 IT 结构需要显著的软件和硬件来实时分析大量数据记录,同时还要考虑不断上升的大数据分析需求。云技术和异构计算机框架可以为大数据提高解决方案,但是,当处理大量信息时,无论是从技术角度还是从成本效益角度来看,这些技术经常失败。因此,为了更好地使用大数据,必须解决这些数据处理瓶颈。

2.6.4.2 复杂性

为了利用大数据的力量,会导致与数据复杂性相关的问题,以及未经处理的记录(原始数据)所带来的固有困难。数据通常使用不同的格式保存,包括非结构化数据库和离散的文本文件[38]。此外,数据量每天都在增加,这使得处理来自多个数据源的数据和使用不同格式的数据变得更加混乱[39]。下面将讨论可能受到数据复杂性问题影响的具体的管理和技术方面。

大多数组织还没有准备好以合理的成本令人满意地解决数据高速增长的问题。许多组织只是选择删除旧数据,而不是试图忍受数据增长。

合并不同数据模式的障碍来自于不同的数据源,这导致了来自于各种类型信息源之间的语义冲突。例如,资产、收益和健康状况等术语可能因数据的不同而不同。信息可能经常以不同的格式存储:① 非结构化数据,包括文本文档、短信、电子邮件、图像、视频、音频文件和事务文件;② 结构化数据,通常在相关的数据库中形成。管理和分析不同数据格式的复杂性超出了许多组织的能力。

2.6.4.3 隐私

隐私问题经常阻碍公司进行业务拓展分析。通常情况下,大数据分析雇佣的人收集数据的目的完全不同。人们的证据,连同其他数据来源,可能构成法律和道德问题,比如泄露有关某人的保留信息(例如财政状况、医疗记录、家庭关系和尴尬行为)。让这一问题更加棘手的是,许多公司并没有提前告知用户使用他们的客户数据[40]。

2.6.4.4 UAV-CPS中大数据处理的障碍

公司需要解决与人员、技术和企业领域相关的障碍,将大数据作为提高组织绩效的工具。

为大数据分析建立一个新颖而独立的平台是新业务的最佳选择,但对于传统的IT系统来说并不实用。一般来说,依赖于现代大数据平台和传统IT系统[30]的解决方案是最佳选择。

幸运的是,可以使用低成本的商业硬件(通常可以包含传统的IT系统)来设计和开发大数据平台。大数据平台的基础设施应实时存储和处理大数据量,并针对服务中断或故障进行保护[40,45]。使用大量的商用服务器来同时存储和处理信息就可以满足这些要求。商品服务器分为从节点和主节点,主节点提供信息管理,从节点存储和处理数据。商用服务器或节点可以是大数据存储单元的构建块。这种经济高效的可扩展架构允许增加节点数量,从而相对轻松地扩展处理能力和存储[30]。

在使用商用服务器和存储系统开发BD基础架构时,如果通过以太网或光纤网络进行连接,那就需要谨慎一些。网络带宽要求注意服务器之间的数据交换。因此,网络基础设施必须支持与通过服务器传输的大量数据相关的高吞吐量和带宽。网络带宽要求注意服务器之间的数据交换。因此,网络基础设施必须支持与通过服务器传输的大量数据相关的高吞吐量和带宽。

最重要的是吸收一些大数据技术和平台(例如,Hadoop、NoSQL、MapReduce、In-Memory DB等)。一些次要技能是数学、统计学、预测分析、机器学习、决策模型和数据可视化等方面的高级知识[40-45]。

2.6.5 隐私和个人信息保护方面的挑战

UVA-CPS及其相关大数据技术的快速发展对个人隐私和人权产生了影

响。UAV–CPS及其相关大数据技术作为一种私人和敏感的技术,其快速发展与个人隐私和人权密切相关。随着个人资料和敏感资料的公开化,保护公民的隐私,以避免法律或道德争议,并确保客户认同商业发展计划变得至关重要。尽管技术缺陷可能导致保密或安全漏洞,但通常是人的行为方面导致了更多问题。在某种程度上,只要每个人管理好他们的数据,安全技术尺度的弹性有多大或有多超强就没那么重要了。

目前,有几种行为解决方案可以使个人保持对其数据的控制,并避免安全和隐私事件。例如,个人应该有权删除他们的过去数据,规定数据过期日期,并拥有关于他们的社会关系的信息。而要想让这些想法变为实践,就有必要创建和采纳法规来验证[9,13]。这些法律和指导方针不仅会保护消费者的隐私,还会激励个人分享他们的信息,帮助用户和组织依靠这些数据提高他们的业绩。

2.6.6 组织和文化的障碍

与大数据相关的组织和文化障碍被认为是需要克服的重大问题。

因此,企业必须首先修改其企业文化,以便支持基于事实的决策,并充分利用业务拓展机会。积极的文化变革源自于记录、实现和交流一个清晰的关于大数据的愿景,并确保高层管理人员承诺这一愿景,控制推动执行文化的驱动因素,而不是改变文化本身。一个关于业务发展如何与整个任务战略相适应的清晰愿景,应该加快并巩固组织内部对业务发展的接受。框架思想必须转化为具体的业务流程和重要的举措,依靠业务拓展来提高组织绩效。

最初独立的数据处理器模型正在转变为将数据聚集在一起,同时建立无线通信来设置事件警报、自动报告数据,并允许远程控制的方案。数据处理器可以为正在阅读的网页提供服务,通过电子邮件发送警报,允许使用FTP将其结果存入数据库或直接发给用户。一个流行的趋势是使用免费和开源的硬件和软件来代替那些名牌产品。小树莓派计算机是一个广泛使用的单板平台,用于管理实时Linux或抢占式Linux内核操作系统,具有许多接口,如SPI、I2C或UART,允许传感器和计算机直接连接,无限配置显示在互联网上的实时测量,进程记录,图表/图解等[46-50]。

有越来越多社区开发的数据获取和数据处理器的开源项目出现。

2.7 小结

在许多电子设备设计中,数据记录方法通常作为遥测连接或机载存储器(又称黑匣子)出现。数据记录器中的数据可用于调查故障分析、重复性偏差和事故研究。如之前所述,距离会限制遥测稳定性和数据吞吐量,并导致数据出现错误。因此,基于 SD 卡的解决方案更适合这项任务。数据处理器中常见的工具如下。

(1)处理单元。

(2)数字和模拟输入模块。

(3)接口和通信硬件。

(4)数字和模拟输入。

(5)IC 的内存。

数据记录器的网络管理有如下需要。

(1)中央控制处的前端应用软件。

(2)网络中所有支线的状况。

(3)D/A 输入的联机状态。

(4)数据识别查看。

(5)模仿所有地面站设计的在线图形显示。

(6)超出配置的数据库时自动备份。

近年来,采用 DMA 的 SD 模式通信标准取代了将数据传输到存储卡的 SPI 实现方法,减少了这个过程所需的时间。该策略可用于实现新算法或提高数据记录采样频率。上述数据记录方法各有优缺点。因此,想要轻松地把它们联系在一起是有难度的。

第一种解决方案适用于所有使用存储卡和具有大量 RAM 的微控制器的电子系统。这一概念实施起来没有压力,并且支持研究人员使用机载和云技术资源来验证他们的算法和传感器的输出[1-8,46-48]。

第二种解决方案除了对航空电子设备的硬件现代化之外,还包括软件的改进。即使有外部的 SDRAM 存储单元,其他现有的存储,以及足够的测量时间,它也会延长到 SD 卡的传输时间。遗憾的是,有时不存在长期运行该平台的条件。

第三种解决方案依赖于外部闪存,它也需要大量的固件和硬件调整。额外的 PC 软件同样是必要的,它为改进可重新配置的日志框架留出了空间。它的性能也是最好的。这种策略是全封闭式电子模块的高级套件,它使用输出数据总线,并取消了与电子设备的机械接口(引入存储卡)。从目前的开发计划来看,未来的工作应着眼于在将这些记录保存到存储卡之前,对数据缓冲的不同程序进行研究。

除了优化处理时间外,使用更高级的缓存还可以提高数据的传输速率。此外,还可以测试速度更快的存储卡的影响。

综上所述,数据记录器具有以下优点。

(1)DL 有助于监测典型故障,如间歇性故障。

(2) 它有助于分析造成事故的原因。
(3) 它有助于感知人为的错误。
(4) 数据记录器会考虑到操作员的危险操纵信号。
(5) 控制由于操作员失误导致的安全电路中的信号和电信干扰问题。
(6) 数据记录器可以发现干扰和故障。
(7) 数据记录器可以作为带有信号报警机制的预防性维护诊断工具。
(8) 数据记录器可以接入网络,便于远程观测。
(9) 联网的数据记录器可以远程生成故障报告,以便尽可能地在线和离线同时追踪事件。

参考文献

[1] Razmjooy N, Mousavi BS, Khalilpour M, and Hosseini H. Automatic selection and fusion of color spaces for image thresholding. *Signal, Image and Video Processing*, 2014;8(4):603 – 614.

[2] Hemanth DJ, and Estrela VV. Deep learning for image processing applications. Adv. Par. Comp. IOS Press. ISBN978 – 1 – 61499 – 821 – 1(print)978 – 1 – 61499 – 822 – 8(online)2017.

[3] Mousavi BS, Soleymani F, and Razmjooy N. Color image segmentation using neuro – fuzzy system in a novel optimized color space. *Neural Computing and Applications*, 2013;23(5):1513 – 1520.

[4] Estrela VV, Magalhaes HA, and Saotome O. Total variation applications in computer vision. In Handbook of Research on Emerging Perspectives in Intelligent Pattern Recognition, Analysis, and Image Processing, pp. 41 – 64. IGI Global, 2016.

[5] Moallem P, Razmjooy N, and Mousavi BS. Robust potato color image segmentation using adaptive fuzzy inference system. *Iranian Journal of Fuzzy Systems*, 2014;11(6):47 – 65, 2014.

[6] Mousavi B, Somayeh F, and Soleymani F. Semantic image classification by genetic algorithm using optimised fuzzy system based on Zernike moments. *Signal, Image and Video Processing*, 2014;8(5):831 – 842.

[7] Razmjooy N, Estrela VV, and Loschi HJ. A survey of potatoes image segmentation based on machine vision. In: Applications of Image Processing and Soft Computing Systems in Agriculture, 2019:1 – 38.

[8] Estrela VV, and Coelho AM. State – of – the – art motion estimation in the context of 3D TV. In: Multimedia Networking and Coding. IGI Global, 2013:148 – 173. doi:10.4018/978 – 1 – 4666 – 2660 – 7.ch006.

[9] Bernasconi A, Goodall E, Shea J, et al. Implementation guide for IBM spectrum virtualize for public cloud. IBM Technical Report. 2017. http://www.redbooks.ibm.com/redpapers/pdfs/redp5466.pdf.

[10] Luo C, Nightingale J, Asemota E, and Grecos C. A UAV – cloud system for disaster sensing applications. In IEEE 81st Vehicular Technology Conference (VTC Spring), 2015:1 – 5, 2015. doi:10.1109/VTCSpring.2015.7145656.

[11] Kosta S., Aucinas A., Hui P., Mortier R., and Zhang X., ThinkAir: Dynamic resource allocation and parallel execution in the cloud for mobile code offloading. In Proceedings of IEEE INFOCOM, 2012:945-953.

[12] Namboodiri V, and Ghose T. To cloud or not to cloud: A mobile device perspective on energy consumption of applications. In Proceedings of the 2012 IEEE International Symposium on a World of Wireless, Mobile and Multimedia Networks (WoWMoM).

[13] Muthurajkumar S, Vijayalakshmi M, and Kannan A. Resource allocation between temporal cloud database and user using access control. In Proceedings of the International Conference on Informatics and Analytics (ICIA-16). ACM, New York, NY, 2016. doi: https://doi.org/10.1145/2980258.2980338.

[14] Ehsan S, and McDonald-Maier, KD. On-board vision processing for small UAVs: Time to rethink strategy. In Proceedings NASA/ESA Conference on Adaptive Hardware and Systems, 2009:75-81.

[15] Sun Y., Ng DWK, Xu D, Dai L, and Schober R. Resource allocation for solar powered UAV communications systems, arXiv preprint arXiv:1801.07188, 2018.

[16] Sheet NAF. Beamed laser power for UAVs, NASA-2014. http://www.nasa.gov/centers/armstrong/news/FactSheets/FS087-DFRC.html.

[17] Bay H, Tuytelaars T. Gool, T, and Luc V. SURF: Speeded Up Robust Features, Proceedings 2006 ECCV, 2006.

[18] Saeed A, Neishaboori A, Mohamed A, and Harras KA. Up and Away: A visually-controlled easy-to-deploy wireless UAV cyber-physical testbed. In Proceedings of the IEEE 10th International Conference on Wireless and Mobile Computing, Networking and Communications (WiMob). 2014:578-584.

[19] Fok C, Petz A, Stovall D, Paine N, Julien C, and Vishwanath S. Pharos: A testbed for mobile cyber-physical systems. Univ. of Texas at Austin, Tech. Rep. TR-ARiSE-2011-001, 2011.

[20] Jung D, Levy E, Zhou D, et al. "Design and development of a low-cost testbed for undergraduate education in UAVs. In Proceedings of 44th IEEE Conference on Decision and Control 2005 and 2005 European Control Conference, CDC-ECC'05. 2005:2739-2744.

[21] Lupashin S, Schollig A, Sherback M, and D'Andrea R. A simple learning strategy for high-speed quadrocopter multi-flips. In Proceedings of 2010 IEEE International Conference on Robotics and Automation (ICRA). IEEE, 2010:1642-1648.

[22] Michael N, Mellinger D, Lindsey Q, and Kumar V. The grasp multiple micro-UAV testbed. *IEEE Robotics & Automation Magazine*, 2010:17(3)56-65, 2010.

[23] Brown TX, Doshi S, Jadhav S, and Himmelstein J. Testbed for a wireless network on small UAVs. Proceedings of AIAA 3rd Unmanned Unlimited Technical Conference, Chicago, IL, 2004: 20-23.

[24] Engel J, Sturm J, and Cremers D. Camera-based navigation of a low-cost quadrocopter. Proceedings of 2012 IEEE/RSJ International Conference on Intelligent Robots and Systems (IROS). 2012:2815-2821.

[25] Crenshaw TL, and Beyer S. Upbot: A testbed for cyber – physical systems. In Proceedings of 3rd International Conference on Cybersecurity experimentation and test. USENIX Association. 2010:1 – 8.

[26] Fowers SG. Stabilization and Control of a Quad – Rotor Micro – UAV using Vision Sensors, Master of Science Thesis, Brigham Young University, USA, 2008.

[27] Edwards B, Archibald J, Fife W., and Lee DJ. A vision system for precision MAV targeted landing, Proceedings of 2007 IEEE International Symposium. on Computational Intelligence in Robotics and Automation, Jacksonville, FL, USA, 2007.

[28] Bondyra A, Gardecki S, and Gąsior P. Distributed control system for multirotor aerial platforms. *Measurement Automation Monitoring*, 2015:61(7):343 – 346.

[29] Bondyra A, Gardecki S, Gąsior P, and Kasiński A. Falcon: A compact multirotor flying platform with high load capability. *Advances in Intelligent Systems and Computing*, 2015;351:35 – 44.

[30] Gąsior P, Bondyra A, and Gardecki S. *Measurement Automation Monitoring*, 2017:63(5), ISSN 2450 – 2855.

[31] TOSHIBA SD Card Specification, 2006.

[32] Lim H, Park J, Lee D, and Kim HJ. Build your own quadrotor. Open source projects on unmanned aerial vehicles. *IEEE Robotics & Automation Magazine*, 2012:19:33 – 45.

[33] http://www.ardupilot.co.uk/[Accessed 2018 Aug 10].

[34] http://www.mikrokopter.de/en/home[Accessed 2018 Aug 10].

[35] https://pixhawk.org/[Accessed 2018 Aug 10].

[36] Suzdalenko A. Guidelines for autonomous data logger design. IEEE International Symposium on Industrial Electronics (ISIE), 2011:1426 – 1429.

[37] Micron Technology Inc.: NAND Flash 101: An Introduction to NAND Flash and how to design it in to your next product. Micron Technology Inc. Tech. Note. 2006.

[38] Douglas M. Big data raises big questions. *Government Technology*. 2013:26(4):12 – 16.

[39] Johnson JE. Big Data + Big Analytics = Big Opportunity, *Financial Executive*, 2012:28(6):50 – 53.

[40] Van Rijmenam M. Think bigger: Developing a successful big data strategy for your business. New York: AMACOM, 2014.

[41] Alharthi, A., Krotov, V., and Bowman, M., Addressing barriers to big data, *Business Horizons*, 2017:60(3):285 – 292.

[42] McAfee A, and Brynjolfsson E. Big data: The management revolution, *Harvard Business Review*, 2012:90(10):60 – 68.

[43] Miller S. Collaborative approaches needed to close the big data skills gap. *Journal of Organization Design*, 2014:3(1):26 – 30.

[44] Schadt E. E., The changing privacy landscape in the era of big data. *Molecular Systems Biology*, 2012:8(1):1 – 3.

[45] Schouten P. Big data in health care solving provider revenue leakage with advanced analytics. *Healthcare Financial Management*, 2013:67(2):40 – 42.

[46] Estrela, VV, Monteiro ACB, França RP, Iano Y, Khelassi A., and Razmjooy N. Health 4.0: Ap-

plications, management, technologies and review. *Med Tech Journal*, 2019; 2(4): 262 – 276, http://medtech.ichsmt.org/index.php/MTJ/article/view/205.

[47] Gupta S, Girshick RB, Arbeláez PA, and Malik J. Learning rich features from RGB – D images for object detection and segmentation. Proceedings of 2014 ECCV, 2014.

[48] Zhou Y, Li H, and Kneip L. Canny – VO: Visual odometry with RGB – D cameras based on geometric 3 – D – 2 – D edge alignment. *IEEE Transactions on Robotics*, 2019; 35: 184 – 199.

[49] Penson W, Fazackerley S, and Lawrence R. TEFS: A flash file system for use on memory constrained devices. Proceedings of IEEE Canadian Conference on Electrical and Computer Engineering. 2016: 1 – 5.

[50] http://www.asctec.de/en/[Accessed 2018 Aug 10].

第 3 章　光流法在无人机系统感知、检测及避障中的应用研究

无人机(UAV)是一种通过传感器和执行器与环境进行交互的信息－物理系统(CPS),光流法(OF)在无人机视觉感知、检测和避障系统中起着决定性作用。相机的使用促进了计算机视觉(CV)算法与惯性导航系统(INS)相结合。将图像运动特征与无人机动态特性相融合,可以提升无人机遥感、避障以及自身位置和速度预估的能力。在相关文献中,有多种算法能够提取两幅连续图像之间的特征点。然而,由于计算时间过长或消耗的物理资源(如内存等)过多,那些算法在嵌入式系统中的应用常常受限。本章主要介绍:① 如何将运动的图像像素纹理(光流)与 INS 数据相融合;② 用不同算法比较连续图像之间的相似点;③ 连续图像间相遇点的实现过程;④ 计算成本低和内存消耗少的算法实现,并通过使用现场可编程逻辑门阵列(FPGA)作为视觉伺服系统一部分的实例,论述如何将这种方法集成到无人机的计算机视觉(CV)硬件系统中以及处理多分辨率等问题的解决方法。

3.1　引言

无人驾驶飞行器(UAV)也称为无人机或遥控驾驶飞行器(ARP),可执行监视、情报侦察、测绘、搜索以及救援等各种任务。然而,自 20 世纪初以来,无人机主要用于军事行动中。从 1979 年起,Przybilla 和 WesterEbbinghaus 把无人机用于航空摄影测量学中[1]。早期,由于惯性测量单元(IMU)等微电子系统的出现和应用,ARP 的性能得以改进提高。惯性测量单元主要由加速度计和陀螺仪构成。如今,我们可以将各种其他类型的传感器集成在无人机上,如:激光雷达(LIDAR)、合成孔径雷达(SAR)、光学以及声学传感器等,使无人机的性能更加强大。

相机是一种光学传感器,在可见光波段内捕捉物体反射波,从而被动地提供

第3章 光流法在无人机系统感知、检测及避障中的应用研究

物体所处环境的相关信息。在各种民用和军事应用中,需要结合探测和避障能力等特性给无人机提供一定的自主权,此时成本低和尺寸小等约束就对任务光学载荷提出了较高要求,这对无人机在空中交通中的使用至关重要。此外,当无人机携带惯性导航系统(INS)和全球卫星导航系统(GNSS)时,图像采集(即相机)与导航系统的结合使我们能更准确地估计无人机的位置和速度。

计算机视觉(CV)算法和导航系统可增强无人机的环境感知能力,使其更具自主性,并可改善无人机的态势感知能力,使其在无需操作员监督的情况下做出正确决策和执行任务。尽管当前相机和其他传感器可以为无人机提供自主性,但航空监管当局的规定不允许无人机与商用飞机共享空域。现在的挑战是如何实现一个可靠的系统来探测和避免无人机之间的任何碰撞行为,以及如何提高其对周边环境物体的感知和理解。最新的研究探讨了使用相机实现这一特性的可能性[2-3]。

目前,导航是由 INS、IMU 和 GNSS 数据融合实现的。然而,在某些情况下,导航信号可能会被干扰或不可用,例如,由于无人机位于城市或林区等复杂环境中、信号已被欺骗或黑客攻击改变[4-5]。当无人机失去卫星导航信号时,计算机视觉算法是保持无人机位置和速度估计的较好选择。为了融合来自计算机视觉算法和导航系统的数据,参考文献[3]使用了两种策略:① 利用预置地图中的环境位置,② 在没有地图的情况下,仅使用环境特征。

将计算机视觉算法与惯性导航数据相结合用于预置地图中定位无人机的位置,需要足够的内存来存储地图。另一种可能性就是,假设有可靠的连接和足够的带宽来发送数据,就可在地面控制站在线存储地图图像。参考文献[6-13]的一些工作就与地理坐标参照地图的整合有关。另外,例如参考文献[14],对一种地标视觉导航系统进行了研究,该系统识别地面上的标记,并利用人工神经网络提取坐标参照图像的经度和纬度,以识别无人机图像中感兴趣的目标(地标)。再一个案例就是,构建相似的方法来表征无人机的地理坐标。为了在夜间飞行,达·席尔瓦(Da Silva)[15]利用无人机拍摄了热成像照片,如果这些图片与预置坐标参照地图非常相似并且地图的地理坐标系与无人机的一致(图3.1),则将其进行对照比较。另外,没有地图的导航系统是基于环境特征的自定位,如同步定位与建图(SLAM)技术[16]。这种导航系统除了跟踪目标之外,还能探测和避开障碍物。

航空摄影测量是遥感的一个子领域,其使用无人机进行地形测绘,输出信息可用于图像、正射影像、数字高程图、数字地形图、数字地表图以及建筑物和地形的三维模型的解释和分类。

许多应用都是基于嵌入在有效载荷中的相机来实现的。虽然导航系统是无人机的重要组成部分,但并不是唯一的。图3.1展示了无人机内部的不同子系

统及其整体集成。

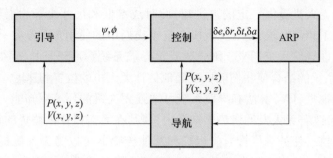

图 3.1　无人机内部的基本系统

任务规划系统依据光学传感器获取的周围环境信息和要完成的任务类型来向导航系统发送新坐标,例如,追踪一个目标或者发送可能遇到的障碍物信息;也可使用光学传感器提供的冗余信息来估计最可靠的速度和位置。

3.2　计算机视觉

图像是一种用辐射光源照射的物体的数字表征,是被动认知的重要来源,可提供大量与拍摄环境有关的信息。从数学意义上讲,图像变成了一个由 $n \times n$ 个单元组成的矩阵,其中每个单元代表图像的一个像素。一个像素单元由红、绿、蓝三种颜色组成,每个像素单元中的数字代表该像素的图像强度值。

计算机视觉(CV)从图像中自动提取有用信息来进行图像解析、修改。数据的提取可以按位、局部或全局进行。二进制运算是逐像素进行的,如加法、减法、布尔运算等。局部运算对图像内小区域的信息进行解析、提取或修改,且用滤波器提取该区域的特征,如:轮廓、角点、斑点等。最后,采用全局运算修改整个图像,如利用随机抽样一致算法(RANSAC)等全局运算创建出扭曲、全景图像或另一个图像版本。一个重要的信息是关于两幅连续图像之间的像素移动,这种像素位置的变化可以集成到无地图辅助的导航系统中。依据位置的改变进行的图像处理就是常说的光流法(OF),且它依赖一些纹理的存在。

3.2.1　光流

像素的移动是用于将运动数据集成到导航系统中的首要 CV 线索,可将三维场景的运动投影到二维图像的平面上。OF 有助于图像分割、碰撞时间计算和运动方向估计等任务。确定光流的方法有多种,例如基于区域匹配的方法、基于能量的方法、基于相位的方法、基于微分或基于梯度的方法[17]等,但最为人所知的是基于梯度计算的方法。

3.2.1.1 基于亮度梯度的方法

基于亮度梯度的方法首先假设图像强度不变,也就是指,在$(t, t+\Delta t)$时间间隔内,像素的强度是恒定的,数学表达为

$$f(x,y,t) = f(x+\Delta x, y+\Delta y, t+\Delta t) \tag{3.1}$$

式中:$f(x,y,t)$是图像在时刻t的强度;Δx和Δy表示时刻$t+\Delta t$像素位置的变化。利用泰勒级数展开可得

$$f(x+\Delta x, y+\Delta y, t+\Delta t) = f(x,y,t) + \frac{\partial f}{\partial x}\Delta x + \frac{\partial f}{\partial y}\Delta y + \frac{\partial f}{\partial t}\Delta t + O^2 \tag{3.2}$$

去掉O^2高次项,将式(3.1)代入式(3.2)中,可得到光流(OF)条件的描述方程如下:

$$I_x \Delta x + I_y \Delta y + I_t \Delta t = 0 \tag{3.3}$$

由式(3.3)知,这是一个需要确定三个未知变量的方程,该问题被称为孔径问题,需要一些约束条件来确定这些未知变量。有两种方法可解决式(3.3)的问题,一种是采用全局约束并计算整个图像的移动,另一种是在图像内部进行局部约束,从而找到其在下一幅图像中的投影。

1) Horn-Schunk 方法

Horn-Schunk(HS)方法基于平滑方程约束来确定整幅图像的光流,其中平滑方程包括带有一些不连续(平滑约束)的像素强度微小变化。平滑约束的数学表达式为

$$Ec = \frac{\partial u^2}{\partial x} + \frac{\partial u^2}{\partial y} + \frac{\partial v^2}{\partial x} + \frac{\partial v^2}{\partial y} \tag{3.4}$$

根据 OF 和平滑约束,有必要最小化式(3.3)和式(3.4)之和为

$$\iint \left((I_x u + I_y v + I_t) + \alpha^2 \left(\frac{\partial u^2}{\partial x} + \frac{\partial u^2}{\partial y} + \frac{\partial v^2}{\partial x} + \frac{\partial v^2}{\partial y} \right) \right) dxdy \tag{3.5}$$

式中:$\Delta x = u, \Delta y = v, \Delta t = 1; \alpha$是与误差相关的加权因子。

为了计算出最小化式(3.5)的u和v值,HS 引入了拉普拉斯算子估计:

$$(\alpha^2 + I_x^2)u + I_x I_y v = (\alpha^2 \bar{u} - I_x I_t)$$

和$(\alpha^2 + I_y^2)v + I_x I_y u = (\alpha^2 \bar{v} - I_y I_t)$ \quad (3.6)

式中,$\bar{u}$和$\bar{v}$是拉普拉斯平均值,因此,$\bar{u}$和$\bar{v}$的解是

$$(\alpha^2 + I_x^2 + I_y^2)u = (\alpha^2 + I_y^2)\bar{u} - I_x I_y \bar{v} - I_x I_t$$

和$(\alpha^2 + I_x^2 + I_y^2)v = (\alpha^2 + I_x^2)\bar{v} - I_x I_y \bar{u} - I_x I_t$ \quad (3.7)

对式(3.7)的直接解算在计算上所花费的代价较高。不过,Horn-Schunk 提出了一种交互式解决方案,这里u^{n+1}和v^{n+1}是基于之前u_n和v_n的速度平均值而得到的新的结果,因此,迭代结果为

$$u^{n+1} = \bar{u}^n - \frac{I_x(I_x \bar{u}^n + I_y \bar{v}^n + I_t)}{\alpha^2 + I_x^2 + I_y^2}$$

$$v^{n+1} = \bar{v}^n - \frac{I_x(I_x \bar{u}^n + I_y \bar{v}^n + I_t)}{\alpha^2 + I_x^2 + I_y^2} \tag{3.8}$$

2)Lucas – Kanade 方法

与 HS 方法不同,Lucas – Kanade(LK)方法计算了图像特定特征周围的像素移动。LK 方法根据式(3.3)计算像素在以 $n \times n$ 窗口为中心的特定点周围的移动,并假设这种光流(OF)为常数,从而确定 $n \times n$ 像素的小邻域中的光流。在 $n \times n$ 大小窗口中会有

$$\begin{cases} I_{x1}u + I_{y1}v = -I_{t1} \\ I_{x2}u + I_{y2}v = -I_{t2} \\ \vdots \quad \vdots = \vdots \\ I_{xn}u + I_{yn}v = -I_{tn} \end{cases} \tag{3.9}$$

将式(3.9)超定方程组转变成更易处理的表达式如下:

$$\begin{bmatrix} I_{x1} & I_{y1} \\ I_{x2} & I_{y2} \\ \vdots & \vdots \\ I_{xn} & I_{yn} \end{bmatrix} \begin{bmatrix} u \\ v \end{bmatrix} = \begin{bmatrix} I_{t1} \\ I_{t2} \\ \vdots \\ I_{tn} \end{bmatrix} \tag{3.10}$$

计算式(3.10),可通过最小化均方误差来求解:式(3.10)可通过最小化与解相关的均方误差来求解:

$$v = (\boldsymbol{A}\boldsymbol{A}^T)^{-1}\boldsymbol{A}^T(-b) \tag{3.11}$$

然而,利用高斯卷积滤波器在窗口中心可得到更重要的像素值,这样最终的解决方案变成

$$v = (\boldsymbol{A}\boldsymbol{W}\boldsymbol{A}^T)^{-1}\boldsymbol{A}^T\boldsymbol{W}(-b) \tag{3.12}$$

$$\begin{bmatrix} u \\ v \end{bmatrix} = \begin{bmatrix} \sum WI_x^2 & \sum WI_xI_y \\ \sum WI_xI_y & \sum WI_y^2 \end{bmatrix}^{-1} \begin{bmatrix} -\sum WI_xI_t \\ -\sum WI_yI_t \end{bmatrix} \tag{3.13}$$

由于发现 LK 方法随比例变化而变化,Yves Bouguet 在参考文献[18]中提出了一种基于金字塔结构的方法;采用这种方法,光流(OF)估算将不会随比例而变化。

HS 方法是在整幅图像上对像素的移动进行估算,计算量很大并且会消耗大量内存,但是这种方法能在整幅图像上生成稠密光流(OF)。而 LK 是一种基于图像自身特征的光流(OF)较稀疏的方法,其计算量较小。

3.2.1.2 特征提取算法

特征是属于某个对象有代表意义元素的区域,这个元素可以是角、边、斑点、

新颜色和其他类型的特征。特征点提取是通过卷积滤波器来计算的。LK 使用图像内部的角来确定要跟踪的特征点。特征点提取的算法还包括 SIFT、SURF、ORB 和 Harris。

1)尺度不变特征变换(SIFT)算法

SIFT 是 Lowe[19] 获得专利的算法,该算法通过两步定位和匹配关键点。第一步,检测关键点;第二步,在下一幅图像中描述并匹配关键点。在本章节,只阐述第一步。

为了检测关键点,SIFT 在不同尺度下对整幅图像使用高斯滤波器,使图像更平滑。在图 3.2 中,图像平滑用红色方框表示。关键点的确定采用高斯差(DoGs)。最大或最小高斯差被认为是关键点,在图 3.2 中用绿色方框表示。

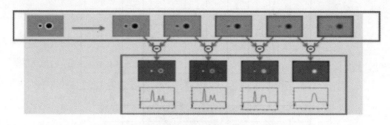

图 3.2　用高斯滤波器平滑图像(见彩图)

2)加速稳健特征算法

种子稳健特征(SURF)是参考文献[20]获得专利的算法,它与 SIFT 方法几乎相同,也分为两个阶段:特征检测和描述。但在本章中,我们只阐述检测阶段的内容。

在完整图像上利用 SURF 部分积分图像和盒式滤波器来确定特征点,这种方法成本较低。积分图像就是一个窗口,其中每个像元都是先前像素累积的结果,而盒式滤波器是 Hessian 滤波器的近似。在图 3.3 中,可以看到 Hessian 滤波器及其对应的盒式滤波器。

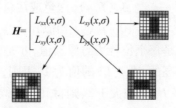

图 3.3　Hessian 矩阵及其对应的盒式滤波器

基于 Hessian 矩阵确定特征点的计算式,如下:

$$\mathrm{Det}(\mathrm{Hessian}) = D_{xx}D_{yy} - wD_{xy} \qquad (3.14)$$

式中:D_{xx}、D_{yy} 和 D_{xy} 是 Hessian 滤波器在 x、y 和 xy 方向上的盒式滤波器的近似值;

w 是校正高斯核之间近似值的加权因子。

SURF 利用金字塔结构来确定不同尺度上的特征点,并且在金字塔结构的每一层,SURF 计算整幅图像上的 Hessian 行列式,以便这个行列式能在 3×3 区域内进行比较。然后,将结果进行放大和缩小比较,最终结果就是特征点。

3) ORB(快速定向并旋转 BRIEF)算法

ORB 是作为替代 SIFT 和 SURF 的方法出现的[21]。类似于上述算法,该方法也是进行检测和匹配关键点。不同的是,ORB 方法是随尺寸而变化的。

关键点的检测依赖于中心邻域像素与围绕中心区的周边像素的比较,如图 3.4 所示。

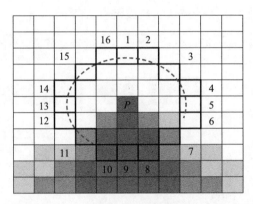

图 3.4 中心像素周边圆形窗口(见彩图)

首次比较选用位于第 1、第 5、第 9 和第 13 位的像素。按照以下方程进行比较:

$$\begin{cases} f(n) = \begin{cases} I_i \leqslant I_p - \text{th}(\text{深色}) \\ I_p \leqslant I_i \leqslant I_p - \text{th}(\text{相似}) \\ I_p + \text{th} \leqslant I_i(\text{浅色}) \end{cases} \\ f(I_i) = \begin{cases} 1 & f(n)(\text{深色或浅色}) \\ 0 & f(n)(\text{相似}) \end{cases} \end{cases} \quad (3.15)$$

式中:I_p 是中心像素值;I_i 是每个位置 I 的像素值;th 是阈值。根据式(3.15),如果位置 I 的像素是暗的或亮的,则 $f(I_i)$ 的值为 1;否则,该值为零。因此,如果位置 1、5、9 和 13 的所有值 $f(I_i)$ 之和大于 3,则将其作为候选特征点。此时,将中心邻域像素与周围像素进行比较,并再次用式(3.15)进行比较,如果像素周围每个位置的值 $f(I_i)$ 之和大于 13,则为特征点。

4) Harris 角点探测算法

Harris 算法仅基于 2×2 矩阵的特征值来检测特征点,其中矩阵的每个元素对应于 x 和 y 方向上的高斯导数。

如果2×2矩阵的一个特征值大于另一个特征值,那么它就是一条直线。如果两个特征值都很小,且近似相等,那么它就是一个平面。如果两个特征值都大于某个阈值,且近似相等,那么就是角点。因此,特征点 A 可以通过与其形状相关联,以确定角点,而无需采用如下方程式来计算特征值:

$$R = \text{Det}(\text{Harris}) - \alpha \times \text{trace}^2(\text{Harris}) > \text{th} \tag{3.16}$$

如果 R 小于阈值 th,则它是一条轮廓线或一个平面。如果 R 大于 th,则它就是一个角点,因此被视为一个特征点,如图 3.5 所示。

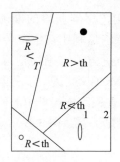

图 3.5 Harris 矩阵特征值与(3.17)式之间的关系

Harris 角点检测算子具有旋转不变性,但不具有尺度不变性。

3.3 光流和遥感

遥感是指测量某个距离方向上目标区域中物体反射或辐射,来探测和监测该区域内物理特征的过程。利用专用相机采集地球的遥感图像,将有助于研究人员对地球进行了解[22]。为了获得这些信息,可以借助于卫星和航空摄影测量。作为遥感的一个子领域,航空摄影测量通过嵌入在飞行器内部的相机来实现航空摄影测量是一门利用电磁光谱记录图像和图案来提取并说明关于物体及其环境信息的科学,该科学分为两个领域[23],即解译性摄影测量学和度量摄影测量学。解译图像的主要目的是根据物体的大小、图案、纹理、轮廓、亮度、对比度等特征点,来对确定区域内的物体进行观测和识别。另外,度量摄影测量是指基于传感器信息提取图像的精确测量值,以测量图像中各点之间的相对位置,如距离、角度、体积、大小等,广泛应用于平面测量和高度测量。从图像中提取或解译的信息可应用于地貌学、城市规划、考古学和其他科学领域。

在度量航空摄影测量中,必须知道图像中参考点的方向,文献[24]确立了两个参考点,一个是内部参考点,该处图像像素与相机的坐标相关;另一个是外部参考点,指建立图像中表示的对象与地形中对象位置的关系。图像的方向既可以通过导航系统内部的 GNSS/IMU 直接获得,也可以通过位于已知确切地理坐标 x、y 和 z 的地形上的控制地面间接获得。确定图像方向的过程称为航空三角(AT)测量。

目前的趋势是,由于间接测量方法成本高、耗时长,因此将被淘汰,并在未来被直接法取代[25],而 OF 的整合提升了图像方向的估计精度。

3.3.1 航空三角测量

航空三角测量有助于利用传感器获得的准确信息进行精确方位测定。然而,这种方法有一定局限性,特别是利用低成本传感器获取的信息精度不够时。但通过结合摄像机的信息来改进方位准确性是可能的。接下来,可以将提取和跟踪的连接点与导航系统的 INS/GNSS 进一步融合。

参考文献[26]演示了 OF 在跟踪连接点中的使用方式,共线方程表示了物体在地形中相对于图像坐标的投影关系。图 3.6 示意了图像中物体表征与地形上物体之间的关系。

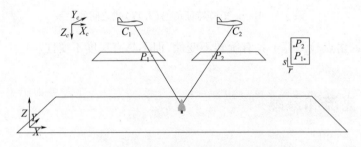

图 3.6 两幅连续图像连接点的关系图

一个连接点是在两幅连续图像中表示的一种场景特征。这些点没有地理坐标,因此共线方程可以测定它们在瞬时时刻 t 的坐标:

$$\begin{bmatrix} X_P \\ Y_P \\ Z_P \end{bmatrix} = \lambda_1 \begin{bmatrix} r_1 - r_0 \\ s_1 - s_0 \\ -f \end{bmatrix} + \begin{bmatrix} X_{c1} \\ Y_{c1} \\ Z_{c1} \end{bmatrix} \tag{3.17}$$

式中:X_P、Y_P 和 Z_P 是场景中某个点的地理坐标;λ 是比例因子;r 和 s 是平面图像中的坐标;f 是焦距;X_c、Y_c 和 Z_c 是 GPS 地理坐标。

当前,已知地理坐标中的连接点,在时刻 $t + \Delta t$,连接点在下一幅图像坐标中的投影通过下述等式计算:

$$\begin{bmatrix} r_2 - r_0 \\ s_2 - s_0 \\ -f \end{bmatrix} = \lambda_2 \boldsymbol{R}_2 \begin{bmatrix} X_P - X_{c1} \\ Y_P - Y_{c1} \\ Z_P - Z_{c1} \end{bmatrix} \tag{3.18}$$

式中：R 是 IMU 测量形成的旋转矩阵。

从前述中可以看出，航空摄影测量方法使用的共线方程中利用了 GNSS 和 INS 提供的信息，如文献[26]中所实现的那样，基于采用特征点移动方式来进行连接点踪迹。

在图像中采用 KLT 方法来计算连接点的踪迹，在图 3.6 中连接点 $P_1(r,s)$ 决定下一幅图中点 $P_2(r,d_x,s,d_y)$ 的位置，其中 d_x 和 d_y 由 LK 算法式(3.3)计算。

根据式(3.3)得图像中连接点的积分表达式为

$$f(x,y,\Delta t) = f(r_2 + \Delta x, s_2 + \Delta y) \tag{3.19}$$

式中：r_2 和 s_2 是共线方程式(3.18)的连接点估值。

因此，为了提高对连接点的跟踪[26]，基于式(3.18)与连接点估算相关的 OF 积分式(3.3)的改进如下：

$$f(r,s,\Delta t) = f(x + (r_2 - x) + \Delta x, y + (s_2 - y) + \Delta y)) \tag{3.20}$$

3.4　光流和态势感知

如今，无人机是在远距离的地面控制站上进行操作的，因此 UAV 操作者对环境的感知不同于 ARP 对环境的感知。要取得任务的成功，ARP 操作员就需要如身临其境一样感知周围的环境。根据参考文献[27]，必须考虑干预系统运行和任务的各种角色，这些角色包括人或操作员、无人机以及任务目标，且每一个角色之间都有相互关系。

(1) 人–无人机：

操作员需要掌握无人机信息，例如：监控无人机系统(电池、自动驾驶仪、传感器、位置、速度以及其他)、自动着陆、返航等。

(2) 无人机–人：

无人机需要执行操作员命令，例如：探测、避障、目标跟踪、侦察以及态势感知等。

(3) 任务：

需要执行的任务类型，例如：测绘、跟踪、娱乐、搜索和救援任务等。

综上所述，无论是无人机对操作员，还是操作员对无人机，他们之间的依赖程度都非常高。ARP 不断向操作员发送信息，以便能监控系统状态和周围环境。持续不断的任务和信息会给操作员带来精神压力和疲劳。因此，这些因素可能会影响任务的成功。

然而，ARP 可以在不需要操作员超负荷工作的情况下自行完成各种任务，例如：发现并避开障碍物或进行目标跟踪。这样，操作员就可以做出最复杂的决策。

态势感知是指"在一定的时间和空间范围内,对环境要素的感知、对其意义的理解以及对其近期状态的预测"[28]。在这个定义上,我们可以发现应用于无人系统的三个主要方面。

(1)感知是对周围所有物体的认知。
(2)理解是确定对象何时成为可能威胁的能力。
(3)预测是一种能规避威胁的信息。

态势感知允许我们知道周围发生了什么,为什么会发生,现在会发生什么,以及我们可以根据情况做出什么决策和保持可控。

3.4.1 探测和避让系统

当ARP在城市或森林区域飞行时,操作员将花费更多注意力去面对避开障碍物的挑战,这将影响操作员态势感知的能力,然而,避障这种特性动作是可以自动实现的。根据参考文献[29],ARP实现避免与物体发生碰撞可分三个阶段:第一阶段是感知,第二阶段是检测,第三阶段是避让。这些类似概念将根据态势感知、认识、理解和预测进行具体描述。

3.4.1.1 感知

ARP对其周边环境元素的监测主要是利用激光雷达、声学传感器、光学和红外传感器等实现的。其中,光学传感器具有成本低、体积小、重量轻等优点。

在感知阶段,必须要知道正被拍摄物体自身的一些特征,这些特征可以是线、轮廓、角或斑点区域。Hough变换算法可用于确定线,可用SIFT、SURF ORB或Harris算法确定角。有了这些特征点,就有可能确定OF(光流),从而分离出图像内部的物体。

3.4.1.2 理解

通过图像表示的所有目标中,有些目标是有威胁的,有些没有。在某一场景中,对目标相对运动方向的确定与ARP判断哪个是可能的威胁相关。确定运动方向被称为延伸焦点(FOE)。

1)延伸焦点

延伸焦点(FOE)是与整个图像中物体运动形成的向量的一致点,它会确定ARP相对于每个物体的运动方向。这种运动可以是旋转的、跨区域的或两者的组合(图3.7)。

延伸焦点(FOE)可以通过围绕整个图像或特征点的光流(OF)来计算,因此,参考文献[30]提出了一种基于特征点运动的解决方法:

$$\text{FOE} = (\boldsymbol{A}^\text{T}\boldsymbol{A})^{-1}\boldsymbol{A}^\text{T}\boldsymbol{b} \tag{3.21}$$

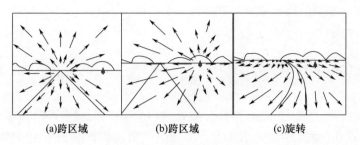

(a)跨区域 (b)跨区域 (c)旋转

图 3.7 不同运动中的 FOE

式中

$$A = \begin{bmatrix} a_{00} & a_{01} \\ \vdots & \vdots \\ a_{n0} & a_{n1} \end{bmatrix}, \quad b = \begin{bmatrix} b_0 \\ \vdots \\ b_n \end{bmatrix}$$

这里,每个特征点 $p(x,y)$ 及其对应的向量流 $V=(u,v)$ 为 $a_{i,0}=u_i, a_{i,1}=v_i$,b 定义为 $b_i = xu_i - yv_i$。

2) 碰撞时间(TOC)

计算碰撞时间有多种方法[31-33],一种是基于特征点的延伸,另一种是借助于光流 OF。TOC 通过以下关系式计算:

$$\frac{y}{f} = \frac{Y}{Z} \to y = f\frac{Y}{Z} \tag{3.22}$$

式中:Y 是地面坐标中某个点的位置;Z 是 FOE 和摄像机位置之间的距离;f 是焦距;y 是图像中点 Y 的投影。

将式(3.22)按时间取微分:

$$\frac{\partial y}{\partial t} = f\left(\frac{\partial Y}{\partial t}\right) - fY\left(\frac{\partial Z}{\partial t}\right) \tag{3.23}$$

由于 Y 是场景中的一个固定点,微分 $\partial y/\partial t = 0$,根据式中(3.22)$y$ 的定义得

$$\frac{\partial y}{\partial t} = -y\frac{V}{Z}$$

重新排列上面表达式得

$$\frac{y}{\frac{\partial y}{\partial t}} = -\frac{Z}{V} = \tau \tag{3.24}$$

式中:$V = \frac{\partial Z}{\partial t}$ 是 ARP 在 FOE 方向上的速度;τ 是 TOC。

3.4.1.3 预测

预测是确定前方障碍物是否真的有威胁的一个阶段,如果该物体真的有威

胁,则生成一条新的路径来避开障碍物。

3.5 光流和图像导航

自第二次世界大战以来,惯性导航系统(INS)一直是许多飞机、船舶和水下装置的位置和速度计算的重要部分[32]。INS 主要由惯性测量单元(IMU)中的陀螺仪和加速计构成。然而,漂移、偏置以及其他误差会导致惯性传感器不准确。所有这些误差表明,这种传感器无法精确计算位置和速度。为了纠正这个问题,有必要在惯性导航系统中集成附加传感器,并校准状态估计中产生的误差。全球卫星导航系统(GNSS)是导航系统中最常用的传感器之一,在该导航系统中集成了使用扩展卡尔曼滤波器的 INS[30,34]。

在导航中,传感器可分为内部传感器和外部参考传感器[27]。IMU 传感器自己采集加速度和角速度,而 GNSS 传感器则是从外部源接收参考信号。因此,在这种情况下,GNSS 最容易受到干扰或被拦截,正如 2011 年伊朗军队俘获一架 ARP 时所发生的那样[33]。这表明卫星导航系统存在易被拦截、被黑客攻击或遭受欺骗等脆弱性。当飞行器在森林或建筑物中间飞行时,则是 GNSS 信号丢失的另一个主要原因。

基于不同传感器与视觉系统融合的运动估计是通过物体在场景中的运动投影进行的,场景是通过光流(OF)来记录的[35]。ARP 在图像平面中的运动计算过程称为自运动,对这种运动的估计是基于相机模型的;我们在本章中将讨论针孔模型的应用。在图 3.8 中,展示了相机的针孔模型。

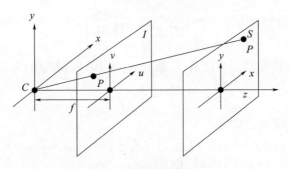

图 3.8 相机的针孔模型

在图 3.8 中,C 点是相机位置,同时也是相机坐标系 xyz 的原点,S 是正在拍摄的场景,f 是从 C 点到平面 I 原点(P 点位于 I 上)的焦距。由于相机提供了正记录的图像结构信息,因此,有必要在二维平面 XY 上映射这些采集的对象,u 与 Y 的关系以及 v 与 X 的关系通过转换,分别为

$$\frac{u}{f} = \frac{r}{Z} \rightarrow u = f\frac{r}{Z}, \quad \frac{v}{f} = \frac{s}{Z} \rightarrow v = f\frac{s}{Z} \tag{3.25}$$

在矩阵形式中求解之前的方程：

$$\begin{bmatrix} u \\ v \end{bmatrix} = \left(\frac{1}{Z}\right) \begin{bmatrix} 0 & f \\ f & 0 \end{bmatrix} \begin{bmatrix} r \\ s \end{bmatrix} \tag{3.26}$$

3.5.1 自运动

自运动是关于相对被拍摄场景的相机运动的估计,利用特征点在图像中表示场景,同时转换平面图像直到相机原点,这样就可以找到系统运动与地面某个点之间的关系。进行运动估计时,需要将相机 Z 轴与 ARP 机体 Z 轴对齐,相机的定位要与 IMU 的位置一致；此外,可以将大地看做是平的,以及将飞行高度和姿态考虑为已知。

下面的方程是基于相机针孔模型推导的。

相机相对于某个点的速度由下式确定：

$$\dot{R}^c = -\dot{R}^e - w^{ce} X R \tag{3.27}$$

式中: R 是场景 $[X \ Y \ Z]^T$ 中某个点的地理坐标。通过定义 $\dot{R}^e = V_{CAM} = [V_x \ V_y \ V_z]^T$ 表示相机速度, $w^{ce} = w_{CAM} = [w_x \ w_y \ w_z]$ 表示 IMU 传感器的测量值,如下式：

$$\begin{bmatrix} \dot{X} \\ \dot{Y} \\ \dot{Z} \end{bmatrix} = -\begin{bmatrix} V_x \\ V_y \\ V_z \end{bmatrix} - \begin{bmatrix} w_y Z - Y w_z \\ w_z X - Z w_x \\ w_x Y - X w_y \end{bmatrix} \tag{3.28}$$

从针孔模型式(3.25)关于时间方程的推导,得出系统表达式：

$$\dot{X} = \dot{r}\frac{Z}{f} + \dot{Z}\frac{r}{f}, \quad \dot{Y} = \dot{s}\frac{Z}{f} + \dot{Z}\frac{s}{f} \tag{3.29}$$

将式(3.28)与式(3.29)结合,得到

$$\begin{cases} -V_x - w_y Z + Y w_z = \dot{r}\frac{Z}{f} + \frac{r}{f}(-V_z - w_x Y + X w_y) \\ -V_y - w_z X + Z w_x = \dot{s}\frac{Z}{f} + \frac{s}{f}(-V_z - w_x Y + X w_y) \end{cases} \tag{3.30}$$

整理式(3.30),图像坐标中像素的移动变为

$$\begin{cases} \dot{r} = \frac{f}{Z}\left[-V_x - w_y Z + w_z Y \frac{Z}{f} - \frac{X}{f}\left(-v_z - w_x Y \frac{Z}{f} + w_y Z \frac{Z}{f}\right)\right] \\ \dot{s} = \frac{f}{Z}\left[-V_y - w_x Z + w_z Y \frac{Z}{f} - \frac{Y}{f}\left(-v_z - w_x Y \frac{Z}{f} + w_y X \frac{Z}{f}\right)\right] \end{cases} \tag{3.31}$$

对于一个特征点,矩阵定义为

$$\begin{bmatrix} \dot{r} \\ \dot{s} \end{bmatrix} = \begin{bmatrix} -f & 0 & r & \dfrac{rs}{f} & -\left(f+\dfrac{r^2}{f}\right) & s \\ 0 & f & s & \left(f-\dfrac{s^2}{f}\right) & -\dfrac{rs}{f} & r \end{bmatrix} \begin{bmatrix} V_x/Z \\ V_y/Z \\ V_z/Z \\ w_x \\ w_y \\ w_z \end{bmatrix} \qquad (3.32)$$

现在定义为

$$M(f, r_n, s_n) = \begin{bmatrix} -f & 0 & r & \dfrac{rs}{f} & -\left(f+\dfrac{r^2}{f}\right) & s \\ 0 & f & s & \left(f-\dfrac{s^2}{f}\right) & -\dfrac{rs}{f} & r \end{bmatrix} \qquad (3.33)$$

对于一组特征点的结果为

$$\begin{bmatrix} \dot{r}_1 \\ \dot{s}_1 \\ \dot{r}_2 \\ \dot{s}_2 \\ \vdots \\ \dot{r}_n \\ \dot{s}_n \end{bmatrix} = \begin{bmatrix} M(f,r_1,s_1) \\ M(f,r_2,s_2) \\ \vdots \\ M(f,r_n,s_n) \end{bmatrix} \begin{bmatrix} V_{x,y,z} \\ w_{x,y,z} \end{bmatrix} \qquad (3.34)$$

当前,形如 $Ax = b$ 的系统可以通过最小均方来求解,从而得出线速度和角速度的估计值为

$$\begin{bmatrix} V_{x,y,z} \\ w_{x,y,z} \end{bmatrix} = (M^T M)^{-1} M^T (\Delta r, s) \qquad (3.35)$$

为了求解式(3.35),需要至少三个特征点的图像坐标。

3.6　案例研究:采用 FPGA 的惯性导航系统(INS)

根据以上章节,OF 的测定就是计算机视觉算法与导航系统相结合的概念。在本研究案例中,提出了一种将光流(OF)与 INS/GPS 导航系统相融合的体系架构。

视觉算法的计算量大,并且要消耗大量的内存用于处理和存储图像;视觉处理过程具有实时特性,需要最快速地响应环境或者操作者的激励[36]。与通用处理器不同,FPGA 是一种由系统设计者使用,具有电路设计功能的装置。开发人

员可以决定哪些任务是输入、处理阶段如何互连以及哪些任务可以并行执行。这些特性对进行计算机视觉研究是很必须的。

将 OF 中初始点与 INS/GNSS 相融合,用于检测所需要跟踪的图像特征点,这些特征点可通过不同的算法获得,如:SIFT、SURF、ORB、Harris(计算时间统计请参考表 3.1)。

表 3.1　不同尺寸图像中特征点的计算时间　　　　　　单位:s

算法	计算结果			
	320×240	584×388	640×320	1,024×768
SIFT	0.590584	2.187848	3.295912	11.315503
SUFRF	0.691454	2.591132	3.659905	12.27442
ORB	0.048693	0.097650	0.116491	0.241904
Harris	0.039246	0.06228	0.076807	0.15

根据表 3.1,可以看出 SIFT 和 SURF 算法确定特征点的时间非常相似,SIFT 和 SURF 确定一幅 320×420 像素图像中的特征点分别是 0.59s 和 0.69s。当前,确定一幅 1024×768 像素图像中的特征点所需的计算时间,SIFT 算法约为 11.315s,SURF 算法约为 12.274s,所以一般来说,随着图像大小的增加,计算时间呈指数级增加。时间的增加是由于处理图像中的显著特征点造成的。

相比之下,LK 和 ORB 算法的计算时间也非常相似。然而,相应的计算时间要比用 SIFT 和 SURF 算法的短(图 3.9)。一幅 320×420 像素图像上特征点的计算,ORB 算法需要 0.048s,LK 算法需要 0.039s。如果图像的分辨率增加到 1024×768,那么 ORB 的计算时间变为 0.2419s,LK 的计算时间变为 0.15s。与 SIFT 和 SURF 相比,特征点的数量最少。因此,用 ORB 和 LK 的特征点数量评估 OF 所需的计算时间较短。

嵌入式系统是一种具有少量资源的物理单元,实时性是其显著特性。为此,在 FPGA 中实现的两种可选算法 ORB 和 Harris 法(图 3.10)。然而,ORB 法对图像旋转是变化的,因此 Harris 算法是合适的。

图 3.9　特征点:SIFT(a) 和 SURF(b)

(a) (b)

图 3.10 特征点:ORB(a)和 Harris(b)

3.6.1 系统架构推荐

Lucas – Kanade、SIFT、SURF 和 ORB 算法包括计算特征点和匹配特征点或知悉其在下一幅图像中的位置两个步骤。因此,所提出的体系架构中,用两个单元计算特征点,其他单元用于匹配或计算特征点的运动(图 3.11)。

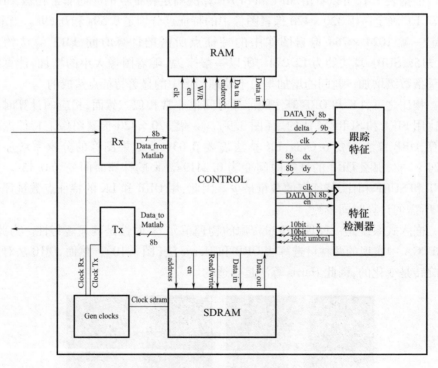

图 3.11 拟采用的系统架构

3.6.1.1 控制单元(CU)

控制单元是系统架构中的主要组成部分,它接收来自输入组件的图像,将图像信息通过存储物理接口发送至 SDRAM 存储器中存储;同时,还将像素发送到特征检测器组件中,特征检测完成后接收特征点信息存储在 RAM 中,然后根据需要将特征点从 RAM 中发送到匹配组件,并从匹配组件接收 OF 后将其发送到输出组件。

3.6.1.2 时间的生成

该架构在不同的周期下工作。其输入组件每秒处理 112500bit,SDRAM 内存的工作频率为 133MHz,其余部分是另一个工作频率。因此,控制单元需要为每个组件生成不同的工作周期频率。

3.6.1.3 特征点检测

特征点检测组件中是 Harris 算法代码,组件内部有五个子组件:第一组件根据接收信息生成一个 3×3 的矩阵,第二组件计算 x 和 y 方向上点的导数,第三组件根据 Harris 矩阵计算导数,第四组件将导数相乘的结果进行累加,第五组件根据式(3.16)确定特征点;此外,整个过程由一个确定每个像素位置的单元控制(图 3.12)。

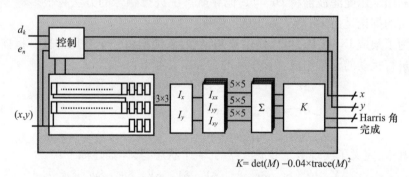

图 3.12 特征点单元选择器

3.6.1.4 OF 计算

特征点位移的计算非常类似于 Harris 特征检测组件,因为,它取决于 Harris 矩阵计算结果,它的前四个组件具有与上述组件相同的功能。与特征点元素的差异在第五个组件。特征点位移(图 3.13)(d_x, d_y)源于

$$d_x = \frac{-\sum I_t I_x \sum I_y^2 + \sum I_x I_y \sum I_t I_y}{\sum I_y^2 \sum I_x^2 - \sum I_x I_y^2} \tag{3.36}$$

$$d_y = \frac{-\sum I_t I_y \sum I_x^2 + \sum I_x I_y \sum I_t I_x}{\sum I_y^2 \sum I_x^2 - \sum I_x I_y^2} \tag{3.37}$$

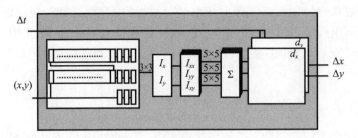

图 3.13　特征点的单元追踪

3.6.1.5　输入和输出组件

输入组件的功能是按比特位的形式接收相机的信息,并将其转换为 8bit 的数组;相应的,输出也是按比特位的形式发送信息,最后,SDRAM 接口组件将信息发送到 SDRAM 存储器中存储图像。

3.6.2　使用卡尔曼滤波器融合 INS/GPS/OF

利用卡尔曼滤波器将 OF 与其他导航系统进行融合的方法有很多[30,34]。这里给出的推论是由 Ho 等人提出的[37]。

为了集成 INS/GPS,可以使用 ψ 角模型,该模型由一个在局部杠杆指向坐标系中进行扰动的模型组成。该模型的方程定义如下:

$$\begin{aligned} \delta \dot{v} &= -(w_{ie} + w_{in})x\delta V - \delta\psi x f + \delta g + \nabla \\ \delta \dot{r} &= -w_{en}x\delta r + \delta V \\ \delta \dot{\psi} &= -w_{in}x\delta \psi + \varepsilon \end{aligned} \quad (3.38)$$

其中,定义了实现卡尔曼滤波器的 24 个状态,具体描述如下:

$$\boldsymbol{X}_{\mathrm{NAV}} = [\delta r_N, \delta r_E, \delta r_D, \delta V_N, \delta V_E, \delta V_D, \delta\psi_N, \delta\psi_E, \delta\psi_D]^T$$

$$\boldsymbol{X}_{\mathrm{Acc}} = [\nabla bx, \nabla by, | \nabla bz, \nabla fx, \nabla fy, \nabla fz]^T$$

$$\boldsymbol{X}_{\mathrm{Gyro}} = [\varepsilon_{bx}, \varepsilon_{by}, \varepsilon_{bz}]^T$$

$$\boldsymbol{X}_{\mathrm{Grav}} = [\delta g_{bx}, \delta g_{by}, \delta g_{bz}]^T$$

$$\boldsymbol{X}_{\mathrm{Ant}} = [\delta L_{bx}, \delta L_{by}, \delta L_{bz}]^T$$

式中:δv、δr 和 $\delta\varphi$ 分别是速度、位置和姿态误差;w_{ie} 是地球速率向量;w_{in} 是真实坐标系相对于惯性系的角速度向量;w_{en} 是真实坐标系相对于地球的角速度向量;∇ 是加速度计误差向量;δg 是 Ho 等人描述的计算重力向量中的误差[37]。

因此,观测向量是 INS 计算的位置向量与 GPS 位置之间的差,观测方程为

$$Z_k = P_{\mathrm{INS},K} - P_{\mathrm{GPS},K} \quad (3.39)$$

在卡尔曼滤波器[37]中添加 OF 方程,假设地面是平的,OF 是线速度和角速

度之和，ARP 在固定高度飞行，且不进行高动态机动。因此，简化的 OF 方程为

$$Q_x = \frac{V_x}{H} + w_y, \quad Q_x = \frac{V_y}{H} + w_x \tag{3.40}$$

式中：Q_x 和 Q_y 是 OF 向量；V_x 和 V_y 是沿相机机身 x 和 y 的速度分量；w_x 和 w_y 是无人机相机的旋转角速度；H 是离地高度，这是相机到地面的测量值。

当 OF 测量存在扰动时，模型误差可以写成如下形式：

$$\delta Q_x = \frac{\delta V_x}{H} + \delta w_y - \frac{V_x}{H^2}\delta H, \quad \delta Q_y = \frac{\delta V_y}{H} - \delta w_x - \frac{V_y}{H^2}\delta H \tag{3.41}$$

由于相机和 IMU 固定在机身内，所以相机的纵向和横向速度采用 NED 坐标系中的速度定义，如下：

$$\begin{bmatrix} V_x \\ V_y \end{bmatrix} = \begin{bmatrix} \cos\psi & \sin\psi \\ -\sin\psi & \cos\psi \end{bmatrix} \begin{bmatrix} V_N \\ V_E \end{bmatrix} \tag{3.42}$$

这里，高度定义为

$$H = H_0 + H_s + H_d \tag{3.43}$$

式中：H_0 是初始地面高度；H_s 是无人机飞行时相对于地面的高度；H_d 是无人机运动中引起的高度变化，变化式(3.43)为

$$\dot{H} = \dot{H}_s - V_d \tag{3.44}$$

式中：V_d 是 NED 坐标中垂直分量的速度。

这里，在扰动模型方程上代入式(3.43)和式(3.42)，我们已把这种形态扩充到卡尔曼滤波器式(3.45)，因此，根据参考文献[37]的卡尔曼滤波器的观测器向量为

$$\mathbf{Z}_k = \begin{bmatrix} P_{\text{INS},k} - P_{\text{GPS},k} \\ Z \end{bmatrix} \tag{3.45}$$

3.7 未来趋势和讨论

除了前面提到的与 OF 和导航相关的问题之外，其他论题也值得进一步研究，具体如下。

3.7.1 三维(3D)光流

光子混频器(PMD)相机是一种采用深度摄像工作原理的深度摄像头(TOF camera)，类似于激光雷达扫描仪。深度摄像头依赖照明源发送的调制光脉冲。目标距离由脉冲从目标反射并返回接收单元所需时间的估计得出。类似于可见光相机，PMD 相机可以生成距离数据，该距离数据几乎与照明条件、光学外观和图像像素强度无关。它可以快速获取高分辨率的距离数据[37-38]。

由于 PMD 测距相机能提供障碍物的充足迹象,故它可以估计出移动障碍物的轨迹。这些深度摄像头为相机视场中的所有实体提供由三维(3D)坐标系(X、Y、Z)中的一组表面点组成的三维点云。

三维 OF 量化相邻三维像素体之间每个三维像素体的运动。运动模式对应于图像强度的时间变化。通常,采用平滑度约束方程确定 OF。图像强度的时空导数中采用微分技术来获取 OF。

微分方法可以是局部的,也可以是全局的。局部技术包括对局部函数的优化,就像 LK 方法一样。全局过程就是通过最小化全局函数来找到流向量,如 Horn 和 Schunck 方法。局部方法对噪声是鲁棒的,但是不能提供密集的 OF。全局技术产生极其密集的 OF 场,具有更大的噪声灵敏度。

任意 OF 是相机图像平面上场景流的投影。在完全非刚性的环境中,场景点的运动可能完全彼此独立。因此,三维场景运动对应于场景中每个单个表面上的所有点定义的密集三维向量场。这种类型的 OF 需要在分布式计算机系统中进行大量的计算处理[8-13,35-36,39-41]。

3.7.2　多光谱和超光谱图像

多光谱(MSI)和高光谱(HSI)图像包含许多可检测的连续光波的长光谱带。这些波段提供了大量关于目标物体的空间光谱分布及其物理、化学和几何特性的数据。在三维计算机视觉(CV)中,与 RGB 图像相比,尤其是需要对物体光谱响应进行精细检查的情况时,MSI 和 HSI 数据展示出了巨大的潜能。

尽管有充分的计算机视觉潜能,但在导航和防撞中使用 MSI 和 HSI 成像的三维重建仍然非常有限。在大多数将 MSI 和 HSI 数据合并到三维模型中的工作中,三维图形是由距离相机生成的,而不是直接从 MSI 和 HSI 图像生成的。然后,光谱信息可以映射到三维形状。

MSI 和 HSI 成像仪可以获取近紫外到近红外范围的高空间分辨率波段图像,并将其集成到三维扫描系统中,以捕获物体的光谱反射率和荧光。

三维模型也可以基于激光扫描仪捕获的高度数据生成,并将 MSI 和 HSI 图像映射到该三维模型。从不同波段重建的三维模型表现出不同的特性,这些特性相互补充。

各种原因导致多波段三维模型之间的差异。第一个原因是组成材料的变化导致物体表面具有不同的反射率。此后,一些在某个波段中可见的事实可能在另一个波段中变得不可见。

第二个原因是焦点因波长而异,因为透镜的焦距与其折射率有关,折射率随波长的增加而下降。故大多数可用的 MSI 和 HSI 相机只能较好地聚焦在几个波段上,而在其他波段上变得不聚焦。因此,从每个波段中提取不同的特征点,产生不同尺度和不同点集的不同波段三维模型,避免直接配准形成一个完整的三维模型。来自一组 MSI 和 HSI 图像的每个三维模型可以是来自用于三维重建的几个频带所有关键点的合并结果。然而,这样会造成来自波段图像的精细结构和光谱数据的丢失。

MSI 和 HSI 图像的使用对 CPS 提出了许多要求,涉及分布式计算[38,42-45]和高速通信链路[45-46]。由于维度是一个相当大的负荷,智能计算[47-50]需要通过软件、硬件和混合框架来处理计算负荷。

一个完整的 MSI 和 HIS 三维模型将所有波段级三维模型组合成一个单一的模型,并开发出一些结构描述符来表征属于同一集合的点之间的空间关系,然后可以在不同波段构建两个三维模型之间的匹配点。

从 MSI 和 HSI 图像获得完整的三维模型,通过生成具有最优架构的多波段三维模型,将光谱目标数据集成到完全重建的模型中,帮助无人机检测和避开障碍物。这个方法超越了传统的基于 RGB 图像的三维配准和重建,因为这引入了精确和高效的多波段合并模型来进行辅助导航,这样有助于分析来自不同波段模型的结构数据是如何影响整个场景的。

3.8 小结

本章分析了计算机视觉算法的重要性,该算法用于估计一对连续图像中的像素移动以获得无人机外部环境信息。光流可以集成到导航系统中,以帮助改善连接点的方向和跟踪能力。我们还了解了光流(OF)如何帮助防止碰撞的行为。最后,介绍了一个利用 FPGA 硬件结构进行光流计算的案例研究,并展示了 OF 如何采用扩展卡尔曼滤波器集成到导航系统中。

相机的使用是任务载荷发展的基础部分。然而,近年来,相机也取得了重大进步。如今,相机的分辨率很高,但从长远来看,这些相机将完全集成到导航系统中,从而使其具有更好的成像特性。随着图像技术及其未来发展,将需要有更快处理单元的系统来进行处理,这就要求处理系统具有足够的内存来存储图像并运行与之兼容的前沿算法。

本章讨论了几种测定光流的算法,并给出了一个全面的文献综述。尽管如此,许多其他算法可以比 ORB 或 Harris 算法更快地检测到特征点,如 SUSAN、AKAZE 等,它们也可以集成到 OF 计算中。提高算法处理实时性的关键是要知道哪种算法适合于所考虑的具体应用,在必要的情况下,用更好的 FPGA 来实现。

应该指出的是,来自多模态成像源的信息融合可能需要通过云进行大规模的分布式处理,同时需要平衡通信、机载和非机载处理能力[8-13,35-36,39-41]。

参考文献

[1] Eisenbeiss H, et al. A mini unmanned aerial vehicle(UAV): system overview and image acquisition. International Archives of Photogrammetry Remote Sensing and Spatial Information Sciences. 2004;36(5/W1):1-7.

[2] Cigla C, Brockers R, and Matthies L. Image - based visual perception and representation for collision avoidance. In: IEEE International Conference on Computer Vision and Pattern Recognition, Embedded Vision Workshop; 2017.

[3] Bonin - Font F, Ortiz A, and Oliver G. Visual navigation for mobile robots: a survey. Journal of Intelligent & Robotic Systems. 2008 Nov;53(3):263-296. Available from: http://dx.doi.org/10.1007/s10846-008-9235-4.

[4] Schmidt GT. Navigation sensors and systems in GNSS degraded and denied environments. Chinese Journal of Aeronautics. 2015;28(1):1-10.

[5] Kerns AJ, Shepard DP, Bhatti JA, et al. Unmanned aircraft capture and control via GPS spoofing. Journal of Field Robotics. 2014;31(4):617-636.

[6] Mota RLM, Ramos AC, and Shiguemori EH. Application of self - organizing maps at change detection in Amazon Forest. In: 2014 11th International Conference on Information Technology: NewGenerations(ITNG). IEEE; 2014. p. 371-376.

[7] Martins MP, Medeiros FL, Monteiro MV, et al. Navegacao Aerea Autonoma por Imagens. In: VI WAI - Workshop Anual de Pesquisa e Desenvolvimento do Instituto de Estudos Avancados, Sao Jose dos Campos; 2006.

[8] Razmjooy N, Mousavi BS, Khalilpour M, and Hosseini H, Automatic selection and fusion of color spaces for image thresholding. Signal, Image and Video Processing. 2014;8(4):603-614.

[9] Mousavi BS, Soleymani F, and Razmjooy N. Color image segmentation using neuro - fuzzy system in a novel optimized color space. Neural Computing and Applications. 2013;23(5):1513-1520.

[10] Estrela VV, Magalhaes HA, and Saotome O. Total variation applications in computer vision. In Handbook of Research on Emerging Perspectives in Intelligent Pattern Recognition, Analysis, and Image Processing, pp. 41-64. IGI Global, 2016.

[11] Mousavi B, Somayeh F, Razmjooy, and Soleymani F. Semantic image classification by genetic algorithm using optimised fuzzy system based on Zernike moments. Signal, Image and Video Processing. 2014;8(5):831-842.

[12] Razmjooy N, Estrela VV, and Loschi HJ. A survey of potatoes image segmentation based on machine vision. In Applications of Image Processing and Soft Computing Systems in Agriculture, pp. 1-38. IGI Global, 2019.

[13] Estrela VV, and Coelho AM. State - of - the art motion estimation in the context of 3D TV. In: Multimedia Networking and Coding. IGI Global, 2013. 148-173. doi:10.4018/978-1-4666-2660-7.ch006.

[14] Silva Filho P. Automatic landmark recognition in aerial images for the autonomous navigation

system of unmanned aerial vehicles[dissertation]. ITA. Sao Jose dos Campos, (SP); 2016.

[15] Da Silva W. Navegacao autonoma de vant em perlodo noturno com images infravermelho termal [dissertation]. INPE. Sao Jose dos Campos, (SP); 2016.

[16] Fabresse F, Caballero F, Merino L, et al. Active perception for 3D rangeonly simultaneous localization and mapping with UAVs. In: Unmanned Aircraft Systems (ICUAS), 2016 International Conference on. IEEE; 2016. p. 394 – 398.

[17] Barron JL, Fleet DJ, and Beauchemin SS. Performance of optical flow techniques. International Journal of Computer Vision. 1994; 12(1): 43 – 77.

[18] Yves Bouguet J. Pyramidal implementation of the Lucas – Kanade feature tracker. Intel Corporation, Microprocessor Research Labs. 2000.

[19] Lowe DG, inventor; University of British Columbia, assignee. Method and apparatus for identifying scale – invariant features in an image and use of same for locating an object in an image, 1999 – 03 – 08.

[20] Funayamam R, inventor; Katholieke Universiteit Leuven, assignee. Method and apparatus for identifying scale invariant features in an image and use of same for locating an object in an image; 2006 – 04 – 28.

[21] Rublee E, Rabaud V, Konolige K, et al. ORB: An efficient alternative to SIFT or SURF. In: 2011 IEEE international conference on Computer Vision (ICCV). IEEE; 2011. p. 2564 – 2571.

[22] Science for a changing world [homepage on the Internet]. The Association; c1995 – 2002. AMA Office of Group Practice Liaison. Available from: https://www.usgs.gov/faqs/what – remote – sensing – and – what – it – used – 0? qt – news scienceproducts? 7#qt – news science products.

[23] Zomrawi N, Hussien MA, and Mohamed H. Accuracy evaluation of digital aerial triangulation. International Journal of Engineering and Innovative Technology. 2011; 2(10): 7 – 11.

[24] Cheng L, Chen SX, Liu X, et al. Registration of laser scanning point clouds: A review. Sensors. 2018; 18: 1641.

[25] Munoz PM. Apoyo aereo cinematico y aerotriangulacion digital frente a los sistemas de navegacion inercial; D. Sc. dissertation, 2004.

[26] Tanathong S, and Lee I. Using GPS/INS data to enhance image matching for real – time aerial triangulation. Computers & Geosciences. 2014; 72: 244 – 254.

[27] Hartmann K, and Steup C. The vulnerability of UAVs to cyber attacks – an approach to the risk assessment. In: 2013 5th International Conference on Cyber Conflict (CyCon). IEEE; 2013. p. 1 – 23.

[28] Endsley MR. Design and evaluation for situation awareness enhancement. In: Proceedings of the Human Factors Society Annual Meeting, vol. 32. SAGE: Los Angeles, CA; 1988. p. 97 – 101.

[29] Chand BN, Mahalakshmi P, and Naidu V. Sense and avoid technology in unmanned aerial vehicles: a review. In: 2017 International Conference on Electrical, Electronics, Communication, Computer, and Optimization Techniques (ICEECCOT), IEEE; 2017. p. 512 – 517.

[30] Sabatini AM. (2006). Quaternion – based extended Kalman filter for determining orientation by inertial and magnetic sensing. IEEE Transactions on Biomedical Engineering, 53, 1346 – 1356.

[31] Zsedrovits T, Zarándy Á, Vanek B, Peni T, Bokor J, and Roska T. (2011). Collision avoidance for UAV using visual detection. 2011 IEEE International Symposium of Circuits and Systems (ISCAS), 2173-2176.

[32] Chao H, Gu Y, and Napolitano MR. (2013). A survey of optical flow techniques for UAV navigation applications. 2013 International Conference on Unmanned Aircraft Systems (ICUAS), 710-716.

[33] Gageik N, Benz P, and Montenegro S. (2015). Obstacle detection and collision avoidance for a UAV with complementary low-cost sensors. IEEE Access, 3, 599-609.

[34] Wang C, Ji T, Nguyen T, and Xie L. (2018). Correlation flow: robust optical flow using kernel cross-correlators. 2018 IEEE International Conference on Robotics and Automation (ICRA), 836-841.

[35] Estrela VV, Monteiro ACB, França RP, Iano Y, Khelassi A, and Razmjooy N Health 4.0: Applications, Management, Technologies and Review. Med Tech J, 2019; 2(4): 262-276, http://medtech.ichsmt.org/index.php/MTJ/article/view/205.

[36] Gupta S, Girshick RB, Arbeláez PA, and Malik J Learning rich features from RGB-D images for object detection and segmentation. Proceedings of 2014 ECCV. 2014.

[37] Ho HW, De Wagter C, Remes BDW, and de Croon GCHE, Optical-flow based self-supervised learning of obstacle appearance applied to MAV landing, Robotics and Autonomous Systems, Vol. 100, 2018, pp. 78-94, ISSN 0921-8890, https://doi.org/10.1016/j.robot.2017.10.004.

[38] Kaldestad KB, Hovland G, and Anisi DA, 3D sensor-based obstacle detection comparing octrees and point clouds using CUDA, Modeling, Identification and Control, Vol. 33, No. 4, 2012, pp. 123-130, ISSN 1890-1328 doi:10.4173/mic.2012.4.1

[39] Zhou Y, Li H, and Kneip L Canny-VO: visual odometry with RGB-D cameras based on geometric 3-D-2-D edge alignment. IEEE Transactions on Robotics, 2019; 35: 184-199.

[40] Peng HX, Liang L, Shen X, and Li GY Vehicular communications: a network layer perspective. IEEE Transactions on Vehicular Technology, 68, 2018, 1064-1078.

[41] Brahmbhatt S, Amor HB, and Christensen HI Occlusion-aware object localization, segmentation and pose estimation. Proceedings 2015 BMVC, 2015.

[42] Aroma RJ, and Raimond K. (2019) Intelligent land cover detection in multisensor satellite images. In: Ane B, Cakravastia A, and Diawati L (eds) Proceedings of the 18th Online World Conference on Soft Computing in Industrial Applications (WSC18). WSC 2014. Advances in IntelligentSystems and Computing, vol. 864. Springer, Cham.

[43] Li C, Yang SX, Yang Y, et al. Hyperspectral remote sensing image classification based on maximum overlap pooling convolutional neural network. Sensors. 2018; 18: 3587

[44] Zhao H, Wang Z, Jia G, Li X, and Zhang Y. Field imaging system for hyperspectral data, 3D structural data and panchromatic image data measurement based on acousto-optic tunable filter. Optics Express. 2018; 26(13): 17717-17730.

[45] Estrela VV, Saotome O, Loschi HJ, et al. Emergency response cyberphysical framework for landslide avoidance with sustainable electronics. Technologies. 2018; 6: 42. doi: 10.3390/technolo-

gies6020042.

[46] Coppola M, McGuire KN, Scheper KY, and Croon GC. On-board communication-based relative localization for collision avoidance in micro air vehicle teams. Autonomous Robots. 2018; 42:1787-1805.

[47] Hemanth DJ, and Estrela VV. (2017). Deep learning for image processing applications. Advances in Parallel Computing Series, vol. 31, IOS Press, ISBN 978-1-61499-821-1 (print), ISBN 978-1-61499-822-8(online).

[48] de Jesus MA, Estrela VV, Saotome O, and Stutz D. (2018) Super-resolution via particle swarm optimization variants. In: Hemanth J, and Balas V(eds) Biologically Rationalized Computing Techniques For Image Processing Applications. Lecture Notes in Computational Vision and Biomechanics, vol. 25. Springer, Cham.

[49] Jia Z, and Sahmoudi M. A type of collective detection scheme with improved pigeon-inspired optimization. International Journal of IntelligentComputing and Cybernetics. 2016;9:105-123.

[50] Duan H, and Luo Q. New progresses in swarm intelligence-based computation. IjBIC. 2015;7: 26-35.

第4章　基于计算机视觉的无人机导航与智能导论

基于视觉的传感器(VBS)为无人机系统(UAS)提供了一些优势,主要是因为它们能够捕获大量数据,与其他先进技术相比,它们的体积、重量、功率和成本都有所降低。

最近,有许多基于视觉的导航(VBN)方法出现,它们的目标是在全球导航卫星系统上最大限度地提高状态估计性能和减少依赖性。本章在这个重要的研究领域确定并描述了一些对于无人机最流行的视觉导航策略以使读者熟悉。这里介绍的基于视觉的导航方法包括视觉伺服,基于光流的状态估计,视觉里程计和地形参考视觉导航。本章给出了这些方法的参考系统结构和相关数学模型,以便更深入地研究理解。对这些方法及其在各种无人机系统中的应用进行了综述,主要重点集中在这个领域的开创性工作上;也同时介绍了这种传感方式的局限性,讨论了其未来应用的发展趋势,包括多光谱成像和仿生系统,来告诉读者该领域存在的关键差距和研究途径。

4.1　引言

相机制造成本的全面降低和处理器形状参数的减少导致了基于视觉的导航(VBN)系统的商用现货(COTS)在无人机系统(UAS)操作应用中的巨大市场。各种各样的基于视觉的传感器(VBS)越来越多地应用于无人机操作中,用于感知周围环境,定位主机平台并跟踪附近入侵者平台的功能,例如分离保证和避免碰撞。扫描激光雷达是一种可随时感知周围环境的替代传感模式,详细程度高,通常用于测绘应用。虽然在降低激光雷达系统的形式因素外形尺寸以支持在小型无人机平台上的实施方面取得了进展,但由于其基于视觉的传感器(VBS)系统具有相对较小的体积、重量和功率,它们的被动性操作的无源性和低成本,基于视觉的传感器(VBS)更适合这种应用。一个典型的无人机系统架构如图4.1

所示。无人机系统包括无人机(UAV)和地面控制站(GCS)。来自导航系统的输出信号(包括车辆状态估计和/或来自传感器的低级信号)被用于驾驶制导策略和控制。导航系统的输出信号也被传送,通过遥测下行连接链路传送到地面控制系统。地面控制站上行链路便于传输由远程飞行员手动控制的指令。

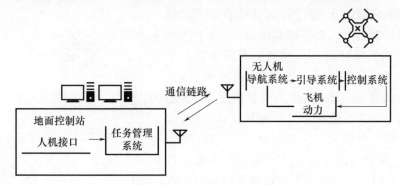

图 4.1　无人机系统架构

在导航系统中,基于视觉的导航系统子系统通常用于与一组传感器串联。常用的传感器系统是全球卫星导航系统(GNSS)和惯性导航系统(INS)来,以增强无人机系统状态估计和在发生单个传感器发生故障或丢失的情况下增加导航系统冗余。例如,基于视觉的传感器系统用于对环境中车辆状态的估计,如在城市峡谷中全球卫星导航系统完全或间歇性地不可用。

采集和处理原始视觉数据,以计算独立配置中的车辆状态。然而,更常见的做法是通过合适的数据融合算法将视觉子系统与其他传感器集成。取决于根据视觉子系统所需的功能,可以实现复杂度不同的处理模块——从简单的视觉伺服(VS)程序到计算密集视觉里程计(VO)技术。例如,对固定翼无人机着陆阶段的姿态估计可以通过一个简单的图像处理模块实现,该模块利用边缘检测方法和光流(OF)技术提取地平线,并根据观测到的视觉运动计算姿态[75-76]。

图像处理是计算机知识的一个分支,它涉及处理数字信号的处理,表示用数码相机拍摄或由扫描仪扫描的图像[1-9]。

相比之下,视觉里程计提供了完整的导航状态向量,但由于需要提取视觉特征并跨连续帧进行跟踪,因此需要更多的计算。

下面的部分展示了给出基于视觉的导航常用方法的简要概述,并介绍了与它们相关的基本术语。

4.2　基本术语

大量的知识涵盖了在无人机导航系统架构中集成一个基于视觉的低成本的

传感器。不同基于视觉的导航系统可以根据使用的传感器类型(硬件)或类型特征提取及实现的处理算法(软件)来区分。尽管文献中基于视觉导航系统方法存在差异,但在不同的实现中存在一定的重复或相似,难以进行严格的区分类。然而,根据所采用的导航方法来定义大的类别是很有用的。

视觉伺服(VS)是指将源自原始视觉数据的输入反馈给无人机控制系统,以相对于环境中观察到的特征进行导航的一系列方法。平台相对于观测特征的三维姿态(位置和姿态)可以显式导出。然而,在大多数情况下,状态估计不是相对于全局参考框架显式执行的,重点是推导控制输入以达到期望飞行模式,即保持高度,保持与静止目标的距离并跟踪移动目标(图4.2)。这些方法在提取视觉特征方面都存在不同。

地形参考导航依赖于存储的先验环境地图的先验存储。状态估计是通过将观测特征

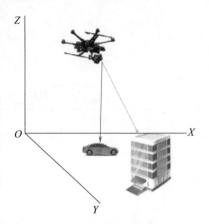

图4.2 视觉伺服概述

与存储的静态环境特征数据库进行比较来实现的,根据图4.3,关键任务是在给定环境特征的先验位置和环境特征的在线观测条件下,估计车辆相对于全球坐标系的姿态。

视觉里程计是一种视觉航位推算技术。R_k是在给定车辆状态的每个离散时间步增量估计。R_{k-1}是在上一个时间步长和观察到的场景的视觉运动。视觉里程计是运动恢复结构(SFM)问题的一个子集和,是任何视觉同步定位和映射(V-SLAM)算法的中间步骤(图4.4)。

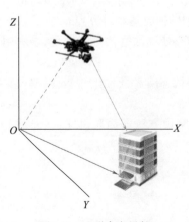

图4.3 地形参考导航

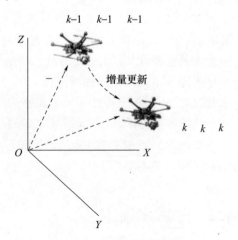

图4.4 视觉里程计概述

这些方法中的每一种都将得到更详细的扩展,随后将探讨未来这一研究领域未来可能的工作。

4.2.1 视觉伺服

视觉伺服可以简单地定义为使用基于视觉的传感器获取的数据来反馈代理的姿态/运动控制(在上下文中为无人机系统)。该方法在机器人执行器的制造中得到了很好的应用。基于位置的视觉伺服(PBVS)方法如图4.5所示。

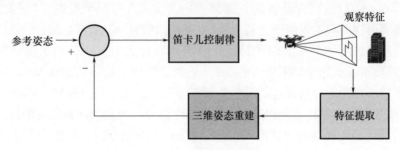

图4.5 基于位置的视觉伺服方法

从图像中提取的特征用于重建相机的姿态(位置和姿势)(延伸到空中平台),将估计的姿态与参考(期望)姿态进行比较以产生笛卡儿姿态误差信号,驱使飞机到达所需的位置和姿势。三维重建通常是这一循环中最需要计算的阶段。此外,该方法对摄像机标定参数具有很高的灵敏度。另一种方法是基于图像的视觉伺服(IBVS)。与基于位置的视觉伺服方法相反,三维姿态法不重建。将提取的图像特征与参考图像进行比较,生成驱动误差信号(图4.6)。

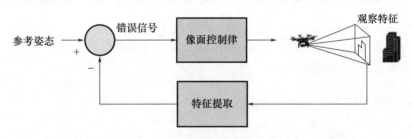

图4.6 基于图像的视觉伺服方法

因此,控制律在图像平面上起着重要的作用。与基于位置的视觉伺服方法相比,该方法对摄像机内、外标定参数更不敏感。因为不需要显式地确定三维姿态,从计算角度来看,硬件需求通常较低,使其易于适用于小型无人机。基于图像的视觉伺服在文献中也被称为基于外观的方法。这一概念在固定翼无人机着陆阶段导航中的应用见参考文献[10]。

环境被表示为在不同点上拍摄的一系列关键图像,描述了平台要遵循的路径。该程序包括以下三个阶段。

(1) 学习阶段:一系列的帧是在飞行过程中被捕捉的,用来连接视觉参考路线的初始和目标位置。对关键帧进行采样、地理标记并存储在机载数据库中,以便在自主飞行期间进行制导。

(2) 初始化:将视觉路线开始处初始位置的一个子集图像与当前视图进行比较,匹配误差最小的关键图像指示自主运行的初始位置。参考图像和当前视图之间的相关性通常用作定位平台的度量。

(3) 自主运行:可视路线的关键图像作为飞机在传感器空间中穿越的航路点。将当前视图与关键图像进行比较,生成错误信号,驱动控制系统。

这种方法的一个主要缺点是适用性有限。每次平台在新的工作空间运行时,都需要重新捕获关键图像,使该方法适用于相同环境中的常规操作。图 4.7 示出了基于视觉的导航系统。关键图像(2)已在定位阶段被识别为当前关键图像,并用于视觉伺服。系统跟踪关键图像(2)、(3)与及其当前视图之间的匹配误差,直到至(2)与当前视图之间的误差超过(3)与当前视图之间的误差。在此阶段,关键图像 3 用于控制飞机,并监控关键图像(3)、(4)与当前视图之间的匹配误差。重复这个过程,直至飞机到达目的地。与此图像匹配方法类似,光流法在多个实例中用作视觉线索,驱动相对于环境中对象的导航和控制。光流法被正式定义为描述视运动的二维速度场或摄像机与环境之间的相对三维运动。换言之,它是物体在视场中的三维视运动在相机图像平面上的二维投影。这种视运动可以通过运动场模型来表示的视觉运动将在稍后介绍。已经发现光流法被昆虫和鸟类用于导航任务[11-12]。用光流法来导航的吸引力在于它提供了丰富的信息源和相对简单的计算。在昆虫中,光流法,而不是复杂的立体视觉机制,是一个低层次的提示,指导看似复杂的行为和任务的来源,例如,蜜蜂利用光流法来执行任务,诸如着陆、旅行、距离估计、避障和飞行速度调节。

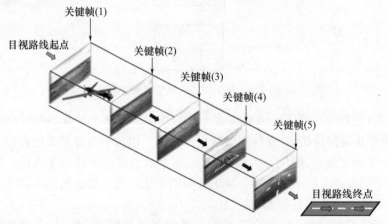

图 4.7　基于图像的视觉伺服在自动着陆中的应用

图4.8显示了被蜻蜓感受到的光流法,光流场是自我运动(观察平台的运动)和物体运动的结果(被观察物体的运动)。

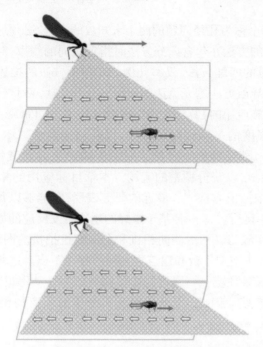

图4.8 光流估计相对运动

光流法可以通过跟踪连续图像上的特征模式来计算视觉伺服。注意,大多数计算算法中的关键假设是非常重要的:

(1)亮度的恒定性:给定图像中的一个区域,在连续的帧上,强度或亮度对于感兴趣关注区域的增量偏差是恒定的。

(2)空间平滑度:假设在像素小邻域上的运动是均匀的。给定图像中像素的强度值 I 表示为像素位置 (x,y) 和进行观察的时间 t 的函数。亮度恒定性约束可以表示为

$$I(x,y,t) = I(x+\Delta x, y+\Delta y, t+\Delta t) \tag{4.1}$$

方程(4.1)表示的假设是强度 I 不随像素坐标增量位移和时间变化的假设。

应用于式(4.1)右侧的泰勒级数展开式得出:

$$I(x+\Delta x, y+\Delta y, t+\Delta t) = I(x,y,t) + \frac{\partial I}{\partial x}\Delta x + \frac{\partial I}{\partial y}\Delta y + \frac{\partial I}{\partial z}\Delta z \tag{4.2}$$

通过比较式(4.1)和式(4.2),式(4.3)写为

$$\frac{\partial I}{\partial x}\frac{\Delta x}{\Delta t} + \frac{\partial I}{\partial y}\frac{\Delta y}{\Delta t} + \frac{\partial I}{\partial t}\frac{\Delta t}{\Delta t} = 0 \tag{4.3}$$

或者更简洁地说,

$$\frac{\partial I}{\partial x}v_x + \frac{\partial I}{\partial y}v_y + \frac{\partial I}{\partial t} = 0 \tag{4.4}$$

式(4.4)是一个称为孔径问题的两个未知数的方程,必须应用额外的约束条件才能求解,不同的方法在包含差分方法时指定不同的约束,对于基于区域的匹配方法和基于能量的匹配方法,仅举几例。对每个方法的描述超出了本书的范围,对用于机器人导航方法的光流法的回顾见参考文献[13]。已知最古老的(因此,也是最广泛实施应用的)算法是经典的微分技术,如 Lucas - Kanade 方法。差分方法计算图像强度的空间和时间导数,以获得光流法。Horn - Schunck 方法通常被认为比另一种经典的差分技术对图像噪声更具稳健性,Horn - Schunck 方法,全局优化能量,以获得稠密的流场。本章目标应用的相关方法是适用于小型无人机的图像插值方法[14],最近的研究表明,它能够以每秒 20000 个光流法向量的最大速率运行[15]。一种基于蜜蜂的生物启发反应的方法已在参考文献[16 - 17]中得到实施,其中,由侧向相机和全向相机拍摄的图像导出的光流法,用于确定城市峡谷中空中平台和建筑物之间的相对距离。这种现象类似于通过运动平台的车窗观察环境——附近的特征物被认为移动得很快,而远处的特征物被认为移动得慢些。因此,流场是被观测物体的距离的函数。这一概念如图 4.9 所示。

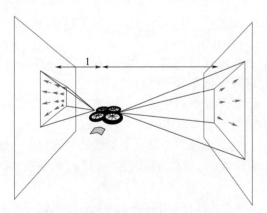

图 4.9 使用光流使无人机在两个平面墙之间居中。
测量得的光流是到每面墙的横向距离的函数

估计的横向距离被用作航向控制回路的输入,以产生偏航速度命令并将车辆置于峡谷的中心。类似的方法可用于固定翼无人机着陆应用,其中光流将随着接近地面而增加。这种方法的一个限制是不能单独通过光流法提供绝对距离测量。在这种情况下,重点是相对于环境中的物体引导车辆,而不是获得绝对位置估计。然而,该问题可以通过在单个平台上联合实现距离感测模态和光流估

第4章 基于计算机视觉的无人机导航与智能导论

计来解决。例如,在参考文献[18]中实现的无人机系统架构将估计和立体视觉结合在一个平台上,以安全地穿越城市峡谷方案场景。光流法的一个缺点是它依赖于摄像机的平移运动来产生流场。此外,除非准确知道无人机的运动,否则这种技术将无法产生绝对距离测量。因此,它不适用于旋翼无人机需要缓慢移动或在障碍物附近的适当位置盘旋的情况,例如监视或结构检查。在参考文献[18]的研究中观察到一个关键问题,在城市峡谷中90°弯曲或T形交叉口处,在这些条件下,平面垂直侧壁假设不再适用,导致无法单独使用光流进行控制。设计了感知和控制算法,假设峡谷壁是完全平面的。然而,现实世界中的操作很可能会违反这一假设,因为在这些条件下没有公开的测试。用于直接驱动飞机控制的光流的其他突出例子包括静态和动态环境中的地形跟随和着陆操作[19-20]。除了视觉伺服应用程序可能会或不会明确输出UAS PVA,文献中已经研究了使用光流的状态估计。参考文献[21]将基于光流的运动估计(特别是平台旋转率)的性能与集成卫星导航系统、惯性导航系统进行了比较。除了光流,基于视觉的飞行器相对于感知目标的控制也可以通过特征提取和图像序列的跟踪来实现。直升机速度控制的误差信号是由参考文献[22]中基于卡尔曼滤波的特征跟踪得到的。该文文献指出,所采用的算法对环境光、亮度和阴影的实质性变化非常敏感。关于视觉伺服对这些因素的稳健性的专门研究还有待进行。

在无人机系统中最重要的一点是有限的有效载荷能力,这使得实时处理具有挑战性。像素计数与平台上所需的计算能力直接相关。专用于提供光流的传感器的发展导致了商用现货(COTS)产品的出现,例如CentEye 16×32 pix 芯片,它可以在一个特定的时间内实现计算效率为每秒545帧的最大速率。关于光流的大量知识中突出的研究在参考文献[23]中介绍,它集中的重点是低计算处理能力上,就像微型飞行器的典型情况一样(微型飞行器)[24]。无人机和微型飞行器系统通常采用图像插值算法(I2A)来计算光流,因为在现实中它是非迭代的,不需要识别或跟踪图像中的单个特征,也不需要计算高阶空间或时间导数,使其对噪声具有稳健性,执行速度快。

利用光流实现无人机导航的一个突出研究空白是缺乏对独立光流系统的严格定量评估,对组合导航系统更是如此。这种分析需要详细的误差模型,包括光流的各种失效模式,更重要的是数据融合算法对这些误差的敏感性。本章对卫星导航系统、惯性导航系统、视觉传感器组合系统光流误差模型进行了初步研究[25],给出了光流姿态估计的误差统计。在参考文献[26]中进行了更全面和基于飞行试验的评估。关于视觉伺服的建模和实现的详细研究见参考文献[27]。

表4.1总结了文献中的视觉伺服方法。

表4.1 文献中的视觉伺服方法总结

方法	文献	说明	类似工作
视觉伺服	基于视觉的城市峡谷导航[18]	无人机的视觉伺服中心在城市峡谷。使用侧向摄像机进行仿生光流计算和使用前向立体视觉摄像机进行正面避障	参考文献 [16-17,19,28-29]
	基于视觉的无人旋翼机地形跟踪[30]	试验演示了一架无人旋翼机的地形跟随,它使用GPS导出的地面速度和光流来计算高度。另一个贡献是I^2A的扩展,以适应大像素流量速率	
	四旋翼自主导航光流宽场积分的实现[23]	基于梯度的全向相机图像光流提取方法。基于在线仿生光流的室内走廊安全引导引姿态控制	参考文献 [19,26,31]
	基于特征跟踪的城市地区自主直升机视觉伺服[22]	然后,对图像序列进行阈值分割、特征提取和模板匹配,基于卡尔曼滤波对特征坐标进行跟踪。滤波器输出驱动控制律相对于观测特征的(VS)移动平台	

4.2.2 视觉里程计

几种用于无人机的视觉里程计已经制成,以补偿对卫星导航系统可用性的损失或否认。视觉里程计,是分析一系列捕获的图像,以增量的方式计算车辆的位置和姿态,类似于通过在惯性导航系统中集成连续的加速计测量来计算位置。如前所述,视觉里程计是解决机器人中运动结构的一个初步步骤。运动结构涉及从序列图像集对周围环境和相机姿势序列进行三维重建,通常进行离线优化以细化重建结构。整个过程是计算密集型的,并且所需的时间与捕获的图像数量成比例(正如直观预期的那样),使得实时实现具有挑战性。视觉里程计,另一方面,在其实现中是战术性的,并且在实时捕获帧时关注于按顺序估计摄像机的三维轨迹。实时运动结构方法属于同步定位与建图(SLAM)领域,与视觉里程计相反,其目标是整体、一致的地图的生成和维护,与视觉里程计相反,生成一致的地图以及跟踪机器人/飞机的轨迹,其中重点是精确估计局部轨迹。视觉里程计是完整视觉导航实现的中间步骤,对于无人机系统中的许多用例,足以提供或增强城市环境中的车辆状态估计,其中可以假定地图和数据库是先验可用的。对于生成地图的应用程序的例外的情况是程序的地图生成是一个重要的任务测量中的明确要求。决定实现视觉里程计或视觉导航最终取决于准确性和实时性之间的权衡。视觉导航可能比视觉里程计更精确。由于在生成的轨迹上施加了更多的约束,视觉导航可能比视觉里程计更精确,但不一定更稳定[32]。在处理周期之初,错误和异常值(例如图像对应、循环闭合异常值)会导致较大的映射不一致。此外，由于计算上的限制，文献中发现的实时无人机同步定位与建图的例子要少得多。本节的其余部分将从算法的基本原理开始，重点回顾无人机系统导航的视觉里程计实现，从算法的基本原理开始。视觉里程计问题的公式构想如图 4.10 所示。

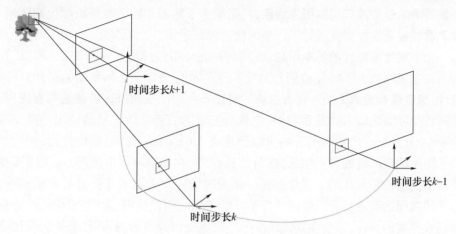

图 4.10 用于无人机操作的视觉里程计

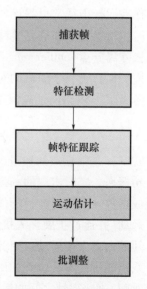

图 4.11 视觉里程计流程

为了简化说明，摄像机坐标系 C 也被假定为飞行器的主体参考系。图像 I_{k-1}、I_k 和 I_{k+1} 在时间步 $k-1$、k、$k+1$ 捕获，各自分别为无人机在环境中的移动。三维环境中的特征（边缘、角落等）被投影在相机的成像平面上，必须连续跟踪帧。考虑时间步 $k-1$ 和 k：给定在两个连续帧中跟踪的特征 $k-1$ 和 k。视觉里程计本质上是计算刚体变换 $T_{k-1\mid k}$，包括平移和旋转 C_{k-1} 和 C_k 之间的平移和旋转。一旦计算了变换，它就与 C_{k-1} 连接起来，输出当前姿势 C_k。在不失一般性的情况下，同样的解释描述了当使用立体相机而不是单目相机来获取图像时的视觉里程计法。在这种情况下，在每个时间步获取图像对而不是单个图像。此外，利用捕获的每一对图像可以估计出观察到的特征的深度，这与无法直接估计尺度的单目视觉相比具有很大的优势。无论采用单目视觉还是立体视觉，每个周期中的步骤如图 4.11 所示。

特征检测是对在每个给定的时间步捕获的每组图像执行完成的，然后在连续的帧上匹配相同的特征集（对应）。优化例程（optimization routings）估计帧之间的运动和跟踪特征形成约束。每种类型的优化例程取决于帧之间执行完成的特征对应的类型,并且具有明显的优点和局限性。特征对应的速度和精度通常通过视觉和惯性传感器测量的融合来提高,以利用它们的互补性。在参考文献[33]中,两个传感器之间的紧密耦合是通过帧间视觉特征对应的惯性辅助来实现的。在参考文献[34]中发现了一个类似的辅助方案,该方案使用向下摄像头和扩展卡尔曼滤波来预测图像变换,从而减少了地面车辆的特征跟踪搜索区域。第2章对视觉惯性聚变进行了详细的描述和评述。

关于视觉里程计的基本原理、发展和性能分析的综述见参考文献[32,35],它为特定应用提供了特征检测和对应算法的最佳选择。正如预期的那样,在准确性、稳健性和效率之间存在着权衡。尺度不变特征变换(SIFT)描述符在光照、旋转和尺度变化较大时是稳定的,这使得它成为在动态无人机的使用情况下成为一个很好的选择,相机的方向可以预期有大的变化。然而,值得注意的是,与位于图像纹理区域的斑点相比,在角落操作时(在城市环境中多产)的尺度不变特征变换性能是次优的。视觉里程计流程中的一个关键子任务是异常值移除,即将帧之间错误的数据关联或特征不匹配移除。图像噪声、遮挡、模糊以及透视和场景照明的变化,通常会导致匹配的特征集受到异常值的污染,必须去除这些异常值才能细化运动估计。这一过程可能是小型无人机城市环境中小型无人机作战运行中视觉里程计的主要瓶颈,需要通过处理计算能力有限的有效载荷实时执行稳健性和高完整性导航。随机样本一致性(RANSAC)已经成为机器人中去除离群点(outlier removal)的标准算法选择。给定帧间特征对应,将一个运动模型拟合到一个随机的对应子集上,并迭代检查其与剩余的对应的一致性。参考文献[35]给出了确保正确解所需的迭代次数:

$$N = \frac{\log(1-p)}{\log[1-(1-\varepsilon)^s]} \qquad (4.5)$$

式中:s 是数据点的数量(候选特征对应);ε 是异常值的百分比;p 是请求求的成功概率。实时实现的一个重要点是迭代次数与估计运动模型所需的特征对应数成指数关系。因此,在开发最小模型参数方面付出了巨大的努力。如果摄像机运动(并通过扩展无人机运动)是无约束的,则需要至少五点对应来解决两帧之间的六自由度运动。因此,通常使用五点随机样本一致性,因为与六点、七点或八点随机样本一致性相比,五点随机样本一致性需要更少的迭代(因此,更少的时间)来获得帧之间的运动模型(旋转和平移)。对于实时操作,称为抢占式随机样本一致性的扩展已经变得特别有用,因为它允许预先固定迭代次数。与任何航位推算过程一样,由于图像处理中的噪声和错误,状态估计中的不确定性在每个估计周期中传递,导致漂移,使独立视觉里程计估计在某个时间间隔后不可用的漂移。视觉里程计估计有效的时间间隔取决于用于初始化过程的位置的不确定性,以及每个后续变换(运动估计)的估计不确定性,如图4.12所示。

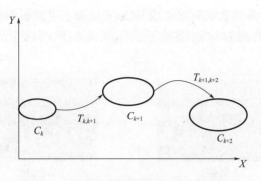

图 4.12 视觉里程计中的不确定性传播

图 4.12 中的不确定性传播适用于任何航位推算导航算法。外部传感器需要定期更新或重新初始化状态，以"重置"推算航位传感器。这通常通过航位推算的数据融合算法结合像全球卫星导航系统的绝对定位系统来实现。虽然惯性导航和视觉里程计都是受漂移影响的死区估计方法，但在无人机系统用例中，它们常常被集成结合在一起进行状态估计。惯性测量单元（IMU）提供了独立于环境或轨道的短期连续性保证，并能够捕捉高度动态机动[73-74]。惯性数据可以从单目视觉无法观测到的重力加速度观测中计算出绝对尺度信息，图像序列提供了多姿态约束，减少了惯性测量单元积分的漂移，提高了惯性测量单元的偏差可观测性。然而，这些约束的准确性、数量和等级取决于场景中观察到的环境特征。融合视觉和惯性导航系统结合了这两种方法的优点，累积误差的速率低于任何一种独立技术[36]。城市环境中视觉辅助惯性导航的例子试图利用场景中的视觉规律。在参考文献[37]中，图像中的线段被用来检测消失点，从而推断出被遮挡的视界，并校正惯性测量单元中的陀螺仪误差。微型飞行器实时视觉辅助惯性导航的一个最新和相关的例子可以在参考文献[38]中找到，其中惯性测量单元用于计算帧之间的旋转，并估计重投影误差，以辅助内部检测。一般来说，立体视觉系统比单目视觉系统更适合于视觉里程计计算，因为单目摄像机到观察场景的深度（距离）不能单独从图像中恢复，因此必须对被观察物体有先验知识，或者从宽基线分隔的不同有利位置捕捉同一场景的多幅图像。然而，在立体设备中使用两个摄像头就可以实现深度感知。立体视觉类似于人类的立体视觉概念，其中通过从两个"传感器"眼睛获得的视觉信息可以感知深度和三维结构。

这一概念如图 4.13 所示。两个摄像头安装在立体摄像系统中，观察同一场景。在左右摄像机中都可以观察到的视觉特征在每幅图像中都有不同的像素坐标。参考图 4.13，在两个摄像机中观察到的建筑物的角被不同的距离 d_L 和 d_R 补偿。偏移量的差异称为视差，它是观测特征深度的函数。每个图像点的视差与对应像素位置的景深成反比。视差 d 和场景深度 Z 之间的关系由下式给出：

$$Z = Tf/d \tag{4.6}$$

式中：T 是左右摄像机之间的距离或基线；f 是每个摄像机的焦距。由(4.6)可知，立体视觉中的深度知觉依赖于立体视觉相机的两个固有参数：焦距和基线。

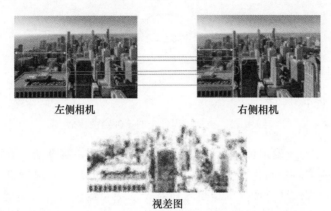

图 4.13　立体视觉概念。从两个摄像头观察到相同的场景。两个摄像头共有的特征在两个图像中具有不同的像素坐标，坐标之间的差异是所观察特征深度的函数

立体视觉已被用于自主直升机的高度估计和后续调节[39]。在参考文献[40]中，类似的方法用于高度估计，尽管结果无法通过试验实时验证。因此，随着到可感知对象的距离的增加，保持精确的比例变得越来越困难，有效地降低了单目设备的有效使用。此外，由于平台动力学引起的振动会导致立体摄像系统的小变形，可能造成较大的三角测量误差。最近，开始出现一些旨在解决立体视觉里程计中这些差距不足的研究[41-42]。

4.2.3　地形参考视觉导航

结构化环境可用于协助无人平台导航。具有先验已知位置和结构的视觉目标长期以来被应用于航空机器人领域；也就是说，所采用的视觉目标是具有已知属性(尺寸、颜色和图案)的人造地标，其允许检索空中平台相对于地标的姿态。事实上，地标属性是已知的，允许消除尺度上的模糊性(当使用单目视觉时)。这类工作的早期例子可以在参考文献[43-44]中找到，其中视觉辅助惯性系统用于相对于已知目标的导航。行星探险家们也进行了类似的惯性和视觉传感器的紧密耦合，以实现相对于已知地标的导航[45]。这不同于一个典型的视觉伺服系统，在该系统中，视觉数据直接映射到控制，而不需要显式的状态估计作为中间步骤。跑道区域和边界的已知特征已用于无人机着陆阶段的自主跑道识别[46]。

地形辅助通常是通过图像注册配准来实现的——将飞行中拍摄的图像与存储的作战区域图像数据库进行比较。在某些方面，这类似于前面所描述的基于

图像的视觉伺服方法。关键的区别是这种情况下存储的图像是地理标记的,即存储的数据库中存储的视觉特征的位置是先验的,因此能够显式地计算飞机位置,而在基于图像的视觉伺服中,视觉特征的绝对坐标是先验的(或不需要的),这些图像可以使用标准的向下摄像头拍摄。红外(IR)能力允许在夜间进行操作,并且对恶劣天气条件不太敏感。为了减少数据库存储的需求和相关负载,通常在提取边界或不同特征后对捕获和存储的图像进行相关。更重要的是,边界或特征的相关性使得该过程对光照变化更为可靠[47]。将图像分解为边界或不同区域的图示如图4.14所示。

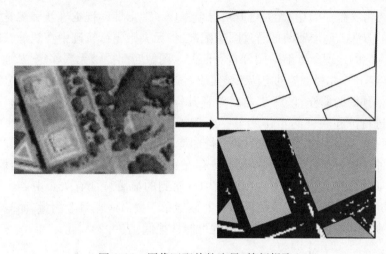

图4.14 图像匹配前的边界/特征提取

图像配准精度取决于地形,因为匹配时必须观察到明显的特征。这种方法的误差来源于所用数据库的低保真度、相机镜头畸变和未补偿缩放变化。类噪声误差源于聚焦误差,以及摄像机、数据库和图像匹配算法的分辨率有限。这些误差必须建模并包含在图像配准算法中,以确保稳健性。图像比较本质上是捕获的图像与存储在数据库中的图像的相关,以确定最高的相关值(最接近的匹配)。图4.15显示了捕获的图像和数据库中存储的图像之间的成功匹配。图4.16说明了当捕获的图像与存储的图像进行比较时,互相关中的相应峰值。

图4.15 捕获和存储图像之间的图像匹配

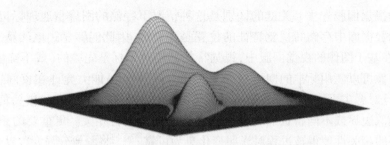

图 4.16 捕获图像和存储图像之间的互相关

在参考文献[48]中,无人直升机导航采用了地形辅助视觉导航和视觉里程计相结合的方法。地形辅助是通过图像配准:将无人机飞行轨迹中在线捕获的图像与机载存储的地理参考航空图像进行匹配。图像匹配提供无漂移定位,通过贝叶斯滤波与基于卡尔曼滤波的定位系统集成。通过归一化互相关度量进行图像配准。

正如预期的那样,该算法发现对直升机姿态的突然变化非常敏感。利用地理参考进行试验验证的工作的另一个例子是参考文献[49]。这项工作的重点是:①对任务期间拍摄的航空图像进行环境分类;②与预存地图匹配的旋转不变模板。使用模板匹配的概率框架支持存在错误源噪声和图像遮挡时的稳健性。正如预期的那样,这种表现与在图像中观察到的显著特征有关。由若干环境等级(沥青、草地和房屋)组成的区域可有效地用于提供地理参考测量,而只有单个环境类别的均匀区域实现模板匹配的可能性很低(表 4.2)[78]。

表 4.2 参考文献中的地形辅助导航方法的总结

方法	文献	说明	类似工作的参考文献
地形辅助视觉导航	目视进近和着陆[43]	视觉辅助惯性导航是相对于具有已知属性的目标进行的。使用已知目标可解决规模上的模糊性	[44-45,48-49]
	使用环境分类的无人机导航地理参考[49]	基于作战区域先验地图的环境分类与图像配准	

4.3 未来趋势和讨论

基于视觉的传感器越来越多地部署在到无人机上,因为需要在全球导航卫星系统不可用或退化的环境中支持坚固稳定的导航。除了定位之外,市场上的现代成像传感器还具有高分辨率和帧频速率,有利于实现许多无人机导航功能,如障碍物检测、前向碰撞避免和告警。尽管在微型化和机载计算性能方面有了进步,但是基于视觉的传感器仍然容易受到低场景照明等因素的影响,要挑战高动态范围场景、模糊和稀疏、重复和高频图像纹理[50-51]。因此,具有学习和适应能力的软计算方法对不可预测的因素具有更强的稳健性[24]。在这方面,受生物神经系统启发的仿生方法提供了显著的优势。人工神经网络和遗传算法支持在线学习和自适应,代表重要研究兴趣领域[1,52-55]。类似于闪光激光雷达中的三维飞行时间成像芯片,逐渐成为一种廉价、可靠的图像拍摄和距离测量手段[56]。热像仪在许多摄影测量应用中具有优势,而且,对于航空摄影来说,其近期到中期的费用可能会大大减少[57-58,77]。

在毫米波(mmW)范围频段内工作的中远红外(MFIR)成像传感器在低能见度降低的条件(如雾、霾和烟)和黑暗中提供了增强的性能。用于目标识别和跟踪的机载红外成像目前主要用于军事方面。然而,随着半导体激光器和红外探测器技术的进步,未来无人机导航系统中的中远红外传感器很可能会具有成本效益[59-61]。类似地,成本效益高的硬件的开发很可能会在未来为无人机应用带来更多的多光谱和高光谱成像[61-65]。本章介绍的方法可以扩展到辅助多无人机协调和控制场景,这仍然是一个重要的研究兴趣领域[66-71]。

4.4　小结

本章确定并介绍了无人机视觉导航中常用的几种视觉提示和方法。在文献中回顾和简要介绍了采用的方法,以向读者介绍研究领域。基于视觉的传感器为无人机系统导航提供了几个优势,主要是它们可以捕获的信息量以及它们的小尺寸、重量和功率要求。然而,尽管如此,仍存在一些局限性,表明未来研究的一个潜在方向——对环境条件(如遮挡和环境光变化)的敏感性,可能会妨碍这种传感方式的可用性和准确性。基于人工智能的方法很可能是有益的,因为它支持视觉系统的开发,这些视觉系统可以学习和适应许多种操作条件。未来无人机进入非分级空域的主要要求之一是需要证明给定的导航传感器能够以期望的概率满足规定的性能水平。这将需要对独立和集成系统中实现的视觉传感器进行严格的定量评估,对集成导航系统更是如此。随着涵盖各种故障模式的详细误差模型的开发展,表明更重要的是数据融合算法对这些错误差的敏感性。

参考文献

[1] C. Hwang(2015). Image processing and applications based on visualizing navigation service. ICDIP.
[2] N. Razmjooy, B. S. Mousavi, F. Soleymani, and M. H. Khotbesara(2013). A computer – aided diagnosis system for malignant melanomas. *Neural Computing and Applications*, 23(7-8), 2059-2071.

[3] V. V. Estrela, and A. E. Herrmann(2016). Content-based image retrieval(CBIR) in remote clinical diagnosis and healthcare. In Encyclopedia of E-Health and Telemedicine(pp. 495–520). IGI Global.

[4] N. Razmjooy, M. Ramezani, and N. Ghadimi(2017). Imperialist competitive algorithm-based optimization of neuro-fuzzy system parameters for automatic red-eye removal. *International Journal of Fuzzy Systems*, 19(4), 1144–1156.

[5] P. Moallem, and N. Razmjooy(2012). Optimal threshold computing in automatic image thresholding using adaptive particle swarm optimization. *Journal of Applied Research and Technology*, 10(5), 703–712. 94

[6] V. V. Estrela, and N. P. Galatsanos(1998, October). Spatially-adaptive regularized pel-recursive motion estimation based on cross-validation. In Proceedings 1998 International Conference on Image Processing. ICIP98(Cat. No. 98CB36269)(Vol. 2, pp. 200–203). IEEE.

[7] B. Somayeh Mousavi, and F. Soleymani. (2014). Semantic image classification by genetic algorithm using optimised fuzzy system based on Zernike moments. Signal, *Image and Video Processing*, 8(5), 831–842.

[8] A. Martins Coelho, and V. V. Estrela(2016). EM-Based Mixture Models Applied to Video Event Detection. arXiv preprint arXiv:1610. 02923.

[9] N. Razmjooy, B. S. Mousavi, M. Khalilpour, and H. Hosseini(2014). Automatic selection and fusion of color spaces for image thresholding. *Signal, Image and Video Processing*, 8(4), 603–614.

[10] F. Cappello, S. Ramasamy, and R. Sabatini, A low-cost and high performance navigation system for small RPAS applications. *Aerospace Science and Technology*, 58, 529–545, 2016.

[11] P. S. Bhagavatula, C. Claudianos, M. R. Ibbotson, and M. V. Srinivasan. Optic flow cues guide flight in birds, *Current Biology*, vol. 21, pp. 1794–1799, 2011.

[12] M. V. Srinivasan, "Honeybees as a model for the study of visually guided flight, navigation, and biologically inspired robotics," *Physiological Reviews*, 91, 413–460, 2011.

[13] H. Chao, Y. Gu, and M. Napolitano, "A survey of optical flow techniques for robotics navigation applications," *Journal of Intelligent and Robotic Systems: Theory and Applications*, 73, 361–372, 2014.

[14] M. V. Srinivasan, "An image-interpolation technique for the computation of optic flow and egomotion," *Biological Cybernetics*, vol. 71, pp. 401–415, 1994.

[15] R. Pericet-Camara, G. Bahi-Vila, J. Lecoeur, and D. Floreano, "Miniature artificial compound eyes for optic-flow-based robotic navigation," in 2014 13th Workshop on Information Optics(WIO), 2014, pp. 1–3.

[16] S. Hrabar and G. S. Sukhatme, "A comparison of two camera configurations for optic-flow based navigation of a UAV through urban canyons," in 2004 IEEE/RSJ International Conference on Intelligent Robots and Systems(IROS), 2004, pp. 2673–2680.

[17] S. Hrabar, G. S. Sukhatme, P. Corke, K. Usher, and J. Roberts, "Combined optic flow and stereo-based navigation of urban canyons for a UAV," in 2005 IEEE/RSJ International Conference on Intelligent Robots and Systems, IROS, 2005, pp. 302309.

[18] S. Hrabar and G. Sukhatme, "Vision – based navigation through urban canyons," *Journal of Field Robotics*, 26, 431 – 452, 2009.

[19] F. Ruffier and N. Franceschini, "Optic flow regulation in unsteady environments: a tethered MAV achieves terrain following and targeted landing over a moving platform," *Journal of Intelligent & Robotic Systems*, 79, 275 – 293, 2015.

[20] B. Herissé, T. Hamel, R. Mahony, and F. – X. Russotto, "Landing a VTOL unmanned aerial vehicle on a moving platform using optical flow," *IEEE Transactions on robotics*, 28, 77 – 89, 2012.

[21] H. Chao, Y. Gu, J. Gross, G. Guo, M. L. Fravolini, and M. R. Napolitano, "A comparative study of optical flow and traditional sensors in uav navigation," in American Control Conference (ACC), 2013, 2013, pp. 3858 – 3863.

[22] L. Mejías, S. Saripalli, P. Campoy, and G. S. Sukhatme, "Visual servoing of an autonomous helicopter urban areas using feature tracking," *Journal of Field Robotics*, 23, 185 – 199, 2006.

[23] J. Conroy, G. Gremillion, B. Ranganathan, and J. S. Humbert, "Implementation of wide – field integration of optic flow for autonomous quadrotor navigation," *Autonomous robots*, 27, 189 – 198, 2009.

[24] H. W. Ho, C. De Wagter, B. D. W. Remes, and G. C. H. E. de Croon, Opticalflow based self – supervised learning of obstacle appearance applied to MAV landing, *Robotics and Autonomous Systems*, 100, 78 – 94, 2018, ISSN 0921 – 8890, https://doi.org/10.1016/j.robot.2017.10.004.

[25] W. Ding, J. Wang, S. Han, et al., "Adding optical flow into the GPS/INS integration for UAV navigation," in Proceedings of International Global Navigation Satellite Systems Society Symposium, 2009, pp. 1 – 13.

[26] H. Chao, Y. Gu, J. Gross, M. Rhudy, and M. Napolitano, "Flight – test evaluation of navigation information in wide – field optical flow," *Journal of Aerospace Information Systems*, 2016; 13: 419 – 432.

[27] P. Corke, Robotics, Vision and Control: Fundamental Algorithms In MATLAB® Second, Completely Revised vol. 118, Springer, 2017.

[28] D. Floreano, J. – C. Zufferey, A. Klaptocz, J. Germann, and M. Kovac, "Aerial locomotion in cluttered environments," in Robotics Research, Springer, 2017, pp. 21 – 39.

[29] A. Beyeler, J. C. Zufferey, and D. Floreano, "Vision – based control of nearobstacle flight," *Autonomous Robots*, 27, 201 – 219, 2009.

[30] M. A. Garratt and J. S. Chahl, "Vision – based terrain following for an unmanned rotorcraft," *Journal of Field Robotics*, vol. 25, pp. 284 – 301, 2008.

[31] J. S. Humbert, "Bio – inspired visuomotor convergence in navigation and flight control systems," *California Institute of Technology*, 2005.

[32] D. Scaramuzza and F. Fraundorfer, "Visual odometry[tutorial]," *IEEE Robotics & Automation Magazine*, 18, 80 – 92, 2011.

[33] J. R. M. Veth, "Fusion of low – cost imagining and inertial sensors for navigation," in International Technical Meeting of the Satellite Division of The Institute of Navigation, 2006, pp. 1093 – 1103.

[34] X. Song, L. D. Seneviratne, and K. Althoefer, "A Kalman filter – integrated optical flow method

for velocity sensing of mobile robots," *IEEE/ASME Transactions on Mechatronics*, 16, 551 – 563, 2011.

[35] F. Fraundorfer and D. Scaramuzza, "Visual odometry: Part II: Matching, robustness, optimization, and applications," *IEEE Robotics & Automation Magazine*, 19, 78 – 90, 2012.

[36] T. J. Steiner, R. D. Truax, and K. Frey, "A vision – aided inertial navigation system for agile high – speed flight in unmapped environments: Distribution statement A: Approved for public release, distribution unlimited," in Aerospace Conference, IEEE, 2017, pp. 1 – 10.

[37] M. Hwangbo and T. Kanade, "Visual – inertial UAV attitude estimation using urban scene regularities," in 2011 IEEE International Conference on Robotics and Automation (ICRA), 2011, pp. 2451 – 2458.

[38] C. Troiani, A. Martinelli, C. Laugier, and D. Scaramuzza, "Low computatio – nalcomplexity algorithms for vision – aided inertial navigation of micro aerial vehicles," *Robotics and Autonomous Systems*, 69, 80 – 97, 2015.

[39] J. M. Roberts, P. I. Corke, and G. Buskey, "Low – cost flight control system for a small autonomous helicopter," in IEEE International Conference on Robotics and Automation, 2003 (ICRA'03), 2003, pp. 546 – 551.

[40] R. J. Moore, S. Thurrowgood, D. Bland, D. Soccol, and M. V. Srinivasan, "A stereo vision system for uav guidance," in IEEE/RSJ International Conference on Intelligent Robots and Systems, 2009. IROS 2009. 2009, pp. 3386 – 3391.

[41] M. Warren, P. Corke, and B. Upcroft, "Long – range stereo visual odometry for extended altitude flight of unmanned aerial vehicles," *The International Journal of Robotics Research*, 35, 381 – 403, 2016.

[42] Y. Song, S. Nuske, and S. Scherer, "A multi – sensor fusion MAV state estimation from long – range stereo, IMU, GPS and barometric sensors," *Sensors*, 17, 11, 2016.

[43] A. A. Proctor and E. N. Johnson, "Vision – only approach and landing," in AIAA Guidance, Navigation, and Control Conference and Exhibit, 2005.

[44] A. Wu, E. N. Johnson, and A. A. Proctor, "Vision – aided inertial navigation for flight control," JACIC, 348 – 360, 2005.

[45] N. Trawny, A. I. Mourikis, S. I. Roumeliotis, A. E. Johnson, and J. F. Montgomery, "Vision – aided inertial navigation for pin – point landing using observations of mapped landmarks," *Journal of Field Robotics*, 24, 357 – 378, 2007.

[46] J. Shang and Z. Shi, "Vision – based runway recognition for uav autonomous landing," *International Journal of Computer Science and Network Security*, 112 – 117, 2007.

[47] P. D. Groves, *Principles of GNSS, Inertial, and Multisensor Integrated Navigation Systems*. Artech House, 2013.

[48] G. Conte and P. Doherty, "Vision – based unmanned aerial vehicle navigation using geo – referenced information," *EURASIP Journal on Advances in Signal Processing*, 2009, 10, 2009.

[49] F. Lindsten, J. Callmer, H. Ohlsson, D. Törnqvist, T. B. Schön, and F. Gustafsson, "Geo – referencing for UAV navigation using environmental classification," in 2010 IEEE International

Conference on Robotics and Automation(ICRA),2010,pp. 1420 – 1425.

[50] Á. Gómez – Gutiérrez, J. J. Sanjosé – Blasco, J. Lozano – Parra, F. Berenguer Sempere, and J. D. Matías – Bejarano(2015). Does HDR pre – processing improve the accuracy of 3D models obtained by means of two conventional SfM – MVS software packages? The Case of the Corral del Veleta Rock Glacier. *Remote Sensing*,7,10269 – 10294.

[51] R. Gomez – Ojeda, Z. Zhang, J. Gonzalez – Jimenez, and D. Scaramuzza(2018). Learning – based image enhancement for visual odometry in challenging HDR environments, in 2018 IEEE International Conference on Robotics and Automation(ICRA),pp. 805 – 811.

[52] S. Poddar, R. Kottath, and V. Karar(2018). Evolution of Visual Odometry Techniques. CoRR, abs/1804. 11142.

[53] D. J. Hemanth, and V. V. Estrela(2017). *Deep learning for image processing applications, advances in parallel computing series*,vol. 31, IOS Press, ISBN 978 – 1 – 61499 – 821 – 1(print), ISBN 978 – 1 – 61499 – 822 – 8(online).

[54] M. A. de Jesus, V. V. Estrela, O. Saotome, and D. Stutz(2018) Super – resolution via particle swarm optimization variants. In: Hemanth V., Balas V. (eds) *Biologically Rationalized Computing Techniques For Image Processing Applications. Lecture Notes in Computational Vision and Biomechanics*, vol. 25. Springer, Cham.

[55] C. Wang, Z. Sun, X. Zhang, and X. Zhang(2017). Autonomous navigation of UAV in large – scale unknown complex environment with deep reinforcement learning. 2017 IEEE Global Conf. on Signal and Information Processing(GlobalSIP),858 – 862.

[56] J. A. Paredes, F. J. Álvarez, T. Aguilera, and J. M. Villadangos(2017). 3D indoor positioning of UAVs with spread spectrum ultrasound and time – offlight cameras. Sensors.

[57] F. Santoso, M. A. Garratt, and S. G. Anavatti(2017). Visual – inertial navigation systems for aerial robotics: Sensor fusion and technology. *IEEE Transactions on Automation Science and Engineering*,14,260 – 275.

[58] K. Ribeiro – Gomes, D. Hernández – López, J. F. Ortega, R. Ballesteros, T. Poblete, and M. A. Moreno(2017). Uncooled thermal camera calibration and optimization of the photogrammetry process for UAV applications in agriculture. Sensors,2017;17(10):2173.

[59] T. Adão, J. Hruska, L. Pádua, *et al.* (2017). Hyperspectral imaging: A review on UAV – based sensors, data processing and applications for agriculture and forestry. *Remote Sensing*,9,1110.

[60] H. Li, W. Ding, X. Cao, and C. Liu(2017). Image registration and fusion of visible and infrared integrated camera for medium – altitude unmanned aerial vehicle remote sensing. *Remote Sensing*,9,441.

[61] S. Siewert, V. Angoth, R. Krishnamurthy, *et al.* (2016). Software defined multi – spectral imaging for arctic sensor networks.

[62] M. Jaud, N. L. Dantec, J. Ammann, *et al.* (2018). Direct georeferencing of a pushbroom, lightweight hyperspectral system for mini – UAV applications. *Remote Sensing*,10,204.

[63] R. J. Aroma, and K. Raimond(2019) Intelligent Land Cover Detection in Multi – sensor Satellite Images. In: Ane B., Cakravastia A., and Diawati L. (eds), *Proceedings of the 18th Online*

World Conference on Soft Computing in Industrial Applications(WSC18). WSC 2014. *Advances in Intelligent Systems and Computing*, vol. 864. Springer, Cham.

[64] C. Li, S. X. Yang, Y. Yang, *et al.* Hyperspectral remote sensing image classification based on maximum overlap pooling convolutional neural network. *Sensors* 2018, 18, 3587.

[65] H. Zhao, Z. Wang, G. Jia, X. Li, and Y. Zhang(2018). Field imaging system for hyperspectral data, 3D structural data and panchromatic image data measurement based on acousto – optic tunable filter. *Optics Express*, 26, 13, 17717 – 17730.

[66] A. Lioulemes, G. Galatas, V. Metsis, G. L. Mariottini, and F. Makedon(2014). Safety challenges in using AR. Drone to collaborate with humans in indoor environments. PETRA.

[67] P. Schmuck(2017). "Multi – UAV collaborative monocular SLAM," in 2017 IEEE International Conference on Robotics and Automation(ICRA), pp. 3863 – 3870.

[68] X. Li, and T. Chen(2017). "Collaborative visual navigation for UAVs in blurry environment," in 2017 IEEE International Conference on Signal Processing, Communications and Computing (ICSPCC), pp. 1 – 6.

[69] S. Zhao, Z. Li, R. Cui, Y. Kang, F. Sun, and R. Song(2017). Brain – machine interfacing – based teleoperation of multiple coordinated mobile robots. *IEEE Transactions on Industrial Electronics*, 64, 5161 – 5170.

[70] S. M. Mahi(2018). Multi – Modal Multi sensor Interaction between Human and Heterogeneous Multi – Robot System. ICMI.

[71] C. T. Recchiuto, A. Sgorbissa, and R. Zaccaria(2016). Visual feedback with multiple cameras in a UAVs human – swarm interface. *Robotics and Autonomous Systems*, 80, 43 – 54.

[72] A. I. Mourikis and S. I. Roumeliotis, "A multi – state constraint Kalman filter for vision – aided inertial navigation," in Proc. 2007 IEEE International Conference on Robotics and automation, 2007, pp. 3565 – 3572.

[73] D. D. Diel, P. DeBitetto, and S. Teller, "Epipolar constraints for vision – aided inertial navigation," in 2005 Seventh IEEE Workshops on Application of Computer Vision. WACV/MOTIONS'05, 2005; 1:221 – 228.

[74] J. W. Langelaan, "State estimation for autonomous flight in cluttered environments," *Journal of Guidance Control and Dynamics*, 30, 1414, 2007.

[75] M. B. Rhudy, Y. Gu, H. Chao, and J. N. Gross, "Unmanned aerial vehicle navigation using wide – field optical flow and inertial sensors," *Journal of Robotics*, 2015, 1, 2015.

[76] F. Kendoul, I. Fantoni, and K. Nonami, "Optic flow – based vision system for autonomous 3D localization and control of small aerial vehicles," *Robotics and Autonomous Systems*, 57, 591 – 602, 2009.

[77] M. E. Antone and S. Teller, "Automatic recovery of relative camera rotations for urban scenes," in 2000 IEEE Conference on Computer Vision and Pattern Recognition, 2000, 282 – 289.

[78] C. Demonceaux, P. Vasseur, and C. Pégard, "UAV attitude computation by omnidirectional vision in urban environment," in 2007 IEEE International Conference on Robotics and Automation, 2007, pp. 2017 – 2022.

第5章 无人机系统建模与仿真

动态系统建模与仿真作为一种常用技术,在现代载人/无人系统发展中扮演着关键角色。本章论述了系统建模和仿真对无人机(UAV)的必要性,并分析该领域的发展历史、研究现状并展望未来。

5.1 建模和仿真的必要性

随着机器人系统、计算能力和无人机相关的技术发展,对动态建模和仿真的需求进一步提升。在快速实时计算能力保障下,动态仿真得以应用于控制器设计和快速原型、评估机器人的核心设计、虚拟传感器模拟和模型预测控制器开发中[1-2]。

此外,随着无人系统的行业发展,及其用于更复杂、更昂贵任务的趋势,在它们部署前的仿真测试变得至关重要[3]。事实证明,仿真测试在航空航天工业中能带来非常高的投资回报,并显著降低成本[4]。下面将介绍无人机行业中建模与仿真的三个关键应用。

5.1.1 控制系统设计

系统的动态建模被广泛用于多种应用的控制系统设计中。模型预测控制(MPC)是一种很有前途的控制策略,可以在具有多维状态空间的非线性系统上映射控制输入。精确的系统动力学模型和运动方程是MPC所必需的[5]。各种MPC策略,包括部分反馈线性化和计算扭矩控制,被用于机器人系统和无人机的控制。

仿真也是控制系统设计中的一个重要方面,因为它能够为快速原型和测试控制系统提供一个性价比高、省时的替代方案。仿真系统的使用允许开发者和工程师在很短的时间内调整控制系统的增益、参数,甚至试验不同的控制策略。

5.1.2 操作员培训

工程师和项目开发人员并不是唯一受益于建模和仿真的人。与飞行仿真在载人飞行系统和飞行员培训中的使用类似,无人机操作的仿真为操作员、远程飞行员和有效载荷专家提供重要的培训。由于不需要部署实体无人机,在仿真中进行培训可以大大节省成本。此外,可以模拟紧急场景,而没有损坏设备或财产的风险[6]。

使用传感器模型、虚拟现实或增强数据可以与无人机模拟器整合,以培训有效载荷操作员以及无人机飞行员。

下面介绍高校无人机操作员培训模拟器。

世界各地以航空为重点的领先大学已经采用了无人驾驶航空系统方案,并在这个不断增长的行业中主修。这些计划包括从无人机的设计和开发到培训飞行员和操作员。波音公司(Insitu),RQ-21A、"Scan Eagle"和"Integrator"无人机的开发商,已经为他们的ICOMC2地面控制站软件推出了大学培训计划,为学生提供软件仿真模型[7]。专门的无人机载荷模拟软件公司,如Simlat,也已经与世界各地的大学合作,包括德雷塞尔(Drexel)大学、安柏瑞德(Embry-Riddle)航空大学和麦考瑞(Macquarie)大学。这三所大学都有著名的无人机项目,为操作员培训和研究试验室提供其仿真软件[8-10]。

5.1.3 子系统开发与测试

无人机系统的仿真也被用于有效载荷和子系统的开发和测试。模拟器提供了一个与物理系统类似的反应和接口的平台,允许其用于模拟飞行。最近,人们对视觉系统进行了测试,并通过半实物(HIL)仿真开发了基于计算机视觉的应用[11]。仿真系统也被用于测试无线电数据链、地面站和其他接口。

5.2 历史与使用

以下部分将介绍航空领域的建模和仿真、计算仿真技术和平台的发展、无人机仿真投入使用如何塑造现代无人机的设计和测试。

5.2.1 早期航空

飞行平台的建模和仿真自诞生以来一直是航空领域的核心。分析的第一个真实模型是飞行中的鸟类,这些活模型塑造了乔治·凯利爵士早期的载人和无人滑翔机设计。乔治·凯利是19世纪初期欧洲航空研究领域的领先科学家之一,他的许多工程努力反映了鸟类的飞行[12],包括他的带有垂直和水平稳定器的比例模型滑翔机[13]。以典型的科学方式,当时的工程师定期报告有效和无效的新发现,并形成了以航空为基础的社会与他人分享想法。

对更好的测试和模拟方法的需求出现在航空业的黎明时期,因为许多设计师会在他们的创作中丧生。这促使莱特兄弟建立他们的风洞,使他们能够安全地记录前所未见的机翼形状和升力之间宏观关系的数据。这个风洞为他们提供了创建可控方向舵、扭转机翼和升降舵的数据[13]。

跟随莱特兄弟国家航空咨询委员会(NACA)的脚步,工程师们继续建造更大、功能更强大的风洞,以测试更先进的飞机设计[14]。在此期间,NACA还通过创建动态自由飞行模型与无线电控制的比例模型进行比较来关注可怕的尾旋[15]。

许多早期的手工计算和测试飞机的建模方法超过当时的工程师和飞行员[16],对航空推进现代化时代的需要取得突破。这将通过使用模拟计算机来模拟真实世界的条件并通过输出电压或物理机制的运动进行验证[17]。

5.2.2 第一次计算机仿真

在20世纪40年代,仿真计算机可以解决与时间相关的工程问题,如微分方程。他们天生擅长处理非线性飞行特性[18]。这导致了波音公司开发地对空无人驾驶飞机。当时波音公司制造了两台模拟计算机,一台用于模拟导弹飞行特性,另一台直接用于协助工程师设计子系统和设备。早期的采用者是空气动力学、机械、动力装置、结构和电气部门[19]。

随着对更先进飞机的需求不断增长,在仿真过程中发现允许试验飞行器方案以新的要求增长。原型和最著名的例子是X-15研究飞行器。X-15的建模、仿真和控制为水星和阿波罗计划奠定了良好的基础[20]。

建模最初很粗糙,只关注三维空间中的研究车辆。早期的模型很快被五自由度仿真所取代。该模型与有限的六自由度仿真同时运行,以提供清晰的控制属性。然而,这再次证明最终的六自由度模拟是不充分的。最终迭代的一个关键特征是进行了试点和无人测试[20]。

随着新技术进入市场和数字计算的普及,建模方法将适应和发展。这些方法将围绕线性、时不变动力学模型[21]构建。

5.2.3 无人机投入使用

尽管 UAV 一词是在20世纪50年代后期创造的,特别是定义在一次飞行后成功返回的能力,但无人驾驶飞机的主题可以追溯到第一次世界大战[22]。

这些早期的车辆是专门为在战时运送爆炸物而制造的。Kettering Bug 是 Orville Wright 和 Charles F. Kettering[23]开发的第一个也是主要的例子。Kettering 是代顿工程试验室公司(DELCO)的一名电气工程师和创始人,他带头开发了使用机械计算机、气压计和陀螺仪的飞机[24]。Kettering Bug 在飞行途中无法控制,因此操作员设置了早期版本的自动驾驶仪[23]。

第一次世界大战后,无人系统的吸引力和需求增长。然而在这段时期,它们通常被制作为火炮瞄准无人机。Radio-plane 制造的 OQ-2 已批量生产并获得广泛成功[25]。尽管利润丰厚的无人机仍面临着挥之不去的问题,无法安全返回阻碍了它们在更多应用中的应用,Charles Stark Draper 通过他的惯性导航系统改变这一点。Draper 致力改进当时的陀螺仪和加速度计,还可以测量物体姿态的微小变化并提出建议的控制输入[26]。这一新自动驾驶仪在美国空军 B-29 横贯大陆的飞行中得到验证。这一创新与全球定位系统相结合,导致了捕食者无人机的首次飞行和航空的新时代[27]。

5.2.4 商用和消费级无人机

在现代,无人机广泛用于商业,包括农业、测绘、森林服务、娱乐、电影摄影和执法。建模和仿真主要用于开发此类无人机的自动驾驶仪和飞行控制系统。HIL 仿真已成为非常流行的商用无人机测试和仿真工具[28]。

5.3 无人机动力学建模

各种技术被用于开发无人机的动态模型。许多方法源自用于对刚体、有人驾驶飞机和机器人系统进行建模的方法。本节深入研究术语、表示、参考系、广义运动方程和通常用于模拟固定翼和旋翼无人机动力学的特定模型。

5.3.1 模型表示方法

定义 1:系统的动态模型是一组表示系统行为随时间变化的数学方程。

动态模型可以用许多不同的形式表示,其中通常使用微分方程或线性方程组。这些方程捕捉系统状态随时间和输入变化的可变性和过程。

5.3.1.1 微分方程

对于物理系统的成功建模,必须获得定量的数学模型。因此,必须在仔细检查下表征动态参数,以便可以创建仿真。

由于飞机是动态系统,因此可以将它们的典型性视为微分方程。通常,飞机动力学采用时不变微分方程的形式启动建模过程,可以在以下方程中找到:

$$\frac{\mathrm{d}y}{\mathrm{d}t^n} + a_{n-1}\frac{\mathrm{d}^{n-1}y}{\mathrm{d}t^{n-1}} + \cdots + a_1\frac{\mathrm{d}y}{\mathrm{d}t} + a_0 y = b_0 u \tag{5.1}$$

式中:左边的项描述了被建模系统的物理速率,比如 $\mathrm{d}^{n-1}y/\mathrm{d}t^{n-1}$ 乘以常数 a_{n-1};右边的项描述了系统的输入。

生成精确的微分方程是系统建模的众多关键步骤中的第一步,因此设计人员可以提出潜在的改进建议。

5.3.1.2 状态空间表示

通过对更复杂的动力学方程进行简化,动态系统的状态空间表示可以在建模中发挥关键作用。状态空间表示常用于设计线性控制系统,包括常用的理论上最优线性二次调节器控制器。

典型情况可以在以下等式中找到(式中 $t \geq t_0$):

$$\dot{x} = Ax + Bu \tag{5.2}$$

$$y = Cx + Du \tag{5.3}$$

式中:x 是状态向量;y 是输出向量;u 是输入或控制向量;A 是系统矩阵;B 是输入矩阵;C 是输出矩阵;D 是前馈矩阵。

状态空间建模旨在定义"相位变量",其中后续状态变量可以定义为前一个状态变量的导数。使用状态空间方程,可以将二阶微分方程构建为耦合的一阶微分方程。

5.3.2 常用参考系

了解用于推导系统运动方程的各种参考系很重要。大多数机器人系统中使用的常用技术涉及惯性坐标系,以及每个刚体的坐标系。在大多数机器人场景中,机器人的基础坐标系被视为惯性坐标系,忽略地球的自转。然而,在高速航空航天和大部分轨道系统中,由于科里奥利力和地球自转产生的向心力的影响,惯性坐标系与旋转地球坐标系不同。

5.3.2.1 惯性参考系

在惯性参考系中,作用在其上的净力为零的物体具有零加速度,即该物体要么处于静止状态,要么以匀速直线运动[29]。

定义2:惯性参考系是一种以均匀、各向同性和与时间无关的方式描述时间和空间的参考系[30]。

系统运动方程的推导是参考惯性系完成的,因为牛顿第二定律是相对于惯性系[31]来表达的。惯性参考系可以放置在任意位置——日心惯性系的原点位于太阳中心,常用于轨道力学,而地心惯性系位于地球中心[32]。

5.3.2.2 地心参考系

一个惯性坐标系可以放置在地球中心而无需任何旋转——称为地心惯性(ECI)坐标系;但是,由于地球围绕其中心轴旋转,因此将坐标系方向固定在地球上也很有用——称为地心地球固定(ECEF)坐标系。在轨道力学中,ECI 坐标系是一个与固定恒星对齐的坐标系。然而,使用 ECEF 坐标系作为惯性参照系时的误差在地球大气层的较低区域可以忽略不计。因此,假设 ECEF 框架具有足够的"惯性"来验证牛顿第二定律[31]。

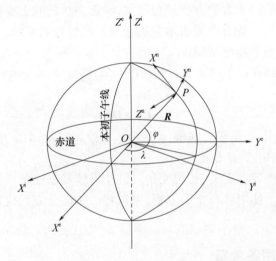

图 5.1 ECI(i)、ECEF(e)和导航(n)参考系[33]

图 5.1 描绘了两个以地球为中心的坐标系——ECI 坐标系,标有上标 i,ECEF 坐标系,标有上标 e。

5.3.2.3 导航参考系

局部参考系,也称为大地坐标系或导航(n)系,用于表示无人机的姿态、航向和速度到投影在无人机位置的地球表面的参考点[34]。常用的导航框架是东北地(NED)框架,其中:

(1) 原点置于无人机中心。
(2) X 轴指向真北方向。
(3) Y 轴指向东方向。
(4) z 轴向下指向地球中心。

图 5.1 描绘了经度 λ 和纬度 ϕ 的导航(n)参考系。从 ECEF 坐标系到 n 坐

标系变换是 $R_z(\lambda)R_x(\varphi)$。第 5.3.3.2 节更详细地讨论了旋转矩阵。

5.3.2.4 机体参考系

在物理系统中,建立身体固定框架允许建模者测量相对于其他框架和惯性轴的位置和方向。飞行器机身上的重心、压力中心、气动中心等飞行特性参数一般是相对于机身框架来测量的。通常,固定翼无人机采用右翼下参考,框架的 x 轴指向前方,y 轴指向飞机右侧,z 轴指向下方。这允许轻松转换到 NED 导航框架。

图 5.2 描绘了一个无人机机身参考系。

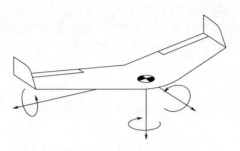

图 5.2　无人机上的机体参考系的表示[35]

5.3.3　状态变量的表示

随着动态模型变得越来越复杂,更简洁的符号表达也越来越重要。广义坐标允许动态建模者识别唯一适用于拉格朗日和牛顿—欧拉力学的动态参数。与许多模型一样,一个目标是创建详细规则,以便其他人可以遵循工作。

物理系统的广义坐标数等于系统的自由度数。例如,四轴飞行器将有 11 个独特的自由度,因此会产生 11 个广义坐标。希腊字母 λ 传统上被指定为广义坐标向量的变量。在四轴飞行器的例子中,伽马可以写成 $\gamma = [x, y, z, \phi, \theta, \psi, \theta_1, \theta_2, \theta_3, \theta_4]$,其中无人机的位置是根据 x, y 和 z 的。旋转角 ϕ, θ 和 ψ 分别围绕滚动、俯仰和偏航轴。剩下的四个自由度是固定螺距螺旋桨的位置。

状态空间中的物理位置和各自的速率包含用于发现系统基础数学的重要动态参数的详细信息。

$$x = [\gamma, \dot{\gamma}]^T \tag{5.4}$$

使用状态空间表示,建模者可以使用位置和速度来创建更好定义的模型。很多时候,动力学和控制会谈论飞机框架的相对性质,通常以飞机的重心为中心。再次回顾四轴飞行器的例子,模型必须能够用可用的术语来描述状态空间,以提供有形的关系。两种激增的技术结合了欧拉角和四元数,它们旨在描述身体固定框架的方向。

5.3.3.1 欧拉角

欧拉角描述了一个框架相对于另一个框架的位置。由于每个框架包含三个正交轴,因此有三个可能的欧拉角。然而,描述从一个框架旋转到下一个框架的过程可能有多种途径。因此,建模者寻求了一种能表明最终方位的旋转规则。这被表示为方向的最小表示,如下所示[36]:

$$\boldsymbol{\Phi} = [\phi, \theta, \psi]^{\mathrm{T}} \tag{5.5}$$

一般来讲,这里的 ϕ、θ 和 ψ 并不单一表示围绕某一轴的独立变量,而是分别表示紧凑的第一、第二和第三的旋转方式。

此外,为了描述固连于体模型上框架的方向,需要利用旋转矩阵的方式计算序列旋转。例如 ZYZ 或 ZYX,以及式(5.6)~式(5.8)所示分别表示绕 z、y 和 x 轴的旋转矩阵[36]:

$$\boldsymbol{R}_z(\phi) = \begin{bmatrix} \cos(\phi) & -\sin(\phi) & 0 \\ \sin(\phi) & \cos(\phi) & 0 \\ 0 & 0 & 1 \end{bmatrix} \tag{5.6}$$

$$\boldsymbol{R}_y(\theta) = \begin{bmatrix} \cos(\theta) & 0 & \sin(\theta) \\ 0 & 1 & 0 \\ -\sin(\theta) & 0 & \cos(\theta) \end{bmatrix} \tag{5.7}$$

$$\boldsymbol{R}_x(\psi) = \begin{bmatrix} 1 & 0 & 0 \\ 0 & \cos(\psi) & -\sin(\psi) \\ 0 & \sin(\psi) & \cos(\psi) \end{bmatrix} \tag{5.8}$$

在许多动态建模领域,采用 ZYZ 矩阵的逐次乘法足以计算复合旋转矩阵。然而,在航空模型的建模过程中,很多研究人员倾向于分别采用 ψ、θ 和 ϕ 表示 Z、Y 和 X 旋转。当它们按顺序相乘时,就会产生飞行器相对于内轴的最终定向。

5.3.3.2 旋转矩阵

为了表示刚体的相对位置和方向,必须在感兴趣的点上分配它与其他坐标框架的物理关系,这将有助于研究并获得更好的结果和仿真。为了表征坐标系的相对关系,采用了闭合式的分析解决方案。

在 ZYX 旋转的方式下,更详细的表示见式(5.9)[36]。为了表示简洁,可以使用以下速记方式:将 $\cos(\lambda)$ 和 $\sin(\lambda)$ 简写为 c_λ 和 s_λ,其中 λ 是一个任意的旋转角度[36]。

$$\begin{aligned} \boldsymbol{R}(\boldsymbol{\Phi}) &= R_z(\phi) R_y(\theta) R_x(\psi) \\ &= \begin{bmatrix} c_\phi c_\theta & c_\phi s_\theta s_\psi - s_\phi c_\psi & c_\phi s_\theta c_\psi + s_\phi s_\psi \\ s_\phi s_\theta & c_\phi s_\theta s_\psi + c_\phi c_\psi & s_\phi s_\theta c_\psi - c_\phi s_\psi \\ -s_\theta & c_\theta s_\psi & c_\theta c_\psi \end{bmatrix} \end{aligned} \tag{5.9}$$

式中：Φ 表示相对于连接到飞机质心的固定框架的旋转[36]。方程式(5.9)显示了旋转矩阵的相对简单的性质。然而，如果发生云台锁定，则基于欧拉角的旋转矩阵会误解飞机的方向。

5.3.3.3 四元数

尽管欧拉角与旋转矩阵一起被广泛使用，但由于欧拉角的固有问题，有很多时候它们并不是最佳的。最突出的问题是与云台锁定条件有关。在云台锁定条件下，三个旋转轴中至少有两个是对齐的。当惯性测量单元(IMU)和机械系统无法从逻辑上处理对齐问题时，云台锁定就会生效[37]。一旦生效，姿态参考系统就不再报告可用的数据。

使用四元数模型有助于克服尽可能多的缺陷。基于单位四元数的模型可以描述满足云台条件机体的方向，而没有对齐问题。虽然单个欧拉角可以初步定义它们，但对于初始坐标系结合旋转角 θ 和单位旋转向量 $\bm{r} = [r_x, r_y, r_z]^\mathrm{T}$ 的定义是更完备的。方程式(5.11)显示了 θ, r 和单位四元数之间的关系。

$$Q = \{\eta, \bm{\varepsilon}\} \qquad (5.10)$$

式中：Q 由以下公式定义[36]：

$$\eta = \cos\left(\frac{\theta}{2}\right) \qquad (5.11)$$

及

$$\bm{\varepsilon} = \cos\left(\frac{\theta}{2}\bm{r}\right) = [\bm{\varepsilon}_x, \bm{\varepsilon}_y, \bm{\varepsilon}_z]^\mathrm{T} \qquad (5.12)$$

式(5.11)计算四元数刻度部分，式(5.12)计算向量部分。值得注意的是，式(5.10)、式(5.12)需要考虑以下公式[36]。

$$\eta^2 + \bm{\varepsilon}_x^2 + \bm{\varepsilon}_y^2 + \bm{\varepsilon}_z^2 = 1 \qquad (5.13)$$

这些基本关系规定了单位四元数的名称，并表明单位四元数相对于旋转矩阵及其转置是不变的。

很多时候，建模者喜欢查看某个四元数的旋转矩阵。这可以从以下公式中看出[36]。

$$R(\eta, \bm{\varepsilon}) = \begin{bmatrix} 2(\eta^2 + \bm{\varepsilon}_x^2) - 1 & 2(\bm{\varepsilon}_x\bm{\varepsilon}_y - \eta\bm{\varepsilon}_z) & 2(\bm{\varepsilon}_x\bm{\varepsilon}_z + \eta\bm{\varepsilon}_y) \\ 2(\bm{\varepsilon}_x\bm{\varepsilon}_y - \eta\bm{\varepsilon}_z) & 2(\eta^2 + \bm{\varepsilon}_y^2) - 1 & 2(\bm{\varepsilon}_y\bm{\varepsilon}_z - \eta\bm{\varepsilon}_x) \\ 2(\bm{\varepsilon}_x\bm{\varepsilon}_z - \eta\bm{\varepsilon}_y) & 2(\bm{\varepsilon}_y\bm{\varepsilon}_z - \eta\bm{\varepsilon}_x) & 2(\eta^2 + \bm{\varepsilon}_x^2) - 1 \end{bmatrix} \qquad (5.14)$$

此外，可以找到逆求解问题的封闭解。其中，利用式(5.14)可以找到 η 和 $\bm{\varepsilon}$。这可以通过利用以下方程来实现[36]。

$$\bm{R} = \begin{bmatrix} r_{11} & r_{12} & r_{13} \\ r_{21} & r_{22} & r_{23} \\ r_{31} & r_{32} & r_{33} \end{bmatrix} \qquad (5.15)$$

$$\eta = \frac{1}{2}\sqrt{r_{11}+r_{22}+r_{33}+1} \tag{5.16}$$

$$\boldsymbol{\varepsilon} = \frac{1}{2}\begin{bmatrix} \operatorname{sgn}(r_{32}-r_{23})\sqrt{r_{11}-r_{22}-r_{33}+1} \\ \operatorname{sgn}(r_{13}-r_{31})\sqrt{r_{22}-r_{33}-r_{11}+1} \\ \operatorname{sgn}(r_{32}-r_{23})\sqrt{r_{33}-r_{11}-r_{22}+1} \end{bmatrix} \tag{5.17}$$

需要注意的是,当$x \geqslant 0$时,$\operatorname{sgn}(x)=1$;当$x<0$时,$\operatorname{sgn}(x)=-1$。此外上式中可以看出$\eta \geqslant 0$,相当于$\theta \in [-\pi,\pi]$。因此,所有的旋转都不会引起奇异性[36]。

与基于欧拉角的旋转矩阵一样,四元数旋转也可以依次用于帧间方向的建模。然而,这必须通过四元数乘积算子"$*$"来实现。基于四元数的矩阵乘法的扩展视图可参见下式[36]:

$$Q_1 Q_2 = \{\eta_1 \eta_2 - \boldsymbol{\varepsilon}_1^{\mathrm{T}}\boldsymbol{\varepsilon}_2, \eta_1 \boldsymbol{\varepsilon}_2 + \eta_2 \boldsymbol{\varepsilon}_1 + \boldsymbol{\varepsilon}_1 \times \boldsymbol{\varepsilon}_2\} \tag{5.18}$$

尽管一开始四元数似乎令人生畏,但它们不受欧拉角旋转缺陷的影响,这是一个很重要的激励因素。

例1(四元数的定义):

在下面的例子中,我们将介绍四元数定义的基本要素。与基于欧拉角的旋转矩阵类似,定义参数可以通过旋转矩阵的反转等于原矩阵来实现求解。因此,当$Q_1^{-1} = Q_2$时,四元数是$\{1,0\}$。

状态参数、参考坐标系和方向的表示对建立系统的动力学模型至关重要。有了这些,就可以建立刚体属性和方程来推导出系统的运动方程。

5.3.4 系统运动方程推导

系统的运动方程是一组数学方程——通常是一组微分方程,也可以表示为一个线性系统方程。运动方程描述了系统对各种输入和状态随时间变化的反应。在线性和角动量守恒的基础上,使用各种方法来推导系统的运动方程。流行的方法,包括欧拉-拉格朗日和牛顿-欧拉方法也是基于牛顿第二定律的核心概念。

为了简化建模过程,我们做了某些假设[31]。

假设1: 假设无人机是一个刚体,即无人机上任何两个任意点之间的距离是固定的,并且不随时间而变。

假设2: 假设无人机的质量是恒定的。即使是内燃机和涡轮机,这个假设在短时间内也是成立的。

假设3: 假设无人机的质量分布是时不变的。

5.3.4.1 动量守恒

线性和角动量守恒方程始于牛顿第二定律$\boldsymbol{f} = m\boldsymbol{a}$。其中$\boldsymbol{f}$是质量体$m$相对

于惯性参考系的力的向量,a 是质量体相对于同一参考系的加速度的向量。

从牛顿第二定律出发,通过假设 2,可以得出以下关系。

$$m\frac{dV_P}{dt} = mg + F_A + F_T \tag{5.19}$$

式中:V_P 是机体的速度;g 是重力加速度;F_A 是机体的空气动力;F_T 是机体的推力[31]。

1) 线性动量守恒

方程(5.19)是关于 ECI 坐标系的,对于无人机机身框架来说更有用。为了推导出机体框架下的线性动量守恒方程,可以进行这种转换:

$$m(\dot{U} + QW - RV) = mg_x + F_{A,x} + F_{T,x} \tag{5.20}$$

$$m(\dot{V} + UR - PW) = mg_y + F_{A,y} + F_{T,y} \tag{5.21}$$

$$m(\dot{W} + PV - QU) = mg_z + F_{A,z} + F_{T,z} \tag{5.22}$$

式中:U、V 和 W 分别是体坐标系的 x、y 和 z 方向上的速度分量,P、Q 和 R 分别是围绕体框架的 $x-$、$y-$ 和 $z-$ 轴的旋转速率[31]。

2) 角动量守恒

角动量守恒方程也是由式(5.19)导出的。达成以下方程:

$$\dot{P}J_{xx} - \dot{R}J_{xz} - PQJ_{xz} + RQ(J_{zz} - J_{yy}) = L_A + L_T \tag{5.23}$$

$$\dot{Q}J_{yy} - PR(J_{xx} - J_{zz}) + (P^2 - R^2)J_{xz} = M_A + M_T \tag{5.24}$$

$$\dot{R}J_{zz} - \dot{R}J_{xz} + PQ(J_{yy} - J_{xx}) + QRJ_{xz} = N_A + N_T \tag{5.25}$$

式中:J 是飞机的惯性张量;L、M 和 N 分别是关于机身坐标 x、y 和 z 方向的力矩;下标 A 表示空气动力效应的力矩;下标 T 表示推力的力矩[31]。

5.3.4.2 欧拉-拉格朗日方法

对于有多个体的更复杂的系统(假设 1 不成立),需要采取其他方法。用于动态建模的欧拉-拉格朗日方法是一种方法,它也能产生闭合解的运动方程。

欧拉-拉格朗日方法能够模拟具有复杂动态耦合的多体系统的运动方程。欧拉-拉格朗日基本公式为

$$f = \left(\frac{d}{dt}\left(\frac{\partial L}{\partial \dot{\gamma}}\right) - \frac{\partial L}{\partial \gamma}\right)^T \tag{5.26}$$

式中:L 是多系统的拉格朗日量,由总动能 K 和势能之差 U 定义;f 是广义力的向量;γ 为广义坐标[37]。

一个系统的动能可以参照惯性参考坐标系用公式计算出来:

$$K = \sum_i \left(\frac{1}{2}m_i \dot{r}_i^T \dot{r}_i + m_i \dot{r}_i^I T_i r_{i,cm} + \frac{1}{2}\text{trace}({}^I\dot{T}_i \hat{J}_i^I \dot{T}_i^T)\right) \tag{5.27}$$

式中：r_i 为从惯性参考坐标系的原点到机体 i 坐标系原点的向量；m_i 为机体 i 的质量；${}^1T_i$ 为机体 i 坐标系到惯性参考框架的变换矩阵；$r_{i,cm}$ 为从机体 i 坐标系的原点到相对于机体 i 坐标系测量的质量中心的向量；$\hat{J}_i$ 为机体的伪惯性张量，定义如下：

$$\hat{J}_i = \frac{1}{2}\text{trace}(J_i)\boldsymbol{I} - J_i \tag{5.28}$$

式中：J_i 是真实的惯性张量；$\boldsymbol{I}$ 是一个三维的单位矩阵[37]。

系统的势能可以用如下公式计算出来：

$$\sum_i ([0,0,g_z](r_i + {}^1T_i r_{i,cm}))m_i \tag{5.29}$$

式中：g_z 是重力加速度。

式(5.26)中的欧拉－拉格朗日公式可以重新排列为以下形式：

$$f = H(\boldsymbol{\gamma})\ddot{\boldsymbol{\gamma}} + c(\boldsymbol{\gamma},\dot{\boldsymbol{\gamma}}) + g(\boldsymbol{\gamma}) \tag{5.30}$$

式中：$H(\boldsymbol{\gamma})$ 是系统质量矩阵写成广义坐标的函数；$c(\boldsymbol{\gamma},\dot{\boldsymbol{\gamma}})$ 是科里奥利力和向心力的向量；$g(\boldsymbol{\gamma})$ 是系统的重力向量[37]。方程式(5.30)可以重新排列，以求解广义加速度 $\ddot{\boldsymbol{\gamma}}$，如下所示。

$$\ddot{\boldsymbol{\gamma}} = H^{-1}(\boldsymbol{\gamma})(f - c(\boldsymbol{\gamma},\dot{\boldsymbol{\gamma}}) - g(\boldsymbol{\gamma})) \tag{5.31}$$

然后，可以对广义的加速度进行整合以模拟系统的模型。

动量守恒方程式(5.20)～式(5.25)或使用欧拉－拉格朗日公式得出的方程式(5.31)都可以用于大多数无人机系统。如果无人机有许多复杂的动态耦合体串联，或者需要采用数值积分方法，则可以采取牛顿－欧拉方法。

5.3.4.3　牛顿－欧拉递归法

用于动态建模的牛顿－欧拉(递归)方法是基于平移运动的牛顿方程的一般框架：

$$f_i - f_{i+1} + m_i g = m_i \ddot{r}_{i,cm} \tag{5.32}$$

和旋转运动的欧拉方程：

$$\tau_i + \tau_{i+1} + f_i \times {}_{i-1}r_{i,cm} - f_{i+1} \times r_{i,cm} = J_i \dot{\boldsymbol{\omega}}_i \times J_i \boldsymbol{\omega}_i \tag{5.33}$$

式中：τ_i 是机体 i 的广义扭矩向量；${}_{i-1}r_{i,cm}$ 是前一帧机体 i 的原点到质量中心的向量；$\boldsymbol{\omega}_i$ 是前一帧到当前帧的角速度向量[38]。

牛顿－欧拉方法是通过前向递推进行的，从惯性坐标系开始，沿着链条向上，计算每个关节末端的线性加速度和角加速度，然后通过后向递推，从末端效应器开始，回到惯性坐标系，使用式(5.32)和式(5.33)所示的牛顿和欧拉方程计算每个关节力和扭矩的向量。这些方程被用来解决系统的正向动力学问题。调用牛顿－欧拉动力学函数 $NE0(\boldsymbol{\gamma},\dot{\boldsymbol{\gamma}},\ddot{\boldsymbol{\gamma}},g)$ 执行牛顿－欧拉方法的步骤，并返回

映射在广义坐标 γ 中的力和扭矩的向量[38]。

使用牛顿-欧拉递归法可以生成在式(5.31)中定义的同样格式的运动方程。系统质量矩阵 $H(\gamma)$ 用以下公式计算:

$$H(\gamma) = [\text{NEO}(\gamma,0,e_1,0_3), \text{NEO}(\gamma,0,e_2,0_3),\cdots,\text{NEO}(\gamma,0,e_n,0_3)] \quad (5.34)$$

系统质量矩阵的每一列通过牛顿-欧拉方法形成,其中第 i 列将广义加速度作为 i 维方向的单位向量。通过牛顿-欧拉方法,将广义加速度作为输入,构成系统质量矩阵的 i 列。科里奥利力、向心力、引力和摩擦力的向量是通过运行牛顿-欧拉递归方程,将零向量作为广义加速度来构建的[38]。

$$c(\gamma,\dot{\gamma}) + g(\gamma) = \text{NEO}(\gamma,\dot{\gamma},0,g) \quad (5.35)$$

在闭式运动方程由于内存或计算资源的有效而不可行的情况下,可以采用牛顿-欧拉递推方法对大型复杂系统进行数值积分。

5.3.5 飞行物理模型

以上讨论的任何方法都可以用来推导出系统的一般化运动方程。然而,具体的力和力矩,如由于空气动力学效应和推力而需要估计在每个轴上产生的力和力矩。分析性或经验性的物理模型可用于开发特定无人机的方程组,为其力和力矩建模。

5.3.5.1 固定翼飞行器

固定翼飞机飞行的空气动力和力矩可以用许多不同的方法来模拟,包括空气动力方程、风洞分析、计算流体力学和系统识别。纳波利塔诺(Napolitano)的《飞机动力学》《从建模到仿真》详细描述了各种空气动力和力矩以及可用于建模的方程式[31]。

1)风洞分析

第一个现代风洞的设计和建造归功于弗兰克-H-威廉姆斯,他是英国航空学会的成员。莱特兄弟曾使用风洞来设计他们的飞机,美国国家航空航天局从20世纪20年代开始使用风洞来测试和分析飞机[39]。

风洞提供了高保真和低风险的方法来研究空气动力学效应。风洞允许对实际和大部分比例模型进行测试,以模拟真实的飞行。然而,风洞非常昂贵,获得有用的数据非常耗时[31]。

2)计算流体动力学

随着计算系统的进步,以及能够同时进行大量并行计算,这种系统可以用来模拟流体流动。计算流体动力学(CFD)分析使用数值方法来解决和分析涉及流体流动的问题。CFD 问题是基于定义单相流动的纳维尔-斯托克斯(Navier-Stockes)方程。自20世纪80年代以来,二维解决方案和代码一直用于空气动力学分析,最近又引入了二维代码,为逼近飞行模型提供了一种非常强大且成本低的工具[31]。

3)系统识别

当一组模型方程可用时,估计模型参数的常用方法是系统识别,也称为参数识别。系统识别也用于机器人技术来估计多连杆机器人机械手的静态和动态参数[36]。

固定翼飞行建模的系统识别是一种用于模拟飞机空气动力学行为的最新方法。该方法需要基于估计和通用模型来开发数学模型,然后使用从飞行中收集的数据来拟合模型。自 20 世纪 50 年代以来,NASA 一直使用经验模型匹配技术,NASA Dryden 中心的研究人员开始使用系统识别技术来近似飞行模型。最大似然估计是第一个被使用的系统识别方法,也有助于航天飞机的动力学建模和模拟开发[31]。

这些建模和近似方法已经被开发用于类似于有人驾驶飞机的无人机,并持续发展。

5.3.5.2 多旋翼和垂直起降无人机

多旋翼和垂直起降(VTOL)无人机是该行业的新生力量。因此,还没有明确开发出许多新方法来模拟它们的空气动力学。然而,低速飞行的假设使我们能够开发一个近似的飞行动力学模型。由于多旋翼和多个刚体的物理特性,可以采用机器人方法对动力学进行建模。

1)机器人方法

在为多旋翼和垂直起降(VTOL)无人机设置坐标系时,系统动能和势能方程可以通过式(5.27)和式(5.28)推导出。然后可以使用欧拉-拉格朗日方法来推导经典机器人系统的运动方程。

2)力和力矩的建模

多旋翼和 VTOL 飞行器的力和力矩可以用简单的螺旋桨方程、受力分析图和简化的气动阻力方程来建模。例如,螺旋桨推力和转矩可以通过简单的二次方程关系映射到每分钟电机转速(RPM)。

5.4 飞行动力学模拟

一个系统的动力学模型可以用于模型预测控制仿真,对于几乎所有的其他应用,仿真是必要的。该模型本质上是描述系统动态行为和响应的一系列方程。方程可以重新排列,用于计算加速度,并对速度和位置进行积分。

5.4.1 运动方程积分

在前面的章节中,动态模型已经被用来寻找物理系统的运动方程。这些方程通常显示为二阶微分方程,如牛顿第二定律。这些是运动的速率,依赖当前状态和时间等外部因素。由于建模者不仅要考虑加速度,还要考虑速度和位置作为时间的函数,因此有必要找到闭式的解析解或计算方法[40]。

在任何一种情况下,一旦求解出了运动方程的解,就可以被建模者用于仿真模拟。人们利用这些模拟通过新的输入和变量进行测试试验,来确定模型的反应。此外,模拟是成本较低的方案,可以资助设计和建立完整的系统或在体验式飞行器上部署代码。

下面的小节将概述行业中用于生成动态模型解决方案的技术。

5.4.1.1 欧拉方法

在现代计算方法出现之前,分析积分使用笔和纸来寻找微分方程的解。在早期的计算方法之前,显式欧拉方法是手动求解的。要通过现代方法求解,必须将方程离散化,然后在不同的时间步长进行评估。传统上,这种方法用于解决初值问题和相关的微分方程[40]。

对于式(5.36)这样的微分方程,可以通过重新排列式(5.37)中的导数定义来形成解:

$$\frac{dy}{dt} = \dot{y} = f(t, y(t)), y(t_0) = y_0 \tag{5.36}$$

$$\dot{y}(t) = \lim_{\delta \to 0} \frac{y(t+\delta) - y(t)}{\delta} \tag{5.37}$$

为了简化式(5.37),δ 可以定义为一个小的正时间步长。因此,可以使用1.38n 的这种近似值。

$$\dot{y} \approx \frac{y(t+\delta) - y(t)}{\delta} \tag{5.38}$$

因此,将式(5.38)重新排列为式(5.39),并代入 $t_{n+1} = t_n + \delta$ 和 $y_n = y_n(t_n)$ 后,可在式(5.40)[41]中找到解如下:

$$y(t+\delta) - y(t) \approx \dot{y}\delta \tag{5.39}$$

$$y_{n+1} \approx \dot{y}_{n}\delta + y_n \tag{5.40}$$

通过对式(5.40)进行一系列时间步长的评估,可以找到原微分方程的积分。利用这种方法,从动力学模型中的二阶微分方程出发,第二次得到系统的位置。

5.4.1.2 龙格-库塔(Runga-Kutta)方法

一个更现代的数值积分处理技术的动机,是在特定的初值问题上使用泰勒方法来获得独立性。这些技术不依赖于待研究的函数微分,因而可以作为通用的常微分方程求解器。

最简单的 RK 方法恰如其分地命名为 RK-2,它包含泰勒级数解释中关于 t_0 的两个第一低阶项。

从初值问题出发,见式(5.36),可以找到式(5.36)导数的估计。假设初始条件已知的初始时刻 t_0,我们得到如下方程:

$$k_1 = f(t_0, y^*(t_0)) \tag{5.41}$$

式中:$y^*(t)$ 是导数在时刻 $t = t_0 + \delta$(端点法)或 $t = t_0 + \dfrac{\delta}{2}$(中点法)上的近似。下一步是用 k_1 来估计 k_2。下面针对 RK-2 算法的方程将概述中点法的使用[42]:

$$y_1\left(t_0 + \frac{\delta}{2}\right) = y^*(t_0) = k_1\frac{\delta}{2} \tag{5.42}$$

然后,对导数 k_2 的估计如下:

$$k_2 = f\left(t_0\frac{\delta}{2}, y_1\left(t_0\frac{\delta}{2}\right)\right) \tag{5.43}$$

利用 k_1 和 k_2,可以找到所有时刻步骤的估计值。

$$y(t_0 + \delta) = y^*(t_0) + k_2\delta \tag{5.44}$$

要完全实现 RK-2 算法,必须在整个仿真过程中递归计算 k_1、y_1、k_2 和 y^* [41]。

RK 方法中使用较多的是 RK-4,它通过找到 k_3 和 k_4 包含了对泰勒级数关于 t_0 的高阶项解释。

同样,该方法从式(5.36)中的初值问题开始,作为式(5.36)导数的估计,由此产生项 k_1、k_2、k_3 和 k_4。假设已知的初始时刻 t_0,则在该时间段内:

$$k_1 = f(t_0, y^*(t_0)) \tag{5.45}$$

$$k_2 = f\left(t_0 + \frac{\delta}{2}, y^*(t_0) + k_1\frac{\delta}{2}\right) \tag{5.46}$$

$$k_3 = f\left(t_0 + \frac{\delta}{2}, y^*(t_0) + k_2\frac{\delta}{2}\right) \tag{5.47}$$

$$k_4 = f(t_0 + \delta, y^*(t_0) + k_3\delta) \tag{5.48}$$

最后,利用下列方程可以找到估计 $y(t_0 + \delta)$ 的方程[41]:

$$y(t_0 + \delta) = y(t_0) + \frac{k_1 + 2k_2 + 2k_3 + k_4}{6}\delta \tag{5.49}$$

在动力学模型导出的二阶微分方程上依次使用 RK-4 积分,可以为建模人员和工程师提供物理体模拟的更多启发。

5.5 小结

本章回顾了无人驾驶飞机行业对建模和仿真的需求,当下的发展情况,以及一些基本的概念。此外,计算技术的进步带来了更多的参考案例和对模拟仿真技术的改进。动态仿真建模已经成为无人机项目设计和开发的一个重要组成部分,节省了大量成本和时间。

参考文献

[1] Ivaldi S, Padois V, and Nori F. Tools for dynamics simulation of robots: A survey based on user feedback. Paris, France: Sorbonne Universite; 2014. Report No. : arXiv: 1402. 7050vl. Supported by the EU Project CODYCO(FP7 – ICT – 2011 – 9, No. 600716).

[2] Wu X, Figueroa H, and Monti A. Testing of digital controllers using realtime hardware in the loop simulation. In: 2004 IEEE 35th Annual Power Electronics Specialists Conference(IEEE Cat. No. 04CH37551). vol. 5; 2004. p. 3622 – 3627.

[3] Muraleedharan N, Isenberg DR, and Gentilini I. Recreating planar free – floating environment via model – free force – feedback control. In: 2016 IEEE Aerospace Conference; 2016. p. 1 – 12.

[4] Carter JR. A business case for modeling and Simulation. U. S. Army Aviation and Missile Research, Development, and Engineering Center; 2011. Report No. : RD – AS – 01 – 02.

[5] Pappu MR. Online Model Predictive Control of a Robotic System by Combining Simulation and Optimization[Master of Science in Technology]; 2015.

[6] Wu J, Wang W, Zhang J, et al. Research of a kind of new UAV training simulator based on equipment simulation. In: Proceedings of 2011 International Conferenceon Electronic MechanicalEngineeringandInformationTechnology. vol. 9; 2011. p. 4812 – 4815.

[7] Insitu. Insitu – ICOMC2 – University Training Program; 2018. Available from: https://www. insitu. com/information.

[8] Simlat. Simlat has delivered an advanced UAS Training and Simulation Classroom to Embry – Riddle Aeronautical University campus at Prescott, AZ. 2017.

[9] Simlat. Drexel University to use Simlat C – STAR Simulation System in ASSURE human factors research. Drexel University at Philadelphia, PA. 2017.

[10] Simlat. Simlat delivered advanced simulation – based research lab to Macquarie University in Sydney, Australia. 2017.

[11] Ma O, Flores – Abad A, and Boge T. Use of industrial robots for hardware – in – the – loop simulation of satellite rendezvous and docking. Acta Astronautica. 2012; 81(1): 335 – 347.

[12] Ackroyd JAD. Sir George Cayley: The invention of the aeroplane near Scarborough at the time of Trafalgar. Journal of Aeronautical History. 2011; 1(06): 130 – 136.

[13] Bilstein RE. Flight in America. The Johns Hopkins University Press; 1994.

[14] Air SN, Museum S. The NACA/NASA Full Scale Wind Tunnel; 2015. Available from: https://www. airandspace. si. edu/stories/editorial/nacanasa – full – scale – wind – tunnel. com.

[15] Chambers J. The Role of Dynamically Scaled Free – Flight Models in Support of NASA's Aero-

space Programs. Library of Congress;2009.

[16] Day DA. Computers in Aviation;2002. Available from:https://www.cen-tennialofflight.net/essay/Evolution_of_Technology/Computers/Tech37.htm.

[17] Bochannek A. Why Analog Computers? 2013. Available from:https://www.computerhistory.org/atchm/why-analog-computer/.com.

[18] Wallmann R. Analog Computer;2007. Available from:https://www.smecc.org/analog_computers.htm.

[19] Small JS. The Analogue Alternative:The Electronic Analogue Computer In Britain and USA, 1930-1975. Routledge;2001.

[20] Copper NR. X-15 Analog Flight Simulation Program;1961. Available from:https://www.omputer.org/csdl/proceedings/afips/1961/5058/00/50580623.pdf.

[21] Stengel RF. Flight Dynamics. Princeton University Press;2004.

[22] Stamp J. World War 1:100 Years later;2013. Available from:https://www.smithsonianmag.com/arts-culture/uumanned-drones-have-been-around-since-world-war-i16055939/.

[23] Miller R. The First Drones,Used in World War 1;2003. Available from:https://io9.gizmodo.com/the-first-drones-used-in-world-war-i-453365075.

[24] Jeffries Z. Charles Franklin Kettering 1876-1958. National Academy of Sciences;1960.

[25] Turcker FJR. The Pioneers Aviation and Aeromodelling-Interdependent Evolution and Histories;2005. Available from:www.cite.monash.edu.au/hargrave/righter6_part1.html.

[26] Diaz M. The Father of Inertial Guidance;2005. Available from:http://www.nmspacemuseum.org/halloffame/index.php?type?search.

[27] Harris-Para B. 100 Years of Sustained Power Flight History;2003. Available from:https://www.faa.gov/education/educators/curriculum/k12/media/K-12_One_Hundred_Years_of_Sustained_Flight.pdf.

[28] Jung D,and Tsiotras P. Modeling and Hardware-in-the-Loop Simulation for a Small Unmanned Aerial Vehicle. In:AIAA Infotech Aerospace 2007 Conference and Exhibit;2007.

[29] Fields D,editor,and Galilean Relativity. University of New Mexico;2015.

[30] Landau LD,and Lifshitz EM. Mechanics. Pergamon Press;1960.

[31] Napolitano MR. Aircraft Dynamics:From Modeling to Simulation. John Wiley and Sons,Inc.;2012. Physics 262-01.

[32] Colasurdo G. Astrodynamics. Politecnico di Torino,Space Exploration and Development Systems;2006.

[33] Chu T,Guo N,Backen S,et al. Monocular Camera/IMU/GNSS Integration for Ground Vehicle Navigation in Challenging GNSS Environments. 201212;12:3162-85.

[34] Noureldin A,Karamat TB,and Georgy J. Fundamentals of Inertial Navigation,Satellite-based Positioning and their Integration. Springer;2013.

[35] Beyeler A,Jean-Christophe,and Floreano Z. Vision-based control of near-obstacle flight. Autonomous Robots. 2009;27:201.

[36] Sciavicco L, and Siciliano B. Modelling and Control of Robot Manipulator. Springer;2000.

[37] Muraleedharan N, Cohen DS, and Isenberg DR. Omnidirectional locomotion control of a pendulum driven spherical robot. In:SoutheastCon 2016;2016. p. 1 – 6.

[38] Muraleedharan N. Development of an Emulated Free – Floating Environment for on – Earth Testing of Space Robots[Master of Science in Mechanical Engineering].

[39] Baals DD, and Corliss WR. Wind Tunnels of NASA. Independently Published. 2018.

[40] Myers AC. Introduction to Numerical ODE Integrations Algorithms;1999. Available from:pages. physics. cornell. edu/myers/teaching/Computational Methods/ComputerExercises/Pendulim/NumericalODE. pdf.

[41] Sauer T. Numerical Analysis. Person;2012.

[42] Bishop RCDR. Modern Control Systems. Person;2011.

第6章　基于视觉的无人机导航与制导中的多传感器数据融合

传感器技术领域的重大进步,以及大批量生产带来的规模经济效益,推动了导航传感器的微型化,使无人机系统(UAS)的广泛低成本集成变为可能。然而,由于压缩导航传感器的尺寸、重量和成本会导致其准确性和精确性降低,因此在小型 UAS 应用中不会选择仅使用单一的传感器。而且在 UAS 导航系统中使用多传感器测量的融合,可以获得比使用单一传感器更高的准确性、完好性和更新率。本章介绍在 UAS 中所用状态估计方法的基本原理,给出不同的传感器集成架构,并评估它们的特点及得失。鉴于递归最优估计算法在各种类型的 UAS 中得到了广泛应用,因此本章内容重点放在递归最优估计算法上,例如卡尔曼滤波器(KF)及其变体。在全球卫星导航系统拒止环境中提供稳健导航性能的需求,以及视觉传感器的快速发展,推动了多种(主要)使用视觉传感器测量与惯性传感器集成的方法的发展。因此,本章向读者介绍了当前最流行的视觉-惯性传感器集成系统架构,以便理解当前最先进的技术并明确未来的研究途径。

6.1　引言

在过去五年中,小的体积、重量、功率和成本(SWaP – C)的 UAS 的商业用例大量涌现。其中一些应用(如包裹递送和监视等)通常需要在人口稠密地区上空飞行,一旦导航系统性能下降,则可能导致伤害事件和/或责任风险。大多数无人机依靠全球卫星导航系统(GNSS)来得到无偏的绝对定位,并使用赛博-物理系统范式进行检核[1]。然而,基于 GNSS 的定位受制于多种误差和故障模型,这些都会影响其准确性、完好性和可用性。在密集城市环境中尤其脆弱,会出现可见卫星少以及由多径信号引起的误导信息,导致彻底丢失服务,进而造成引导不稳定的风险增大。在过去十年中,视觉传感器已经成为无人机传感器套件的理想候选。高度微型化的彩色 CMOS 相机正迅速成为成本低、性能高、重量轻、尺寸小的商品,使其可以被应用于小型空中平台。无论是作为独立系统,还是更常用的集成多传感器系统的一部分,在无人机上实现视觉导航传感器已经积累了大量的知识。典型的策略是增加包括 GNSS、惯性传感器、磁强计和气压高度表在内的传统传感器套件,以提高状态可观测性和对单个传感器故障的稳健性。本章首先介绍无人机中最常用数据融合算法的基本原理,包括扩展卡尔曼滤波器(EKF)以及无迹卡尔曼滤波器(UKF);然后给出了不同的传感器集成架构,尤其侧重于视觉传感器的融合。本章还对该领域的文献进行了回顾,提炼其中的开创性工作和重要成果,突显当前的技术状态和未来的研究。

6.2 数据融合算法

6.2.1 扩展卡尔曼滤波器

卡尔曼滤波器是一种输出系统最优估计的算法,其输入为受噪声影响的多个传感器的测量序列,可以获得比使用独立传感器更高的准确度。该方法利用贝叶斯推理递归地实现状态和测量的联合概率最大化。自 1960 年问世以来,该算法(通常以离散时间序列形式实现)已被广泛应用于空中平台的导航。该算法分两个步骤运行:预测步骤通过基础系统动力学模型的推衍来预测导航状态向量及其相关不确定量;测量步骤则结合来自传感器的数据来校正预测并输出最优估计。最后,根据相关的不确定性对测量结果和预测结果进行加权,得出最优性结果。尽管基本卡尔曼滤波器有很多明显的优点,但其在实际使用中受限于两个假设:首先,其状态中的过程噪声和测量噪声必须符合高斯分布;其次,系统模型和传感器测量模型必须为线性模型,这些限制导致基本算法不适用于大多数导航问题。而通过对描述系统动力学和传感器测量值的模型进行线性化,扩展卡尔曼滤波器就能突破这些限制。该步骤需要计算状态转换和测量模型的偏导数矩阵(雅可比矩阵),即将 EKF 在状态空间中表示为一组一阶非线性微分方程:

$$\dot{\boldsymbol{x}} = f(\boldsymbol{x}, \boldsymbol{w}) \tag{6.1}$$

式中:系统状态向量 $\boldsymbol{x} \in \mathbb{R}^n$;$f(\boldsymbol{x})$ 是状态的非线性函数;零均值随机过程 $\boldsymbol{w} \in \mathbb{R}^n$。过程噪声矩阵 $\boldsymbol{Q} \in \mathbb{R}^{n \times n}$ 由下式给出:

$$\boldsymbol{Q} = E(\boldsymbol{w}\boldsymbol{w}^{\mathrm{T}}) \tag{6.2}$$

测量方程是测量状态的非线性函数,由下式给出:

$$\boldsymbol{z} = h(\boldsymbol{x}, \boldsymbol{v}) \tag{6.3}$$

式中:$\boldsymbol{v} \in \mathbb{R}^m$ 是由测量噪声矩阵 $\boldsymbol{R} \in \mathbb{R}^{m \times m}$ 描述的零均值随机过程:

$$R = E(vv^T) \quad (6.4)$$

对于离散时间测量的系统,可将非线性测量方程写为

$$z_k = h(x_k, v_k) \quad (6.5)$$

由于状态方程与测量方程都是非线性的,需要对它们进行一阶线性化,以获得系统的动力学矩阵 F 和测量矩阵 H。这些矩阵与非线性方程相关,可以表示为

$$F = \left.\frac{\partial f(x)}{\partial x}\right|_{x=\hat{x}} \quad (6.6)$$

$$H = \left.\frac{\partial h(x)}{\partial x}\right|_{x=\hat{x}} \quad (6.7)$$

式中:$\hat{x}$ 表示平均值。基本矩阵由泰勒级数展开近似如下:

$$\boldsymbol{\Phi}_k = I + FT_s + \frac{F^2 T_s^2}{2!} + \frac{F^3 T_s^3}{3!} + \cdots \quad (6.8)$$

式中:T_s 为采样时间;I 是单位矩阵。泰勒级数通常截断至一阶:

$$\boldsymbol{\Phi}_k \approx I + FT_s \quad (6.9)$$

EKF 迭代的步骤概述如图 6.1 所示。

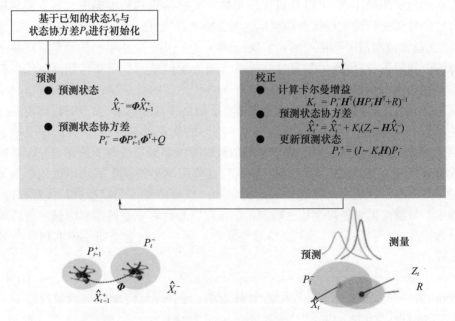

图 6.1　EKF 算法概述

从时序 $k-1$ 到时序 k 对导航状态 x 及其协方差 P 的预测由状态转移矩阵 $\boldsymbol{\Phi}$ 给出:

$$\hat{x}_k^- = \boldsymbol{\Phi}_k \hat{x}_{k-1}^+ \quad (6.10)$$

$$P_k^- = \boldsymbol{\Phi}_k P_{k-1}^+ \boldsymbol{\Phi}_k^{\mathrm{T}} + Q \tag{6.11}$$

式中:上标(-)和(+)分别表示代入测量校正前后的过程;Q 是过程噪声的协方差。卡尔曼增益 K_k 的计算由下式给出:

$$K_k = P_k^- \boldsymbol{H}^{\mathrm{T}} (\boldsymbol{H} P_k^- \boldsymbol{H}^{\mathrm{T}} + R)^{-1} \tag{6.12}$$

这是一个关于状态协方差、测量噪声协方差 R 和测量矩阵 $\boldsymbol{H}$ 的函数。将测量值代入校正步骤,就能获得状态 $\hat{x}_k^+$ 及其协方差 P_k^+ 的最佳估计:

$$\hat{x}_k^+ = \hat{x}_k^- + K_k(z_k - h_k(\hat{x}_k^-)) \tag{6.13}$$

$$P_k^+ = (I - K_k \boldsymbol{H}) P_k^- \tag{6.14}$$

$\hat{x}_k^+$ 和 P_k^+ 会在滤波器的下一次迭代中被递归使用。尽管 EKF 在飞机导航中被广泛使用,但它仍受到种种限制,促使人们开发 KF 的替代实现方式,其中之一就是 UKF。

6.2.2 无迹卡尔曼滤波

尽管 EKF 是最广泛用于非线性系统估计的滤波方法之一,但该滤波器有两个关键缺点,导致其实际实现仍面临挑战[2-5]。

首先,高度非线性的状态转换模型会导致性能下降与不稳定性;其次,由于该滤波器使用一阶截断泰勒级数线性化方法,因此非线性传递均值和协方差的准确度受限于一阶。

UKF 没有使用非线性函数而是采用高斯分布,无需通过求导获取高阶近似。相较于 UKF,EKF 难以实现和调整,且对于非线性系统是次优的。UKF 的核心是使用无迹变换(UT),对经过非线性变换的随机变量进行统计评估。UT 通过生成许多"Sigma 点"来表征状态向量及其不确定性,并使用状态转换模型传递 Sigma 点。这些 Sigma 点本质上是对状态分布的矩进行近似。UT 过程是一种使用仅以有限个统计数据集描述的概率分布,来对给定的非线性变换进行估计的数学函数。UT 最常见的用途是在非线性的 KF 中,估计其平均值及协方差在非线性投影下的值。作为 UKF 的一部分,UT 已经在许多非线性滤波和控制应用中很大程度上取代了 EKF,包括水下[6]、地面和空中导航[7]以及航天器[5]等应用。

通常,UKF 运行的计算开销比 EKF 高很多,然而其性能也更优。这是由于 UKF 中使用了 UT 过程,提高了其矩近似的准确度。UKF 达到了与二阶 EKF 相当的准确度,而二阶 EKF 还需要推导雅各比矩阵和海赛矩阵。UKF 算法流程如图 6.2 所示。

(1)确定 sigma 点 $\chi_{k-1}^1, \cdots, \chi_{k-1}^s$ 与权重 $w^1, \cdots, w^s$,以匹配平均值 $\hat{x}_{k-1|k-1}$ 与协方差矩阵 $\boldsymbol{P}_{k-1|k-1}$。

(2)计算转换后的 sigma 点 $\chi_k^i = f(\chi_{k-1}^i), i = 1, 2, \cdots, s$。

(3)计算状态统计值的预测值：

$$\hat{x}_{k|k-1} = \sum_{i=1}^{s} w^i \chi_k^i$$

$$\boldsymbol{P}_{k|k-1} = Q_k + \sum_{i=1}^{s} w^i (\chi_k^i - \hat{x}_{k|k-1})(\chi_k^i - \hat{x}_{k|k-1})^{\mathrm{T}}$$

(4)确定 sigma 点 $\chi_k^1, \cdots, \chi_k^s$ 与权重 $w^1, \cdots, w^s$，以匹配平均值 $\hat{x}_{k-1|k-1}$ 与协方差矩阵 $\boldsymbol{P}_{k-1|k-1}$。

(5)计算转换后的 sigma 点 $y_k^i = h(\chi_k^i), i = 1, 2, \cdots, s$

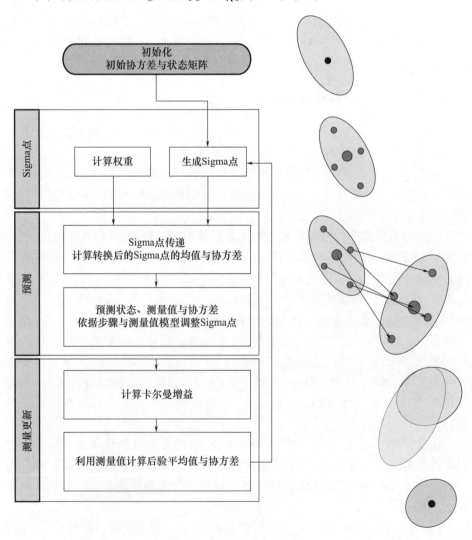

图 6.2　UKF 算法（见彩图）

(6)计算测量统计值的预测值:

$$\hat{y}_{k|k-1} = \sum_{i=1}^{s} w^i y_k^i$$

$$S_k = R_k + \sum_{i=1}^{s} w^i (y_k^i - \hat{y}_{k|k-1})(y_k^i - \hat{y}_{k|k-1})^{\mathrm{T}}$$

$$\boldsymbol{\Psi}_k = \sum_{i=1}^{s} w^i (\chi_k^i - \hat{x}_{k|k-1})(y_k^i - \hat{y}_{k|k-1})^{\mathrm{T}}$$

(7)计算后验均值和协方差矩阵:

$$\hat{x}_{k|k} = \hat{x}_{k|k-1} + \boldsymbol{\Psi}_k S_k^{-1} (y_k - \hat{y}_{k|k-1})$$

$$P_{k|k} = P_{k|k-1} + \boldsymbol{\Psi}_k S_k^{-1} \boldsymbol{\Psi}_k^{\mathrm{T}}$$

6.2.3 集成架构

不同集成架构的区别之处在于从组成传感器中提取的测量类型、采用的校正方法及其应用解决方案。尽管架构类别的分类没有标准定义,但可以根据测量的融合方式和将校正反馈到传感器/子系统的方式对这些方法进行大致区分。相应的,架构可分为级联式、集中式、联合式或混合式。每个类别都有不同的优势和局限性,不同平台的设计之间往往差异很大。

如图6.3所示,级联式架构易于实现。每个传感器将其数据传递给一个专用的局部导航处理器,该处理器将局部导航解及其相关协方差输出到综合或"主"滤波器,该滤波器可以采用快照最小二乘算法,但更多的则是采用KF变体。综合滤波器会输出综合导航解,也可以为每个传感器专用的导航处理器提供校正反馈。

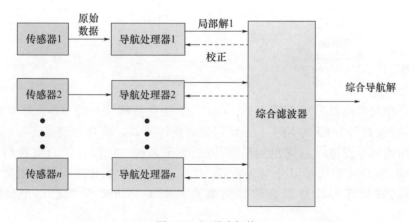

图6.3 级联式架构

级联式架构适用于集成来自不同供应方的多个传感器/子系统。在此架构下,每个传感器/子系统本质上都被视为一个黑匣子,而没有利用原始传感器数据。最常用的实现方式是对局部导航处理器和综合滤波器都采用 KF 变体。由于功能是分散的,级联式架构不像集中式架构那样计算密集。然而,级联式架构的主要缺点在于其 KF 是串联放置的。卡尔曼滤波器的一个基本假设是测量噪声为(互不相关)白噪声。但局部卡尔曼滤波器的使用会在综合卡尔曼滤波器的输入中引入具有时间相关性的噪声,这会导致不稳定性,在极端情况下甚至会导致滤波器发散。解决此问题有以下常见做法:增加测量更新间隔以匹配输入的相关时间,或是假设更高的测量噪声协方差以降低卡尔曼增益的权重。这些方法在实践中解决了稳定性问题,但使过程变得次优。

如图 6.4 所示,集中式架构的特点是采用一个综合滤波器,该滤波器接受了来自所有可用导航传感器的原始传感器数据,还可以为不同的传感器反馈特定的校正。每个传感器的误差和噪声都会在同一个中央滤波器中进行建模。集中式架构能够考虑所有误差相关性并优化加权所有测量值。不采用级联式卡尔曼滤波器则允许在不稳定性出现之前使用更高的增益。只要有导航传感器的高精度模型,集中式综合滤波器就能提供具有准确性与稳健性的最优导航解。同时也需付出更高的计算成本。

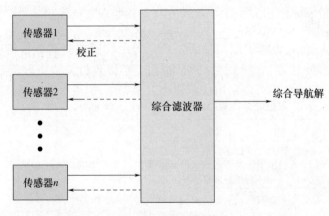

图 6.4　集中式架构

联合式架构如图 6.5 所示,它包含一个独立基准子系统,用于为每个 KF 提供基准,而每个 KF 专用于一个特定的辅助传感器。综合滤波器将导航解和修正值连同重置值一起输出到基准传感器/子系统。根据提供的重置信息类型不同,联合式架构可以分为无重置、融合重置或是零重置。当使用融合重置滤波器时,综合滤波器会将导航解及其相关协方差反馈给每个局部滤波器。

零重置滤波器将局部滤波器的输出设置为零,并将协方差设置为每个循环结束时的初始化值。在无重置滤波器中,没有来自综合滤波器的反馈,每个局部滤波器保持其在总系统信息中各自独特的部分。

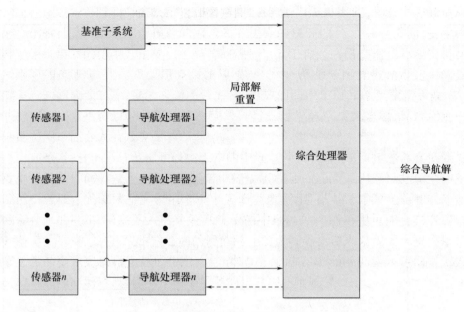

图 6.5　联合式架构

尽管集中式架构提供了最佳解决方案,但大多数小型无人机制造商通常会采用联合/集中式架构,因为他们需要集成来自不同供应商的多个"黑盒"传感器/子系统,并且这么做的计算开销通常较低。因此实用中往往会采用混合式架构,即传感器/子系统的子集会交叉采用级联式和集中式架构。

6.3　视觉传感器的融合

为了利用视觉传感器,大多数 UAS 通常利用视觉数据增强传统传感器组件,包括以下方式。

(1)视觉-惯性辅助:视觉传感器和惯性传感器相互辅助,例如,使用惯性传感器减少帧间特征匹配的搜索空间。利用光流(OF)测量来增强速度估计也是常用的策略。

(2)视觉-惯性里程计:采用松耦合或紧耦合方式,将 6 自由度(DoF)视觉里程计(VO)与传感器(通常为惯性测量单元)进行融合,此方法可以被认为是视觉-惯性辅助的一个子集。

表 6.1 总结了各类基于视觉的系统的关键研究,并列出了该领域的类似工作。由于技术之间存在大量组合和变化,对每一种实用技术的详尽列表是不切实际的。因此,重点在于对基于视觉的 UAS 导航中最常用的方法进行识别与评估。

表 6.1 常用视觉传感器融合算法综述

方法	文献	描述	同类工作
视觉－惯性辅助	Navigation and guidance system architectures for small unmanned aircraft applications[8]		参考文献[9]
	Unmanned aerial vehicle navigation using wide-field optical flow and inertial sensors[10]	基于无迹信息滤波器的广域光流辅助惯性导航。利用从飞行试验录取的状态估计误差统计来评估性能。	
	An optic flow-based vision system for autonomous 3D localization and control of small aerial vehicles[11]	使用 SAD 块匹配计算光流。对用于无人机定位和 SFM 的光流与惯性测量进行综合。	
	Adding optical flow into the GPS/INS integration for UAVnavigation[12]	图像插值算法(I2A)。在 GPS 中断时,使用光流增强 GPS/INS 系统的状态估计来提供速度辅助以及地形跟踪任务给出的地面高度。	
	Fusion of low-cost imaging and inertial sensors for navigation[13]	视觉和惯性传感器的紧耦合。利用惯性传感器输出来预测和减少特征跟踪的搜索空间。利用蒙特卡罗仿真对定位误差进行了统计表征。	参考文献[14-15]
	A multi-state constraint Kalmanfilter for vision-aided inertial navigation[16]	利用多个摄像机对单一静态特征观测之间的几何约束,开发了一种 EKF 测量模型。	参考文献[17]
	Visual-inertial UAV attitude estimation using urban scene regularities[18]	利用城市场景中的线性段的规律来修正陀螺仪速率。	参考文献[19-20]
视觉－惯性里程计	The monocular vision for long-term micro-aerial vehicle state estimation: a compendium[21]	基于关键帧的并行跟踪和映射输出 6DoF VO 位姿,并与高频惯性测量进行松耦合。	
	Low computational-complexity algorithms for vision-aided inertial navigation of micro aerial vehicles[22]	该算法依靠机载 IMU 测量来计算两个连续摄像帧之间的相对旋转和重投影误差来检测内点,并放弃两点 RANSAC 算法中的错误估值来实现有效的 VO。	参考文献[13]
	Long-range stereo VO for extended altitude flight of unmanned aerial vehicles[23]	改进光束平差法来解决立体变换中的变形,从而确保结构的精确三角剖分和稳健位姿估计,而传统的刚性立体 VO 方法无法做到这一点。	参考文献[24]

就像集成 GNSS-INS 系统一样,视觉-惯性融合架构通常可以根据数据融合的方式分为松耦合或紧耦合(图 6.6)。

第6章 基于视觉的无人机导航与制导中的多传感器数据融合

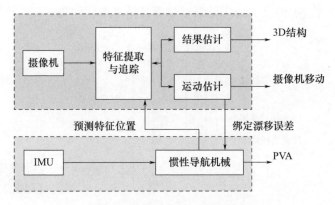

图 6.6　松耦合视觉 – 惯性融合

在松耦合系统中,惯性系统和视觉系统各自输出独立的解决方案,并互相以辅助。来自 INS 的运动估计用于预测帧之间的视觉运动特征,以减少搜索空间的大小并使特征对应具有稳健性。来自视觉子系统的速度估计则用于限定 INS 中的积分误差。参考文献[21]给出了一种表述严格的松耦合方法。

在紧耦合集成中,来自传感器的原始数据输入到单一集中式数据融合模块,由该模块输出飞行器状态估计并将帧间特征位移反馈给图像处理模块(图6.7)。

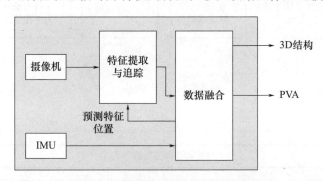

图 6.7　紧耦合视觉 – 惯性融合

图像处理是计算机学科的分支,它研究如何处理代表图像的数字信号,这些图像可以由数码相机拍摄或由扫描仪扫描而成[25-31]。

低 SWAP-C 平台中使用的大多数视觉-惯性里程计通常都基于一个松耦合的单目系统,其中的视觉子系统本质上是一个 6DoF 姿态估计器,它可以输出(两个连续帧之间的)相对位姿。由于在减重和形状尺寸方面相较于立体视觉相机有明显的优势,近年来小型平台几乎全部使用单目相机。相较于紧耦合系统,尽管松耦合通常是次优的,但其实现起来要简单得多,计算要求也更低。在松耦合架构中,由于需估计的状态向量的元素数量相对较少,因而节省了计算开销。图 6.8 中给出了两种架构的典型估计状态之间的比较。尽管包含视觉特征使紧耦合架构具备最优性,但这一方法受限于计算开销而难以实现。

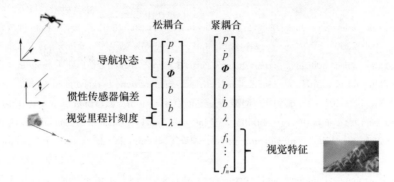

图 6.8　松耦合系统和紧耦合系统中状态向量维数的比较

参考文献[8]中开发了一种混合型(集中式/联合式)松耦合架构,该架构采用了基于视觉的导航子系统来增强固定翼无人机在进近与着降阶段的姿态估计。其顶层架构流程如图 6.9 所示。该架构包括以下传感器:视觉 – 惯性 – GNSS – 飞行器(VIGA)动力学模型。

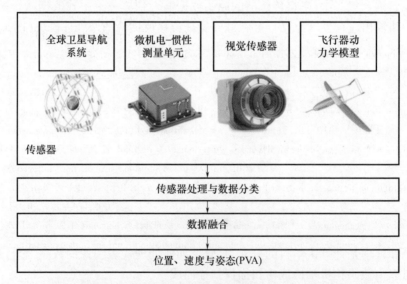

图 6.9　小型 UAV 中的多传感器导航系统结构(摘自参考文献[8])

飞行器动力学模型(ADM)本质上是一个虚拟传感器(即基于知识的模块),它通过计算无人机轨迹和姿态运动来增强状态向量。三自由度(3 – DoF)和六自由度(6 – DoF)的 ADM 均可用于虚拟传感器的设计。目前开发了两种集成方案,其主要区别在于使用的集成滤波器是 EKF 还是 UKF。

视觉子系统的概念架构如图 6.10 所示。

第6章 基于视觉的无人机导航与制导中的多传感器数据融合

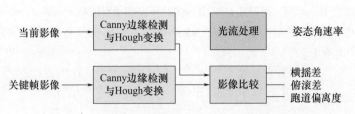

图 6.10　基于视觉的姿态和横向定位功能架构[8]

该子系统由基本图像处理程序组成,此程序可以从观察场景中提取地平线和跑道标记等显性边缘。通过将在线捕获的图像与先验存储的跑道关键帧图像进行比较,视觉子系统可以估计相对于地平线的俯仰与横滚。通过计算与跑道中心线的偏差度可得出横向位置(图 6.11)。

图 6.11　基于边缘提取和图像比较的姿态和相对位置估[8]

从捕获的图像中提取的 OF 可以用于估计飞机角速率。参考文献[30-32]中给出了 OF 的正式定义:描述相机与环境之间的视运动或相对三维运动的二维速度场。运动产生的 OF 是平移和旋转运动的结果。使用这两个分量跟踪图像中的变化或偏移,就可以提供有关相机运动及其视野中环境形状的信息。

OF 方程通常写为

$$\begin{bmatrix} \dot{u} \\ \dot{v} \end{bmatrix} = \frac{f}{z} \begin{bmatrix} 1 & 0 & -\dfrac{u}{f} \\ 0 & 1 & -\dfrac{v}{f} \end{bmatrix} \begin{bmatrix} \dot{r}_x^w \\ \dot{r}_y^w \\ \dot{r}_z^w \end{bmatrix} + \begin{bmatrix} \dfrac{uv}{f} & -\left(f + \dfrac{u^2}{f}\right) & v \\ \left(f + \dfrac{v^2}{f}\right) & -\dfrac{uv}{f} & -u \end{bmatrix} \begin{bmatrix} \boldsymbol{\omega}_x \\ \boldsymbol{\omega}_y \\ \boldsymbol{\omega}_z \end{bmatrix} \quad (6.15)$$

式中:u 和 v 是观察到的 3D 点的像素坐标;f 是相机的焦距;$\boldsymbol{\omega}$ 和 r 分别是机身角速率和位置的向量。如果观察点在地平线上,z 很大,并且式(6.15)右侧的第一项趋于零,则有简化形式:

$$\begin{bmatrix} \dot{u} \\ \dot{v} \end{bmatrix} = \begin{bmatrix} \dfrac{uv}{f} & -\left(f + \dfrac{u^2}{f}\right) & v \\ \left(f + \dfrac{v^2}{f}\right) & -\dfrac{uv}{f} & -u \end{bmatrix} \begin{bmatrix} \boldsymbol{\omega}_x \\ \boldsymbol{\omega}_y \\ \boldsymbol{\omega}_z \end{bmatrix} \quad (6.16)$$

该子系统用于提供测量更新以增强基于 EKF 的估算。

EKF 中的测量模型包含了基于 VBS 的横滚与俯仰的直接测量,以及光流的测量,由下式给出:

$$\begin{bmatrix} \boldsymbol{\phi} \\ \boldsymbol{\theta} \\ \dot{u}_1 \\ \dot{v}_1 \\ \dot{u}_2 \\ \dot{v}_2 \\ \cdots \\ \dot{u}_i \\ \dot{v}_i \end{bmatrix} = \begin{bmatrix} 1 & 0 & 0 & 0 & 0 \\ 0 & 1 & 0 & 0 & 0 \\ 0 & 0 & \dfrac{u_1 v_1}{f} & -\left(f + \dfrac{u_1^2}{f}\right) & v_1 \\ 0 & 0 & \left(f + \dfrac{v_1^2}{f}\right) & -\dfrac{u_1 v_1}{f} & -u_1 \\ 0 & 0 & \dfrac{u_2 v_2}{f} & -\left(f + \dfrac{u_2^2}{f}\right) & v_2 \\ 0 & 0 & \left(f + \dfrac{v_2^2}{f}\right) & -\dfrac{u_2 v_2}{f} & -u_2 \\ \vdots & \vdots & \vdots & \vdots & \vdots \\ 0 & 0 & \dfrac{u_i v_i}{f} & -\left(f + \dfrac{u_i^2}{f}\right) & v_i \\ 0 & 0 & \left(f + \dfrac{v_i^2}{f}\right) & -\dfrac{u_i v_i}{f} & -u_i \end{bmatrix} \begin{bmatrix} \boldsymbol{\phi} \\ \boldsymbol{\theta} \\ \boldsymbol{\omega}_x \\ \boldsymbol{\omega}_y \\ \boldsymbol{\omega}_z \end{bmatrix} \qquad (6.17)$$

松耦合系统固有的次优性要求具有稳健的传感器故障检测和测量抑制能力,以避免滤波器污染。参考文献[8]中的视觉子系统采用灵活、模块化的架构实现,如图 6.12 所示[9]。

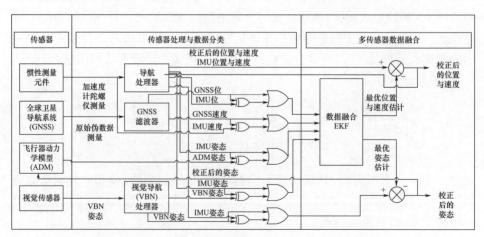

图 6.12 视觉 - 惯性 - GNSS(VIGA)飞行器动力学架构[9]

原始传感器数据通过一个布尔决策逻辑层进行预处理,即根据传感器的实时性能通过"与"门对其进行优先级排序。该架构利用动力学知识,通过构建 ADM

虚拟传感器来增强滤波器,并为单个传感器故障提供额外的稳健性(图6.13)。

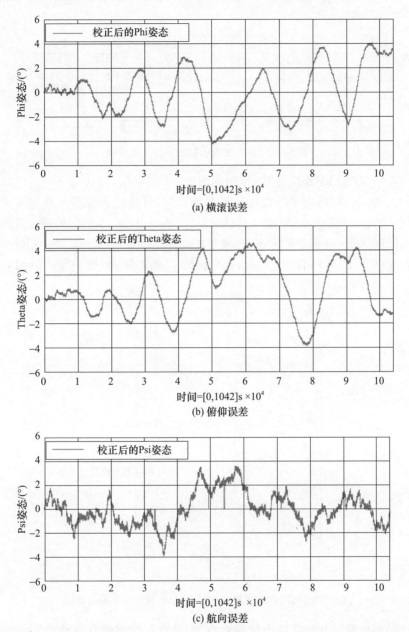

图 6.13　进近与着降阶段的 VIGA 姿态估计的误差时间序列

未来,支持计算智能研究和云计算的机载和外接架构将为解决当前约束提供替代方法,且无需开发专用硬件[1,25-29]。

参考文献[11]中给出了一个经过严格设计的紧耦合框架,它使用 OF 与惯性传感器数据融合来执行关节运动和环境结构估计。其导航系统架构如图 6.14 所示。

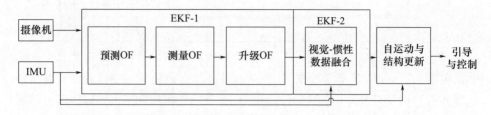

图 6.14　基于光流的状态估计体系架构

该系统采用 EKF 级联架构,步骤如下。

(1) 光流计算:使用惯性数据和 SFM 模块输出(速度和深度),对光流计算中的帧到帧的特征匹配加以辅助。具体来说,就是使用前一个时序的解以及惯性测量值共同预测后续图像中给定斑点(像素块)的位移并调整斑点形状。相较于传统的块匹配算法,该方法可以有效减少搜索区域,从而降低了计算成本(图 6.15)。

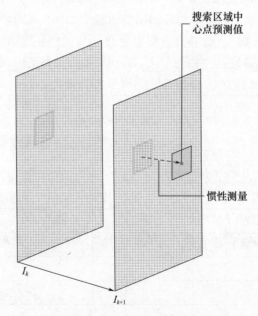

图 6.15　利用惯性测量预测搜索区域,减少块匹配计算量

这种惯性测量方法可最小化搜索空间,并在后续帧中有效地检测特征之间对应关系,是一种常用的惯性辅助技术[13]。

(2) 使用惯性测量和计算的 OF 来估计载体的旋转和位移运动:观察到的 OF 场是旋转和位移效果的组合。而级联中的第二个 EKF 用于计算 OF 的位移分量和载体旋转。本例中的测量值是来自上一步的 OF 向量和 IMU 的角速率测量值。

(3) 将上一步中计算出的 OF 位移作为级联中第三个也是最后一个 EKF 的输入,对结构(参数化为深度映射)和载体运动进行联合估计。

必须指出的是,该架构需要仔细调整,以避免由于多个 EKF 的级联而导致滤波器不稳定。从实现的角度来看,由于制造技术和小型化的进步,OF 测量可以容易地以松耦合的方式进行集成。由于低成本、轻量级视觉传感器的集成成为可能,才使得人们努力尝试在低 SWaP – C 平台中实现计算高效的 VO 例程。

VO 根据视觉特征的相似性在连续图像中检测和跟踪视觉特征,并基于视觉特征估计帧到帧的运动来逐步更新位姿。VO 中的错误主要来自错误的数据关联,即特征匹配技术没有考虑到视角变化、遮挡、光照变化和图像噪声等因素的改变。为了获得稳健的运动估计,异常值去除在各种 VO 流程中都是关键步骤,但从计算的角度来看,异常值去除成本通常很高。随机样本一致性(RANSAC)是从一组受异常值影响的数据中进行模型估计的标准方法,包括随机选择一组数据点,计算相应的模型假设并在所有其他数据点上验证该假设。而具有最高一致性的假设就是最终的解。剔除异常值,确保稳健性所需的迭代次数(N)为

$$N = \frac{\log(1-p)}{\log(1-(1-\varepsilon)^s)} \tag{6.18}$$

式中:s 是用于计算模型的数据点个数;ε 是数据集中异常值的百分比;p 是所需要达到的成功概率。图 6.16 显示了与估计模型所需的点数(s)所对应的迭代次数(N),计算时取 $p=0.99$ 和 $\varepsilon=0.5$。很明显,N 与数据点的数量 s 成指数相关,这使得在低 SWaP – C 平台中,减少用于参数化运动模型的特征匹配数量是非常重要的。

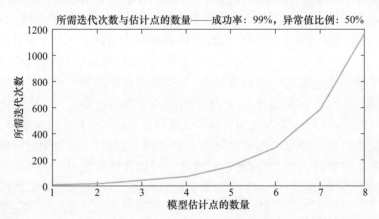

图 6.16 对应于要求的数量,为了达到给定的成功概率和异常值百分比,所需要的 RANSAC 迭代次数

参考文献[22]中,采用了 IMU 估计姿态来降低模型的复杂性,使得计算 RANSAC 的运动假设所需的特征匹配更少。其实现采用了多轴飞行器的位移和角速度与其姿态强耦合的方法(图 6.17)。

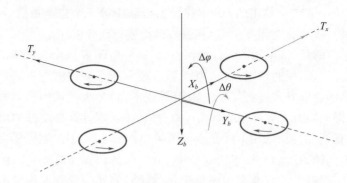

图 6.17 四轴飞行器动力学约束

沿机身框架的 x 轴方向进行正位移需要进行负俯仰运动,即绕 y 轴进行逆时针旋转,而沿 y 轴方向进行负位移则需要进行负横滚,即绕 x 轴进行逆时针旋转。运动约束用于去除基于 RANSAC 的异常值检测方法中的错误估计。IMU 测量得出的位移和旋转增量则用于检查运动假设的一致性。

本章介绍了视觉传感器在多传感器系统中的集成,并回顾了该领域的重要研究工作。由于在 GNSS 拒止环境中运行 UAS 的需求,使得该研究领域已经成熟。由于低 SWAP-C 平台上存在计算限制,且系统设计人员需要集成来自不同供应商的传感器/子系统,因而该领域的开发工作主要集中在基于 EKF 的松耦合系统上。然而,这种趋势可能会随着市面上单板计算机效率的提高而改变。与 EKF 相比,UKF 在高动态飞行中有着更高的准确性,实现起来也更简单,因此 UKF 的运用可能变得更加广泛。提高系统稳健性仍是目前的研究重点,以防止由于眩光、遮挡和图案重复引起的丢失和/或滤波器污染。

参考文献

[1] V. V. Estrela, O. Saotome, H. J. Loschi, et al. Emergency response cyber – physical framework for landslide avoidance with sustainable electronics. Technologies, 6, 42, 2018. doi: 10.3390/technologies6020042.

[2] S. J. Julier and J. K. Uhlmann, "New extension of the Kalman filter to nonlinear systems," in AeroSense'97, 1997, pp. 182 – 193.

[3] S. J. Julier and J. K. Uhlmann, "Unscented filtering and nonlinear estimation," Proc. of the IEEE, vol. 92, pp. 401 – 422, 2004.

[4] J. G. C. Lozano, L. R. G. Carrillo, A. Dzul, and R. Lozano, "Spherical simplex sigma – point Kalman filters: A comparison in the inertial navigation of a terrestrial vehicle," in Proc. of 2008 American Control Conference, 2008, pp. 3536 – 3541.

[5] R. Van Der Merwe, "Sigma - point Kalman filters for probabilistic inference in dynamic state - space models," Oregon Health & Science University, 2004.

[6] S. Challa, "Fundamentals of object tracking." Cambridge University Press, 2011.

[7] S. - M. Oh, "Nonlinear estimation for vision - based air - to - air tracking," Georgia Institute of Technology, 2007.

[8] R. Sabatini, C. Bartel, A. Kaharkar, T. Shaid, and S. Ramasamy, "Navigation and guidance system architectures for small unmanned aircraft applications," Int'l Journal of Mechanical and Mechatronics Engineering, vol. 8, pp. 733 - 752, 2014.

[9] F. Cappello, S. Bijjahalli, S. Ramasamy, and R. Sabatini, "Aircraft dynamics model augmentation for RPAS navigation and guidance," Journal of Intelligent & Robotic Systems, vol. 91, pp. 709 - 723, 2018.

[10] M. B. Rhudy, Y. Gu, H. Chao, and J. N. Gross, "Unmanned aerial vehicle navigation using wide - field optical flow and inertial sensors," Journal of Robotics, vol. 2015, p. 1, 2015.

[11] F. Kendoul, I. Fantoni, and K. Nonami, "Optic flow - based vision system for autonomous 3D localization and control of small aerial vehicles," Robotics and Autonomous Systems, vol. 57, pp. 591 - 602, 2009.

[12] W. Ding, J. Wang, S. Han, et al., "Adding optical flow into the GPS/INS integration for UAV navigation," In Proc. of Int'l Global Navigation Satellite System Society Symposium, 2009, pp. 1 - 13.

[13] J. R. M. Veth, "Fusion of low - cost imagining and inertial sensors for navigation," in International Technical Meeting of the Satellite Division of The Institute of Navigation, 2006, pp. pp. 1093 - 1103.

[14] X. Song, L. D. Seneviratne, and K. Althoefer, "A Kalman filter - integrated optical flow method for velocity sensing of mobile robots," IEEE/ASME Transactions on Mechatronics, vol. 16, pp. 551 - 563, 2011.

[15] J. W. Langelaan, "State estimation for autonomous flight in cluttered environments," J. of Guidance Control and Dynamics, vol. 30, p. 1414, 2007.

[16] A. I. Mourikis and S. I. Roumeliotis, "A multi - state constraint Kalman filter for vision - aided inertial navigation," In Proc. 2007 IEEE Int'l Conference on Robotics and Automation, 2007, pp. 3565 - 3572.

[17] D. D. Diel, P. DeBitetto, and S. Teller, "Epipolar constraints for vision - aided inertial navigation," in Seventh IEEE Workshops on Application of Computer Vision, 2005. WACV/MOTIONS'05, Volume 1, 2005, pp. 221 - 228.

[18] M. Hwangbo and T. Kanade, "Visual - inertial UAV attitude estimation using urban scene regularities," in Proceedings of 2011 IEEE International Conference on Robotics and Automation (ICRA), 2011, pp. 2451 - 2458.

[19] M. E. Antone and S. Teller, "Automatic recovery of relative camera rotations for urban scenes," In Proc. IEEE Conference on Computer Vision and Pattern Recognition 2000, 2000, pp. 282 - 289.

[20] C. Demonceaux, P. Vasseur, and C. Pégard, "UAV attitude computation by omnidirectional vi-

sion in urban environment," In Proc. 2007 IEEE International Conference on Robotics and Automation,2007,pp. 2017 – 2022.

[21] S. Weiss, M. W. Achtelik, S. Lynen, et al. , "Monocular vision for long – term micro aerial vehicle state estimation:a compendium," Journal of Field Robotics, vol. 30, pp. 803 – 831,2013.

[22] C. Troiani, A. Martinelli, C. Laugier, and D. Scaramuzza, "Low computational complexity algorithms for vision – aided inertial navigation of micro aerial vehi – cles," Robotics and Automation Systems, vol. 69, pp. 80 – 97,2015/07/01/2015.

[23] M. Warren, P. Corke, and B. Upcroft, "Long – range stereo visual odometry for extended altitude flight of unmanned aerial vehicles," International Journal of Robotics Research, vol. 35, pp. 381 – 403,2016.

[24] Y. Song, S. Nuske, and S. Scherer, "A multi – sensor fusion MAV state estimation from long – range stereo, IMU, GPS and barometric sensors," Sensors, vol. 17, p. 11,2016.

[25] N. Razmjooy, B. S. Mousavi, M. Khalilpour, and H. Hosseini. Automatic selection and fusion of color spaces for image thresholding. Signal, Image and Video Processing, vol. 8(4), pp. 603 – 614,2014.

[26] D. J. Hemanth, and V. V. Estrela. Deep learning for image processing applications, Adv in Parallel Computing Series, vol. 31, IOS Press,2017. ISBN 978 – 1 – 61499 – 821 – 1(print), ISBN 978 – 1 – 61499 – 822 – 8(online).

[27] V. V. Estrela, H. A. Magalhaes, and O. Saotome. "Total variation applications in computer vision." In Handbook of Research on Emerging Perspectives in Intelligent Pattern Recognition, Analysis, and Image Processing, pp. 41 – 64. IGI Global,2016.

[28] B. Mousavi, F. Somayeh, N. Razmjooy, and F. Soleymani. Semantic image classification by genetic algorithm using optimised fuzzy system based on Zernike moments. Signal Image and Video Processing, vol. 8, no. 5, pp. 831 – 842,2014.

[29] N. Razmjooy, V. V. Estrela, and H. J. Loschi. "A survey of potatoes image segmentation based on machine vision." In Applications of Image Processing and Soft Computing Systems in Agriculture, pp. 1 – 38. IGI Global,2019.

[30] M. A. de Jesus, and V. V. Estrela. Optical flow estimation using total least squares variants. Oriental Journal of Computer Science and Technology, 2017; 10(3): 563 – 579. http://dx. doi. org/10. 13005/ojcst/10. 03. 03

[31] V. V. Estrela, and A. M. Coelho. State – of – the – art motion estimation in the context of 3D TV. In R. Farrugia, and C. Debono(Eds.), Multimedia Networking and Coding(pp. 148 – 173). Hershey, PA:IGI Global,2013. http://dx. doi. org/10. 4018/978 – 1 – 4666 – 2660 – 7. ch006

[32] H. R. Marins, and V. V. Estrela. On the use of motion vectors for 2D and 3D error concealment in H. 264/AVC Video. In Feature Detectors and Motion Detection in Video Processing (pp. 164 – 186). Hershey, PA:IGI Global,2017. http://dx. doi. org/10. 4018/978 – 1 – 5225 – 1025 – 3. ch008

第 7 章　基于视觉的无人机姿态估计

随着无人机使用增加,无人机自主飞行研究逐渐成为无人机领域的研究热点。无人机自主飞行离不开无人机姿态计算与估计。迄今为止,有关计算和估计无人机姿态的大多数研究都是以惯性测量单元(IMU)和全球卫星导航系统(GNSS)作为主要传感器开展的。这些传感器自身的一些局限性会影响导航系统的持续性和稳定性,从而影响导航系统的完全自主性。无人机飞行中捕获的图像、计算机视觉算法、摄影测量方法已经成为实时估计无人机姿态的核心数据来源,由此可构成新的、替代的自主导航系统。科学界已经提出了几种姿态估计算法,每种算法在特定情况下使用不同种类的成像传感器(有源和无源传感器)效果会更好。本章介绍多种基于视觉的姿态估计算法,并讨论每种算法在什么情况下最适用,什么情况下会失败。最新研究结果表明,新导航策略的发展有望解决无人机自主导航系统研究领域仍未被解决的难题。

7.1　引言

近年来,无人机(UAV)发展受到业内高度关注,其应用已经扩展到了一些民用领域,如监测[1]、农业[2]、搜索和救援[3]、遥感[4]、摄影测量[5]、建筑查勘[6]、娱乐[7]和许多其他民用领域。由于这些应用发展需要,使无人机成为极具重要性的战略技术,吸引了科学界研究如何使这些无人平台更稳定、更智能、更可靠,以及高度自主。

在稳定性和可靠性方面,这些飞行器的导航系统(NS)起着重要的作用,它对于开发完全自主的无人机来说是必不可少的。一个好的导航系统必须为无人机控制系统提供精确状态信息,而且在没有人为干预情况下导航系统和控制系统能互识这些信息[8]。这就需要结合传感器数据评估出无人机的当前状态(位置、速度、姿态、空速、攻击角、侧滑角和旋转——俯仰、横滚和偏航等角度及角速度),再将状态信息提供给控制和引导系统,使其能够按照计划路线自控飞行。获取这些状态信息不是一项简单任务。因此可以推断,自主导航的基础是飞机的状态估计。

飞机上嵌入的传感器可用于状态估计,为控制系统提供状态信息。目前使用的传感器主要是陀螺仪和加速度计,它们构成了惯性测量单元(IMU)或惯性导航系统(INS),与全球卫星导航系统(GNSS)一起工作。大多数情况下,利用这些传感器可以实现无人机自主飞行。不过,在某些情况下,这些传感器会失效,不能得到精确的状态信息。在"IMU + GNSS"不能很好工作的情况下,就需要一种新的、不同的导航系统代替它。最有前途的导航系统是基于计算机视觉技术开发的。

本章介绍并讨论以计算机视距技术为核心的导航系统。首先阐述"IMU + GNSS"导航系统的主要缺点,以及基于视觉的导航系统面临的挑战和问题。然后讨论几个与视觉导航相关的不同算法模型。

7.2 惯性导航系统-全球卫星导航系统(INS-GNSS)的缺点

INS 和 GNSS 为遵循精确轨道行驶的各种无人平台的自动驾驶技术带来了革命性发展。当前,"INS + GNSS"是所有自主导航系统的基础,但是它也有缺点。为了解它的缺点,首先必须了解 INS 和 GNSS 的工作原理,以便了解这些传感器为什么会失效,以及如何才能克服这些缺点。

7.2.1 惯性导航系统

INS 是一种独立的导航技术,它使用 IMU 中传感器提供的测量值来估计物体的位置和速度。这是一种相对估计方法,已知上一位置点状态,包括位置、方向和速度[9],估计当前位置点状态(即从已知位置点出发,根据连续测得的无人机航向角和速度推算出下一点的位置状态,从而连续测得无人机的当前位置——译者注)。IMU 结合了加速度计(运动传感器)、陀螺仪(旋转传感器),有时还结合了磁力计,分别估计出无人机的线加速度、角速度和参考航向角。这些都是导航系统(NS)必须提供的一些状态变量。然后 INS 使用这些状态变量,结合 IMU 读数,估计出物体当前的线速度、姿态角和位置。在估计过程中,除了初始参考值(初始位置、初始姿态和初始速度)之外,还使用积分方法(加速度值对时间一次积分可得到速度,二次积分可得到位移——译者注)。INS 的最大优点是,一旦初始化,它不依赖任何其他外部信号就能估计位置、方向或速度,因此它不会受到任何欺骗或干扰影响。

第 7 章　基于视觉的无人机姿态估计

INS 的主要问题是,随着时间的推移,估计的准确性会下降(由于惯导定位是经过积分产生的,定位误差随时间累积而增加,长时间使用时,精度将不断降低——译者注),使飞行路线[10]偏离规划路线,从而影响飞行安全。这种位置精度损失称为 INS 误差漂移。每个 INS 的精度衰退速率不同。通常情况下,INS 中的 IMU 质量越小,精度下降越明显[10]。无人机上使用的 IMU 必须小而轻,所以通常在几秒钟内就会失去精度。图 7.1 展示了只有 IMU 导航的无人机飞行路线与规划航线对比示意图。

图 7.1　惯性导航飞行路径与规划路径对比示意图
(黑色线为 IMU 导航线路,红色线为规划航线)(见彩图)

7.2.2　全球卫星导航系统

　　INS 仍然被用作大多数有人驾驶平台自动驾驶系统的状态信息来源。更多的无人驾驶平台和要求更精确状态信息应用的出现,要求其他导航系统或新的 INS 技术减少或纠正累积误差。如果有一个系统能够在某个时刻准确地估计出无人机的位置和速度,再将这个状态信息输入惯导系统,作为新的初始值用于修正惯导系统累积误差,通过轨迹跟踪使惯导系统能提供更加准确的状态估计。

　　GNSS 就是解决这方面问题的技术。根据多普勒效应,人们观察到,通过测量卫星发射的无线电信号的频率,可以从地面跟踪卫星[11]。利用多个卫星位置,就可以获得地面上无线电接收器的位置,如图 7.2 所示。

　　现代全球卫星导航系统(GNSS)由近地轨道的卫星网络组成,周期为 10 ~ 15h。目前,不同的地区和国家有几种不同 GNSS,例如,最受欢迎的欧洲联盟(EUA)全球定位系统(GPS);欧洲联盟的伽利略;来自俄罗斯的全球卫星导航系统(GLONASS);中国的北斗[10]。它们的运行非常相似,只是在轨道周期、星座中卫星的数量和轨道的数量上有所不同。例如,GPS 由 24 颗卫星组成,分在 6 个轨道上,每个轨道上有 4 颗卫星[13]。这些不同的轨道导致卫星之间的几何拓扑结构不断变化。

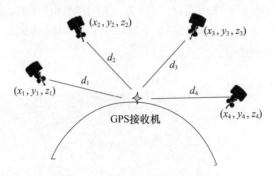

图 7.2　GPS 三角定位图解[12]

基于三角剖分原理,GNSS 估计出的目标位置(x,y,z)和 GNSS 时钟偏移时间T_b就是三角剖分方程组(式(7.1))的解。偏移时间由卫星中嵌入的原子钟计时,用于网络中所有卫星之间保持时间同步。式(7.1)中(x_i,y_i,z_i),$i=1,2,3,4$,为卫星精确位置,c 是光速。

$$\begin{cases} \sqrt{(x-x_1)^2+(y-y_1)^2+(z-z_1)^2}+cT_b=d_1 \\ \sqrt{(x-x_2)^2+(y-y_2)^2+(z-z_2)^2}+cT_b=d_2 \\ \sqrt{(x-x_3)^2+(y-y_3)^2+(z-z_3)^2}+cT_b=d_3 \\ \sqrt{(x-x_4)^2+(y-y_4)^2+(z-z_4)^2}+cT_b=d_4 \end{cases} \quad (7.1)$$

GNSS 系统估计无人机位置,至少需要四颗处于良好几何位置的卫星。每个卫星发射一个无线电信号,信号以特定频率被无人机中的传感器接收。如今,卫星广播的一个无线电信号包括轨道数据(可以从轨道数据中计算出卫星位置)和信号发射的精确时间[11]。接收器(天线)必须处于直接接收到四颗卫星信号的视野中,如图 7.2 所示。从这个信号中,计算传感器与每个卫星之间的距离 d_i($i=1$, 2,3,4),并根据 GNSS 系统三角剖分方程组(式(7.1))估计出无人机位置。

GNSS 位置估计依赖外部信号,这是 GNSS 导航的主要弱点。精度取决于清晰且直接视野中的卫星数量,也取决于它们形成的几何拓扑结构。几何拓扑结构差或卫星数量少意味着位置估计会不精确。例如,在室内或密集的城市地区,GNSS 信号很弱,GNSS 信号也可能被建筑物阻挡或反射,造成信号多径[10]。这时如果无人机在高度危险区域飞行,就会有迷路或与障碍物相撞的风险[14]。这是无人机在城市地区飞行要面对的主要问题之一。

除了已经提到的几何拓扑结构和多径影响之外,如果由于任何其他原因使接收器没有接收到卫星信号,无人机将无法估计出自身位置。即使卫星在清晰的视野中,GNSS 信号也可能被阻断。因为电离层中形成的赤道等离子体气泡是一种天然的信号阻断剂[15],它们往往会延迟无线电波传播,降低 GNSS 读数性能。图 7.3 展示了等离子体气泡阻挡信号传播的示意图。

图 7.3　赤道等离子体气泡阻断无线电信号传播[16](见彩图)

GNSS 信号也会受到恶意攻击,如对 GNSS 信号干扰、篡改,会降低信息接收。敌方可以通过干扰、欺骗等手段影响导航。干扰是通过降低信噪比来阻断或干扰无线电信号,从而使信号完全被阻断的过程。对于无人机 GNSS 信号接收机来说,受干扰设备影响的区域就接收不到 GNSS 卫星信号。欺骗与干扰类似,但它不是阻断信号,而是通过伪造数据欺骗接收器,从而使估计的位置完全错误。

近年来,这种性质的攻击已经发生,比如洛克希德 RQ - 170 无人机遭劫持事件就是例子[17]。可以预见,无人机越是普及,这样的黑客攻击就越多。因此,当自主飞行要求安全性、稳定性和可靠性时,仅依赖于外部信号的导航系统是不合适的。

7.3　视觉导航:一个可行的选择

图像一直被用作信息源,但在开发出更高效、更可靠的计算机视觉(CV)算法之前,计算机很难对图像进行处理。自有了 CV 算法以后,从图像中提取运动和姿态信息就成为新的导航系统中一个重要且可行的策略。飞行过程中拍摄的图像可以与此前获得的地面信息比对,估计无人机的姿态[18],消除 INS 的误差,这就和 GNSS 读数作用一样。

视觉导航系统作为全球卫星导航系统(GNSS)的一种替代方案,或作为

GNSS 的一种补充,有几个优点:①不依赖于外部信号[19];②不依赖于 GNSS 技术。而且,CV 算法使用嵌入式无源传感器数据,嵌入式无源传感器比 GNSS 的维护成本更低[20]。

然而,几项挑战性因素使视觉导航系统开发变得复杂。首先,无人机的飞行条件是复杂多样的,因此不可能为所有飞行条件开发出一一对应的解决方案[21]。为获取导航图像,传感器必须根据飞行时间、天气状况和场景变化进行适当调节,因此视觉算法也必须调整[19,21]。表 7.1 列出了无人机飞行中可能会影响视觉导航系统的一些飞行条件。

表 7.1 可能会影响视觉导航系统的一些飞行条件

条件种类	条 件			
飞行时间	早晨	下午	夜晚	
天气	云/雾	晴	雨	雪
场景	水面	城市	森林	农村地区

每种飞行条件组合都要求使用不同成像传感器。例如,如果飞机在湖上或在夜间飞行,可见光波段的光学传感器则用不上。这时需要选择在其他波段上能工作的无源传感器,或者选择有源传感器,才能采集到图像。根据飞行条件变化采用不同传感器,采集不同图像,就需要使用不同处理方法。

基于图像的任何自主导航解决方案,都要考虑传感器获取图像和视觉算法运行的问题。影响传感器获取图像的因素很多,包括传感器的快门速度、场景的明亮度、场景的环境、尺度、旋转和投影系数,还有传感器的许多其他物理参数等。在视觉算法运行方面,影响因素包括算法复杂性、处理算法的机载计算机性能、飞机承载能力等。上述这些因素都限制了视觉算法性能的最优发挥[8]。

目前开发的大多数视觉导航系统都要确定它们的具体工作条件,以便选择合适的传感器。一般情况下常常选用无源传感器,如 RGB 相机、热成像仪、多光谱或高光谱相机,主要是因为这类传感器更容易获得,而且它们的尺寸、重量和能耗都适配于无人机上使用。

无源成像传感器是一种电子成像设备,它捕获场景中物体反射的(或在热辐射情况下物体发射的)电磁辐射,并将其转换成电子信号形成图像。传感器每个像素记录了落在其上的电磁辐射量,将电磁辐射转换成相应数量的电子[22],电子强度就为图像上的像素值。各种无源传感器主要区别在于它们捕获电磁辐射波段不同。

视觉或 RGB 传感器工作频谱的波长为 390~700nm。光学传感器两种主要技术部件是电荷耦合器[23]和互补金属氧化物半导体[24-25]。视觉导航系统开发主要使用这些传感器[20,26-32],因为它们是最常见的传感器,能够准确捕捉人们看到的东西。

多光谱和高光谱传感器工作在比可见光波长范围更宽的光谱带上。当需要

第 7 章 基于视觉的无人机姿态估计

捕捉场景细节时,例如材质、植物类型和其他更具体的信息,就常会使用多光谱和高光谱传感器。高光谱传感器和多光谱传感器之间的唯一区别是,高光谱传感器捕获连续的光谱带,以高分辨率覆盖广泛的波长范围;而多光谱传感器则是捕获离散间隔的光谱带[33]。

热成像仪是一种利用红外辐射生成图像的传感器,类似于普通视觉传感器,但是它对高达 14000nm 的波长敏感[34]。例如在夜间飞行中,当光学(视觉、多光谱和高光谱)传感器不能正确地响应时,热成像传感器则可以用于夜间视觉导航。在飞行过程中捕获的热图像与之前存储在无人机中的光学图像进行比对,导航系统可以使用热信息估计无人机位置[35]。

众所周知,并非所有的飞行条件都能用无源传感器导航。如前所述,在夜间,大多数无源传感器不能正常工作。这是因为这些传感器只捕捉物体反射回来的辐射。如果没有辐射源来照亮场景中的物体,就不会有辐射反射到传感器,则不会形成图像。无源传感器的唯一例外是热传感器,因为所有物体都在散发热量,所以它们都是这个特定光谱带的辐射源。然而,在多云或多雨天气下,热传感器也不能正常工作,因为云层会成为图像生成的"屏障"。另外,如果飞行在湖泊或海面上,所有的无源传感器都会生成出相似的、单调的图像,这种图像不能用来估计飞机姿态。

针对上述问题,有源传感器是一种可行的解决方案,因为它即便在没有辐射源的情况下,也能收集飞行中的视觉信息。有源传感器分成两部分:一部分是发射器,发射出一种特定辐射信号,其辐射波或电子能被目标物体反射;另一部分是数据收集传感器,它将记录目标物体反射回来的辐射信号。简单地说,有源传感器由发射特定波长的辐射源和接收该辐射波长的传感器构成。目前视觉导航研究中最常用的两种有源传感器是激光雷达(LIDAR)和合成孔径雷达(SAR)。

激光雷达[36]是光探测和距离测量的缩写,是一种遥测技术。它发射强烈的聚光束,并测量光束反射回来所需的时间,用该时间计算传感器到被测目标的距离。目标物体的三维坐标和返回脉冲的强度是根据激光脉冲发射和返回的时间差、发射脉冲的角度以及传感器在地球表面或其上空的绝对位置计算出来的[36]。当无人机在浅水区[38-39]和森林[40]上空飞行时,就需要使用激光雷达进行导航和遥测[37]。

SAR[41]是一种创建场景图像的雷达,它使用雷达天线在目标区域上空的运动创建场景图像,它比传统波束扫描雷达生成空间分辨率更加精细的图像。为了生成 SAR 图像,连续发射无线电波脉冲照亮目标场景,并接收和记录每个脉冲的回波。脉冲发射后,回波则通过一个波束状天线接收,接收波长覆盖范围从一米到几毫米不等。随着机载 SAR 设备的移动,天线相对于目标位置会随时间变化而变化。连续记录、处理雷达回波信号,可以把来自多个天线位置的雷达回波记录组合起来,创建出比单个物理天线接收的雷达回波分辨率更高的图像。多个天线组合定位称为合成天线孔径。例如,Sineglazov[42]提出了使用 SAR 图像进行视觉导航的算法。

7.4 视觉导航策略

针对前面讨论的飞行条件多样性,提出了对应的视觉导航系统。不失一般性地将这些系统核心算法分为三种策略:视觉里程计、模板匹配、地标识别。每一种策略都要求有特定使用条件,策略的优劣取决于飞行的目的和条件。

在这一节中,对每种策略进行了阐述,并以实例进行说明。这里将策略的用例主要聚焦在光学传感器上,因为他们使用比较普遍。这种简化表述并不失普遍性,因为目前视觉导航系统的主要研究方向之一是对不同类型的传感器和图像采用相同的策略。在探讨每一种策略之前,我们将首先讨论如何从图像中提取姿态信息,这是摄影测量学的核心研究内容。

7.4.1 摄影测量:从图像中提取姿态信息

摄影测量学中的一个研究方向是从图像和其他辅助传感器所采集的数据中提取出精确的测量值,确定图像上点与点之间的相对位置、距离、角度、面积和大小等。而且,通过摄影测量方法可以生成各种公制地图,如正射影像、马赛克图像和高程地图[43]。只要将物理世界与图像联系起来,就能得到这些产品和信息。图 7.4 显示了笛卡儿坐标系[44]。同时,使用纬度、经度和高度信息,或类似大地参考系,将物理世界与笛卡儿坐标系空间关联起来。

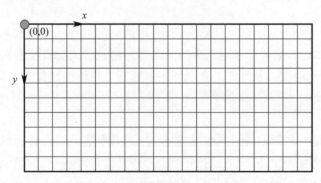

图 7.4 数字图像用的笛卡儿坐标系

地理参考坐标系[45]将笛卡儿坐标系中图像坐标与物理世界对象空间联系起来。所以,需要在地理坐标系中对物理世界对象空间进行适当表示,并且必须构建一个数学模型将两个坐标系关联起来,实现坐标系变换。

有几个函数模型可以将一个坐标系映射到另一个坐标系。这些函数模型称为几何变换。如果考虑到数字表面模型(DSM)的话,几何变换可以将一个三维系统映射到一个二维系统,或者映射到另外一个三维系统[46],或者可以将同一场景两个不同图像所对应的二维系统关联起来。最常见几何变换是仿射变换和投影变换。

一般的仿射变换是一级多项式变换。仿射变换假定两个笛卡儿坐标系之间的关系基于两个轴上的平移($\Delta x, \Delta y$)、旋转(β)和比例因子(λ_x, λ_y)。假设两个坐标系都包含在平行平面内[47],那么有如下关系式:

$$\begin{Bmatrix} x' \\ y' \end{Bmatrix} = \begin{Bmatrix} \cos\beta & -\sin\beta \\ \sin\beta & \cos\beta \end{Bmatrix} \begin{Bmatrix} x\lambda_x \\ y\lambda_y \end{Bmatrix} + \begin{Bmatrix} \Delta x \\ \Delta y \end{Bmatrix} \quad (7.2)$$

该方程可以改写为下面线性方程组形式,请见参考文献[48]:

$$\begin{cases} x'(a_0, a_1, a_2, b_0, b_1, b_2) = a_0 + a_1 x + a_2 y \\ y'(a_0, a_1, a_2, b_0, b_1, b_2) = b_0 + b_1 x + b_2 y \end{cases} \quad (7.3)$$

从上面线性方程组可以看出,至少需要六个方程才能求解出仿射变换的参数。那么至少需要三对物点-像点对应的点坐标。这些对应点也可以称为坐标系转换控制点。每对点给出两个线性方程组的求解方程,该方程组的解是仿射变换的参数。

投影变换源于摄影测量学中的共线原理,即相机的透视中心 C、物体上的点 P 和摄影平面上的对应投影点 p 在同一条线上,在图像空间和物体空间之间建立了点对点的关系[46],坐标之间的关系示意图如图7.5所示,关系方程式如式(7.11)所示。

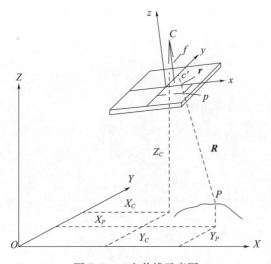

图7.5 三点共线示意图

假设 M 为刚体旋转矩阵,α、β、γ 是欧拉角(图 7.6),s 是尺度因子,那么

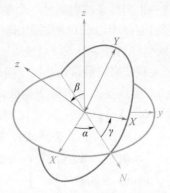

图 7.6 欧拉角示意图(见彩图)

$$M = \begin{bmatrix} m_{11} & m_{12} & m_{13} \\ m_{21} & m_{22} & m_{23} \\ m_{31} & m_{32} & m_{33} \end{bmatrix} \tag{7.4}$$

式中

$$\begin{cases} m_{11} = \cos\alpha\cos\gamma \\ m_{12} = \cos\alpha\sin\gamma + \sin\alpha\sin\beta\cos\gamma \\ m_{13} = \sin\alpha\sin\gamma - \cos\alpha\sin\beta\cos\gamma \\ m_{21} = -\cos\beta\sin\gamma \\ m_{22} = \cos\alpha\cos\gamma - \sin\alpha\sin\beta\sin\gamma \\ m_{23} = \sin\alpha\cos\gamma + \cos\alpha\sin\beta\sin\gamma \\ m_{31} = \sin\beta \\ m_{32} = -\sin\alpha\cos\beta \\ m_{33} = \cos\alpha\cos\beta \end{cases} \tag{7.5}$$

根据图 7.5 所示,可得到像点向量:

$$r = \begin{Bmatrix} x_p - x_c \\ y_p - y_c \\ 0 - f \end{Bmatrix} \tag{7.6}$$

和物点向量

$$R = \begin{Bmatrix} X_p - X_c \\ Y_p - Y_c \\ Z_p - Z_c \end{Bmatrix} \tag{7.7}$$

由于 P、p 和 C 在同一条线上,根据共线原理,r 和 R 存在如下关系:

$$R = \frac{1}{s}M^{\mathrm{T}}r \qquad (7.8)$$

于是得到如下共线条件方程：

$$\begin{cases} x_p - x_c = s[m_{11}(X_P - X_C) + m_{12}(Y_P - Y_C) + m_{13}(Z_P - Z_C)] \\ y_p - x_c = s[m_{21}(X_P - X_C) + m_{22}(Y_P - Y_C) + m_{23}(Z_P - Z_C)] \\ -f = s[m_{31}(X_P - X_C) + m_{32}(Y_P - Y_C) + m_{33}(Z_P - Z_C)] \end{cases} \qquad (7.9)$$

即

$$\begin{cases} x_p - x_c = -f\dfrac{m_{11}(X_P - X_C) + m_{12}(Y_P - Y_C) + m_{13}(Z_P - Z_C)}{m_{31}(X_P - X_C) + m_{32}(Y_P - Y_C) + m_{33}(Z_P - Z_C)} \\ y_p - y_c = -f\dfrac{m_{21}(X_P - X_C) + m_{22}(Y_P - Y_C) + m_{23}(Z_P - Z_C)}{m_{31}(X_P - X_C) + m_{32}(Y_P - Y_C) + m_{33}(Z_P - Z_C)} \end{cases} \qquad (7.10)$$

重写为矩阵格式如下：

$$\begin{cases} x' = -f\dfrac{M_1 X}{M_3 X} \\ y' = -f\dfrac{M_2 X'}{M_3 X} \end{cases} \qquad (7.11)$$

式中：M_1、M_2 和 M_3 是刚体旋转矩阵 M 的行，$X = (X_P - X - C, Y_P - Y_C, Z_P - Z_C)^{\mathrm{T}}$。

考虑到是平面投影方程 $(Z_P - Z_C = 0)$，则平面投影变换如下：

$$\begin{cases} x'(a_0, a_1, a_2, b_0, b_1, b_2, c_0, c_1) = xa_0 + ya_1 + a_2 - x'xc_0 - x'yc_1 \\ y'(a_0, a_1, a_2, b_0, b_1, b_2, c_0, c_1) = xb_0 + yb_1 + b_2 - y'xc_0 - y'yc_2 \end{cases} \qquad (7.12)$$

要评估出上面投影变换方程所有参数，至少需要四对控制点（像点－物点），产生一个有且唯一解的线性方程组。观察这些方程，我们可以看到线性变换是投影变换的一种特殊的简化的模型。

利用这些方程和在飞行过程中拍摄的图像之间的联系，或先前获得的具有精确信息的飞行路线图像，可以获得无人机姿态。尽管所有的策略都从摄影测量角度来计算无人机姿态，但是每个策略在推算无人机姿态的方式上有所不同。

7.4.2　模板匹配

在模板匹配方法中，飞行区域是已知的，例如，带有地理信息的飞行区域图像经过正射校正后，被存储在无人机视觉导航系统中。在飞行过程中，飞机上嵌入式传感器捕获到任何图像，都是所存储的飞行区域图像的一部分。然后可以在存储图像中找出捕获图像的位置，以此估计出无人机的位置。这就是模板匹配策略的核心思想。

据上所述，我们可以得出模板匹配的先决条件是预先知晓有关飞行区域信息，飞行区域图像可以是新近获取的卫星图像，也可以是飞机飞行多块区域图像拼接。

该图像必须经过正射校正处理和地理信息标注。这说明需要考虑图像内部和外部的失真情况,并对校正过的图像中的每个像素标注地理参考信息。如果结合数字地表模型(DSM)标注图像,则每个像素都要能与纬度、经度和海拔关联起来。

模板匹配的最大挑战是如何在存储图像中找到捕获图像,因为两幅图像之间可能有很大不同,它们不一定来自同一传感器,也不能保证它们具有相同的方向、尺度、亮度和许多其他特性[20]。这就提出了一个需要解决的关键问题,即两幅图像匹配中图像处理问题。针对这一问题,人们提出了许多不同的方法,其中大多数使用图像配准方法解决。图像配准是一个多年来十分活跃的研究领域,它是将不同时间、不同视角、不同传感器拍摄的同一场景中两幅或多幅图像进行叠加起来,并对这些图像进行几何配准的过程。换言之,我们必须找到一种几何变换,使两幅图像具有相同的视角和相似的特征。

其中一种方法是使用特征点,如 SIFT、SURF、LATCH、ORB 和 AKAZE[49-53]都是特征点提取描述方法。这些方法主要分为三个步骤:首先在每幅图像中选择点,然后描述图像上该点邻域特征,得到该点特征描述子,最后匹配两幅图像中的相应点。由于存储的图像是带有地理参考信息的图像,因此,使用相应点可以表示投影变换关系,然后用它来估计无人机姿态。

假设 $F:T(x,y) \to G(\text{lat},\text{long})$ 表示从存储图像 T 到目标所在空间 G 的地理参考坐标系变换,而且 $K:T(x,y) \to Q(X,Y)$ 表示捕获图像 Q 与储存图像 T 之间的几何变换,那么就能够建立从查询图像 Q 到地理参考空间 G 的变换 H:

$$H:Q(X,Y) \to T(x,y) K^{-1} \to G(\text{lat}F,\text{long}) \tag{7.13}$$

也就是说,我们可以推断出捕获图像上每一个像素所对应的物理空间经纬度,从而获得无人机位置。将射影变换参数与式(7.5)非线性方程联系起来,就可以得到无人机姿态。

尽管这是一种理论上可行且直接的方法,但计算效率不高。首先,由于覆盖飞行区域的存储图像尺寸大,可能需要很长时间获取其特征点,再将特征点与捕获图像像素点匹配,总的消耗时间超过导航系统所需时间。同样地,这种方法仅适用于来自同一类型传感器的图像(存储图像和捕获图像)匹配,并且必须在一天中的相近时间捕获,以便消除图像上的亮度差异。

对于模板匹配方法,有人提出了减少匹配时间和降低使用条件的策略。该策略就是使用辅助传感器减少匹配时间和提升模板匹配实用性。辅助传感器包括高度传感器(激光高度仪或声纳)和 INS,以及校准光学传感器,包括校准相机的几何参数:焦距、传感器尺寸和径向畸变[54]。

在无人机飞行过程中,嵌入式光学传感器一直实时采集图像。当惯导系统精度下降到极限时,模板匹配方法才运行。它利用惯导系统输出的姿态信息、高度信息和传感器参数形成几何变换,补偿图像在尺度、旋转和扭曲等方面的误

第7章 基于视觉的无人机姿态估计

差,校正捕获图像[13]。经过校正,捕获图像与存储图像具有相同方向和像素大小。如果图像来自同一类型传感器,则通过相关方法可能找到匹配的图像。

相关方法匹配两幅图像,就是通过计算两幅图像的相关度进行匹配度量。相关性可以衡量匹配图像在空间域或转换域的相似性[8],使用像素灰度值进行相关度计算。除相关性度量以外,互信息[55]和互相关[56]也是匹配图像的度量方法。下面重点介绍相关性度量方法。

基于相关性度量方法可以非常有效地评估图像匹配度,并且满足实时应用要求。基于相关性度量方法可以应用于没有明显地标地区的图像匹配,它们对图像之间的差异敏感[20],如图 7.7 所示。相关性度量方法从图像中选取掩码进行计算,对所选取的掩码可以按照平方差相关(式(7.14))、经典相关(式(7.15))或皮尔逊相关(式(7.16))等方法进行相关度计算。如下所列的公式中 T 是存储图像,I 是转换后的捕获图像,w 和 h 分别是图像 I 的宽度(列数)和高度(行数),三种相关度计算方法如下所示。

(a) 转换后的捕获图像　　(b) 存储图像

图 7.7　使用相关性度量方法匹配来自同一传感器的 RGB 图像[57](见彩图)

(1) 平方差相关:

$$R_1(x,y) = \frac{\sum_{x',y'}(T(x',y') - I(x+x',y+y'))^2}{\sqrt{(\sum_{x',y'}T(x',y')^2)(\sum_{x',y'}I(x+x',y+y')^2)}} \quad (7.14)$$

(2) 经典相关:

$$R_2(x,y) = \frac{\sum_{x',y'}(T(x',y')I(x',y'))}{\sqrt{(\sum_{x',y'}T(x',y')^2)(\sum_{x',y'}I(x+x',y+y')^2)}} \quad (7.15)$$

(3) 皮尔逊相关:

$$R_3(x,y) = \frac{\sum_{x',y'}(T'(x',y')I'(x',y'))}{\sqrt{(\sum_{x',y'}T(x',y')^2)(\sum_{x',y'}I(x+x',y+y')^2)}} \quad (7.16)$$

式中

$$T'(x',y') = T(x',y') - \frac{1}{hw}\sum_{x'',y''}T(x'',y'')$$

$$I'(x+x',y+y') = I(x+x',y+y') - \frac{1}{hw}\sum_{x'',y''}I(x+x'',y+y'')$$

滑窗操作的活动范围是一个大小为$(W-w, H-h)$的矩阵,其中W和H分别是存储图像的宽度和高度,于是得到了一个相同矩阵大小的相关度矩阵。该矩阵的每个像素(x,y)值是以该像素点为中心的相关度计算结果。该矩阵的最大像素值(如果使用平方差相关度量就是最小值)是被测图像(变换后的捕获图像)的位置,也就是无人机的位置。尽管相关度计算很快,但是获取和比较特征点,以及在整个存储图像中找出最大相关度都是相当耗时的。为减少时间,可以使用惯导系统(INS)进行位置估计,并将搜索空间缩小到以该估计得到的位置为中心的子图像中,同时考虑INS累积误差。

如前所述,相关性度量方法可以与图像本身(空间域)或变换图像(变换域)中使用。但是,当使用空间域图像时,相关性匹配方法往往对不同传感器的光度和光谱响应差异相当敏感。所以最好使用变换域图像计算相关性,如边缘检测器获得的变换域图像,如图7.8所示。边缘检测器的计算结果是一个二值图像,其中边界的像素值为1,其他像素值为0。如Canny算子[58]、Sobel滤波器[59]或人工神经网络(ANN)掩码[60]都是提取边缘方法。使用变换域图像的优点是,它们对亮度变化和传感器变化不太敏感[61]。例如,在参考文献[57]中,使用RGB卫星图像作为存储图像,但是在飞行期间捕获图像是热图像,这样也能对无人机视觉导航执行模板匹配,实现无人机姿态估计。

(a) 捕获的变换域图像　　　(b) 存储的变换域图像

图7.8　图像边界关联与对比[57]

7.4.3　地标识别

地标识别是一种自然的自动定位方法,它是基于人类飞行员在GNSS不能正常工作时的常见做法。他们通常会寻找他们从以前的飞行中或地图上已经知道的明显的建筑物或其他人造的基础设施,这样他们就可以确定飞机的位置,然后在飞行中纠正 INS 误差[62]。该策略是利用地标识别系统,在无人机飞越特定地点时,由无人机机载视觉设备实时捕获并识别地标[19]。

地标是在一定范围的地域上突显的构造物。它可以是交叉点和十字路口的道路、横跨河流的道路、跑道和滑行道建筑、湖岸、岛屿、大型建筑物、塔楼、桥梁、森林边缘或孤立的林地、树林中的空地以及许多其他构造物[61,63]。地标在任务规划时就被选定,地标位置众所周知。因此,与模板匹配的方式一样,基于地标识别的导航系统需要事先知道飞行的区域,而不必知道整个区域,它只需要知道特定区域或物体。这里认为地标(或地标图案的像素)位置信息(纬度、经度和海拔)是事先知道的。

在飞行过程中,一旦在捕获图像中有地标被识别出来,确定地标在捕获图像中的位置,地标位置信息就可以被使用,代入式(7.12)或式(7.3)中,通过投影转换得到含地理信息的捕获图像。如此该图像中的所有像素都有一个相关联的地理位置信息,可以简单地将图像中心视为无人机摄像头中心,图像中心关联的位置也可以被认为是无人机位置。为了获得相机透视中心和照片姿态,还可以应用更复杂的摄影测量方法得到更精确结果。

总之,该策略关键就是要准确地识别地标。虽然这不是一个简单任务,但是 CV 领域已经对这类课题有了多年研究。到目前为止的文献中,已经提出了几种不同算法,它们在识别过程中都倾向于围绕分辨率、旋转、平移、尺度、亮度等方面的差异开展研究工作。简单地说,可以将它们分为两类,基于内容的图像检索和基于内容的视频检索[64-67],它们都使用了数据存储和图像检索概念。

7.4.3.1 已知精确地标

通过已知精确地标进行姿态估计,就是在以前飞行过的或卫星经过的路径上捕获图像,有些捕获的图像包含有精确位置信息的地标,将含有可用地标图像(又称模板图像)存储在导航系统中,在下次飞行中用于姿态估计。

根据已知精确地标导航,就是从飞行拍摄图像中寻找这些有精确地标的模板图像。可以看出,这类似于 7.4.2 节模板匹配,但与模板匹配所采取的流程相反:不是在存储的图像中查找捕获图像,而是在捕获图像中查找存储图像(模板图像)。这种反向模板匹配方法利用了前面介绍的特征匹配算法。因为模板图像比较小,使得特征匹配算法运行更能趋近实时性。但整个姿态估计时间取决于待测试的地标数量,测试地标数量越多,匹配时间就会越增加。为了适当减少待匹配的地标数量,可以使用带有累积误差的惯性导航系统进行初步位置估计,减少每个飞行区域地标数量。

一旦地标被识别,地标像素与捕获图像像素关联起来,就可以获得捕获图像与地标图像之间的几何变换关系。在捕获图像上添加地理参考信息(式(7.13)),就可以获得无人机位置,无人机位置就是图像中心位置,示例如参考文献[26]所述。按照前面所描述的同样方式,使用式(7.5),就可以获得更复杂的姿态估计方法。

但是,由于受两方面限制,使得反向模板匹配方法有所不足:一是使用特征点匹配算法,二是需要获取最新地标图像。如果删除或修改地标,该方法将无法在新捕获的图像上进行识别。

7.4.3.2 辨识地标类别

如果没有精确地标图像,但是知道无人机将要经过的地标有几种类型(或类别),那么可以不识别具体目标,而是识别目标所属的地标类型。例如,假设在飞行航路上,飞机必须飞越一座桥(该桥是非特定的桥,而是泛指的桥),而且它是该地区唯一的一座桥。基于这种认识,可以开发一个视觉导航系统,在飞行过程中所拍摄的每幅图像上找桥;找到桥后,使用该桥信息进行位置估计。识别出当前目标后,修正导航线路继续飞行,转到路线中下一个目标识别,再次修正导航路线。

这类问题可通过计算机智能(又称软计算(SC))解决,计算智能方法如人工神经网络(ANN)、深度学习和机器学习算法,都是解决该问题的核心关键算法[19,64-65,68-72]。

除了模式识别以外,其他图像处理方法也可以集成到姿态估计模型中。算法越智能,对算力要求就越高。用软计算替代硬计算,可以减轻优化模型的算力负担[64,70]。

摄影测量中传感器调节参数需要记录不同分辨率、不同图像模式的图像[64-65,71-72]。在必要情况下,一些粒子群优化算法变体有助于不同分辨率图像的处理[64]。

随着知识体系构建完善,未来导航系统可以融合不同的多模态数据源,并使用视觉语义信息解决问题[65]。

比如参考文献[68]提到的例子,就是用方向梯度直方图与支持向量机实现不同模态数据关联处理,其中支持向量机是与似 Haar 特征级联,再和局部二值模式(LBP)级联,该方法用于识别目标具体属性,例如分辨足球场和机场。参考文献[69]提出了一种基于区域本体创建具体对象属性的方法,然后使用属性信息对目标进行辨别。另一方面,参考文献[19]通过人工神经网络(ANN)和 Gabor 变换识别地标属性。

这种策略的主要问题是,系统无法区分同类型地标。例如,如果路线中有两座不同桥梁,则系统会将两座桥梁都识别为桥梁,但无法将一座桥梁与另一座桥梁分开,从而导致位置估计可能出现错误。这方面问题必须在飞行规划中加以解决。最稳妥的方法是确保每一类地标在一次飞行中只出现一次,或者采用其他技术或其他传感器信息加以辨别、分离。甚至有可能在同一条路线上有同一类地标,但它们相距一定距离,在飞行规划路线时,对依次经过地标进行严格排序,对同类地标加以辨别分离。

迄今文献资料中,对航空地标识别导航系统研究报道还很少。地标识别导航系统是一个很有前途的研究领域,可满足无人机自动、可靠、精确定位的需求,它比模板匹配需要更少的航路信息,因为每次姿态估计都独立于前面所有历次估计。

7.4.4 视觉里程计

当无人机不得不在未知区域上空飞行时,前面讨论的自主导航策略都不可以使用。这时,飞行起始位置和飞行过程中捕获的序列图像将是姿态估计的主要信息源。因为连续图像之间存在重叠区域,测量重叠区域之间的运动关系,可以提供对导航系统有用信息。这种策略称为视觉里程计(VO)。

然而,使用 VO 估计 UAV 位置,需要考虑图像尺度因素[73]。因为根据图像的像素值只能估计无人机运动[73],还需要以米为单位的尺度信息才能估计出飞行中的新位置。为了获得无人机的运动状态,还需要其他传感器,例如激光高度计、气压计或速度计、标定过的视觉传感器,其中视觉传感器标定参数包括焦距、孔径、传感器尺寸等。

该方法主要是在两幅连续图像中寻找对应的点[73],使用这些点来估计变换矩阵(包括旋转矩阵和平移向量),如图 7.9 所示。设 P_1 为飞行的起始地点,P_n 为目的地点,图像集 $I_{1:n} = I_1, I_2, \cdots, I_n$ 采集自飞行航线上每个对应位置 $P_1, P_2, \cdots, P_n$。里程计的主要工作是评估出一组变换集 $T_{1:n} = T_1, T_2, \cdots, T_n$,当所有变换依次施加到初始位置时,可将无人机从位置 P_1 移动到 P_n,如下式所示:

$$P_n = P_1(T_1 T_2 \cdots T_n) \tag{7.17}$$

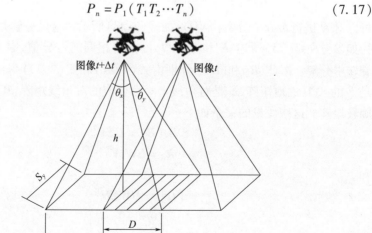

图 7.9 无人机在 t 和 $t + \Delta t$ 处获得图像示意图[74]

单次变换 T_k 如式(7.18)所示,其中 R_k 为旋转矩阵,t_k 为平移向量。它们表示传感器(即 UAV)运动,而且变换 T_k 可以通过分析成对的连续图像 I_{k-1} 和 I_k 的关系得到,图像 I_{k-1} 和 I_k 分别采集于位置 P_{k-1} 和 P_k 处。T_k 为

$$T_k = \begin{bmatrix} R_k & t_k \\ 0 & 1 \end{bmatrix} \tag{7.18}$$

为了获得 R_k 和 t_k,我们需要确定每对连续图像(I_{k-1},I_k)的基本矩阵 F[75]。基本矩阵是一个 3×3 矩阵,表示同一场景的两幅图像之间的极线几何关系,它只取决于传感器的参数和每幅图像的拍摄位置。基本矩阵最重要的特性是图像上相对应的点 x_{k-1} 和 x_k 存在如下关系:

$$x_k^T F_k x_k - 1 = 0 \tag{7.19}$$

接着,问题变成寻找连续图像之间的对应点。同样,特征点检测算法在解决这个问题中起着重要作用。特征点检测是迄今为止提出的大多数 VO 系统实现的核心内容。使用的任何特征点算法都会产生一组对应的点对,这些点对可应用于式(7.17)中,以形成一个线性系统,进而获得基本矩阵 F。

旋转矩阵 R_k 和平移向量 t_k 都来自 F,因为他们之间存在联系,见式(7.20),基本矩阵 F 包含传感器的标定参数 C。式(7.20)包含 C^{-T},它为矩阵 C 转置的逆,$[t_k]_x$ 是斜对称矩阵,表示 t_k 关于特征点 x 的叉积:

$$F_k = C^{-T} R_k [t_k]_x C^{-1} \tag{7.20}$$

F 也能表示为式(7.21)的形式,其中 E 为本质矩阵,本质矩阵的定义如式(7.22)[75]所示:

$$F_k = C^{-T} E_k C^{-1} \tag{7.21}$$

$$E_k = R_k [t_k]_x \tag{7.22}$$

可以对 E 进行奇异值分解(SVD),如式(7.23)所示。这种分解是至关重要的,因为如参考文献[75]所述,E 和矩阵 $[t_k]_x$ 具有相同的奇异值,因为它们仅在一次旋转中分解。据此,R_x 和 $[t_k]_x$ 分别由式(7.24)和式(7.25)得出,其中 U 和 V^T 是 E 的 SVD 的酉矩阵,Σ 是对角线上为奇异值的对角线矩阵,W 是 z 轴上的 90°旋转矩阵。这些变量的关系如下:

$$SVD(E) = U\Sigma V^T \tag{7.23}$$

$$R_k = UW^T V^T \tag{7.24}$$

和

$$[t_k]_x = UW\Sigma U^T \tag{7.25}$$

$$W = \begin{bmatrix} 0 & -1 & 0 \\ 1 & 0 & 0 \\ 0 & 0 & 0 \end{bmatrix} \tag{7.26}$$

该策略具有较强重用性,可以频繁地校正 INS 误差[8]。另一方面,VO 在运

动方向上会累积误差。因此,在长距离飞行中,定位会不太准确[8]。发生这种情况的原因,除了使用已知起始位置的第一次估计之外,所有其他估计都使用其之前的估计结果(以及由此产生的隐式误差)作为输入,从而产生类似于 INS 的累积误差。VO 系统的一些例子请见参考文献[27,76-78](图 7.10)。

图 7.10 视觉里程计错位估计[26]

7.4.5 方法组合

前面描述的面向自主视觉导航系统应用的每种策略,有其优点,也有其缺点,单个策略在无人机多种任务中不具普适性。为了克服这个应用缺点,目前大多数研究倾向于将这些单一策略组合起来。在这种背景下,数据融合算法在组合不同姿态估计方法方面起着至关重要的作用,每种策略得到的姿态估计结果经过融合后,可以可靠地为导航提供更准确的姿态信息。在大多数情况下,组合多种姿态估计方法被证明更稳定、更可靠。

参考文献[20,54]首先提出了一种视觉方法组合的例子。他们都把模板匹配策略与 VO 结合起来。在参考文献[20]中,使用贝叶斯估计框架融合位置估计和 INS 信息,该框架由两部分组成:一个标准的卡尔曼滤波器和一个点质量滤波器[20]。在参考文献[54]中,Braga 使用粒子滤波算法来估计新的位置。

即时定位和地图构建(SLAM)是另一种视觉导航策略,也可以被认为是一种多策略组合。它将 VO 与地标识别结合起来,其目标是在环境中对机器人进行定位,同时绘制地图[79]。SLAM 是目前研究和开发最广泛的方法之一,因为在没有 GNSS 信号的地区,或环境状态完全改变的受灾地区,SLAM 的应用受到了极大关注。抢险救灾过程中,首先要了解环境状况,以便尽快规划行动方案,营救幸存者。

在 SLAM 方法中,世界的内在表征主要是在线构建的马赛克图像,并且还形成了用于定位的地标数据库。SLAM 已经成为室内机器人导航应用的一个标准方法[80]。更具挑战性的是在广阔的室外环境中使用这种技术。它是面向陆地或水上无人机导航应用的最有前景的技术之一[80]。

基于视觉的 SLAM 系统有两种类型:单目(仅使用一个传感器)和双目(使用多个传感器,并将它们的测量值融合为场景立体视觉)[20]。双目 SLAM 对硬件依赖性较小，比单目 SLAM 灵活。双目利用来自传感器的信息形成立体视觉，并构建场景地图[81]。立体视觉用于获取环境深度信息。另一方面，单目 SLAM 也可以利用图像序列来获取深度信息，不过，它必须限制在两幅图像之间的重叠区域。

使用上述两种 SLAM 时，首先得由 VO[81] 引导飞机飞行。在引导飞行的同时，SLAM 系统绘制区域地图，自动收集地标数据[82]。这些数据存储在一个数据库中，随着 VO 可靠性下降，飞机返回到之前绘制过的区域，识别地标，消除视觉累积误差[81]。在继续行驶之前，需要重新回到地图上绘制过的地方，以识别一些地标。SLAM 最大缺点是每次飞行需要重新回到航路起始位置，这样会影响飞机执行某些任务的自主性[21]。

7.5 视觉导航系统的未来发展

视觉导航领域仍然有一些难题亟待攻克。视觉导航研究的一个重要特点是室内视觉导航研究与开发多于室外。这是因为室外借助 GNSS 可以实现比较好的导航；而在室内，卫星信号覆盖不上，GNSS 在室内导航信号一直处于非常不稳定、不可靠的状态。所以，视觉导航主要用于解决室内导航问题，而且室内环境可控，例如可以人工改造和铺设一些设施，这有利于室内视觉导航发展。这种室内视觉导航研究倾向可能随着无人机应用普及而改变，同时室外导航对安全性、可靠性需求增加，也会促进室外视觉导航的发展。

另一种发展趋势与导航传感器使用相关。目前提出的大多数方法，所用传感器为光学 RGB 传感器，当飞行到更广阔的场景时，RGB 传感器的作用就会受限。因此，需要研究和开发新传感器以及基于新传感器的新视觉导航策略，达到更加可靠和更加广泛的视觉效果，这也引导着环境自适应视觉导航系统的研究。在设计出姿态估计最佳算法之前，还需要考虑无人机运行环境状况。

同时，大多数视觉导航方法计算成本都很大，实时姿态估计是一个需要深入思考的难题。由于能耗、重量，以及机载嵌入式计算机算力限制，因此给无人机实时自主导航带来挑战。一种解决方案是借助云计算和高效通信链路[66,83-85]，将图像数据实时传输给后台云，将计算压力转移给后台云。但是，这种解决方案尽管使用了加密技术和其他安全措施，系统还是会存在由于数据传输漏洞而被黑客攻击的风险。如今很少有人使用这种前端后端混合计算提升视觉导航实时性的方法[54]，他们倾向于增强前端处理能力，将现场可编程门阵列、多个中央处理单元和图形处理单元系统结合起来，搭建出最合适无人机荷载的、计算性能最优化的前端硬件架构，这是解决前端计算受限的一种可行方案。

尽管本章讨论了单架无人机导航问题，但是多无人机协作也能提供机群位置信息。虽然如此,多无人机群协同定位方法也不推荐使用,因为集群中每个无人机之间的通信也会像云计算一样存在系统漏洞风险。

7.6 小结

无人机的大量应用推动导航系统向着更加可靠的方向发展,新技术会弥补"GNSS + INS"的缺点和不足。信号丢失、易受干扰和欺骗,以及不能在室内导航成为影响"GNSS + INS"在若干重要应用中的巨大障碍[83,85]。为此,科学界已经开发出了几种视觉导航系统:地标识别、模板匹配、视觉里程计以及这些策略的组合[84-87],迄今它们被证明是相当可靠的,作用效果可与 GNSS 匹敌。总之,这几项技术迄今取得的进展及未来持续的改进使得视觉导航系统成为一个广阔而丰富的研究领域。

参考文献

[1] Mersheeva V, and Friedrich G. Multi – UAV monitoring with priorities and limited energy resources. In: ICAPS; 2015. p. 347 – 356.

[2] Costa FG, Ueyama J, Braun T, et al. The use of unmanned aerial vehicles and wireless sensor network in agricultural applications. In: 2012 IEEE Int'l GeoscienceandRemote SensingSymp. (IGARSS). IEEE; 2012. p. 5045 – 5048.

[3] Doherty P, and Rudol P. A UAV search and rescue scenario with human body detection and geo-localization. In: Australasian Joint Conf. on Artificial Intelligence. Springer; 2007. p. 1 – 13.

[4] Everaerts J, et al. The use of unmanned aerial vehicles (UAVs) for remote sensing and mapping. In: The Int'l Archives of the Photogrammetry, Remote Sensing and Spatial Inf. Sciences (IAPRSSIS). 2008; 37. p. 1187 – 1192.

[5] Remondino F, Barazzetti L, Nex F, et al. UAV photogrammetry for mapping and 3D modeling – current status and future perspectives. In: IAPRSSIS. 2011; 38(1). p. C22.

[6] Mader D, Blaskow R, Westfeld P, et al. Potential of UAV – based laser scanner and multispectral camera data in building inspection. In: IAPRSSIS. 2016. p. 41.

[7] Valavanis KP, and Vachtsevanos GJ. UAV applications: Introduction. In: Handbook of Unmanned Aerial Vehicles. Springer; 2015. p. 2639 – 2641.

[8] Silva CAO. Evaluation of Template Matching for UAV Location. UFMG; 2015.

[9] Woodman OJ. An introduction to inertial navigation. University of Cambridge, Computer Laboratory; 2007.

[10] LeMieux J. Alternative UAV Navigation Systems; 2012. Available from: http://electronicdesign.

com/embedded/alternative – uav – navigation – systems [cited 12/05. 2016].

[11] Parkinson BW, Enge P, Axelrad P, et al. Global positioning system: Theory and applications, Volume II. Am. Inst. of Aeronautics and Astronautics; 1996.

[12] Taiwan National Space Organization. NSPO Satellite Database.

[13] Goltz GAM. Artificial Neural Networks on Images for UAV Pose Estimation. Instituto Nacional de Pesquisas Espaciais; 2011.

[14] de Babo Martins F, Teixeira LF, and Nobrega R. Visual – inertial based autonomous navigation. In: Robot 2015: 2nd Ib. Rob. Conf. Springer; 2016. p. 561 – 572.

[15] Kintner PM, Kil H, Beach TL, et al. Fading timescales associated with GPS signals and potential consequences. Radio Sci. 2001; 36(4): 731 – 743.

[16] Allen PD. Modeling global positioning system effects in the Tlc/Nlc Model, 1994.

[17] Ruegamer A, and Kowalewski D. Jamming and spoofing of GNSS signals – An underestimated risk?! Proc. Wisdom Ages Chall. Mod. World. 2015; p. 17 – 21.

[18] Zhang C, Chen J, Song C, et al. An UAV navigation aided with computer vision. In: The 26th Chinese Control and Decision Conf. (2014 CCDC); 2014.

[19] Shiguemori EH, Martins MP, and Monteiro MVT. Landmarks recognition for autonomous aerial navigation by neural networks and Gabor transform. In: SPIE 2007 Electr. Imaging. SPIE; 2007. p. 64970R – 64970R.

[20] Conte G, and Doherty P. Vision – based unmanned aerial vehicle navigation using geo – referenced information. In: EURASIP J. Adv. in Signal Proc. 2009; 2009.

[21] Mathe K, and Busoniu L. Vision and control for UAVs: A survey of general methods and of inexpensive platforms for infrastructure inspection. Sensors. 2015; 15(7): 14887 – 14916.

[22] Gamal AE, and Eltoukhy H. CMOS image sensors. Circ. Dev. Mag. 2005; 21(3): 6 – 20.

[23] Lees, AW, and Ryan WD. A simple model of a buried channel charge coupled device. Google Patents; 1974. US Patent 3,792,322.

[24] Cardoza S, Alexsander J, et al. Digital image sensors: CCD AND CMOS. In: VII CONNEPI – Congresso Norte Nordeste de Pesquisa e Inovacao; 2012.

[25] Sohn IY. CMOS active pixel sensor. Google Patents; 2002. US Patent 6,365,950. Available from: https://www.google.com/patents/US6365950.

[26] Silva Filho PFF. Automatic Landmark Recognition in Aerial Images for the Autonomous Navigation System of Unmanned Aerial Vehicles. Instituto Tecnologico de Aeronautica (ITA). Sao Jose dos Campos – SP; 2016.

[27] Roos DR. Machine learning applied to visual odometry for UAV pose esti – mation. UNIFESP. Sao Jose dos Campos; 2018.

[28] Rebecq H, Horstschaefer T, and Scaramuzza D. Real – time visual inertial odometry for event cameras using keyframe – based nonlinear optimization. In: British Machine Vis. Conf. (BMVC). vol. 3; 2017.

[29] Depaola R, Chimento C, Anderson ML, et al. UAV navigation with computer vision – flight testing a novel visual odometry technique. In: 2018 AIAA Guidance, Navigation, and Control Con-

ference;2018. p. 2102.

[30] Mansur S, Habib M, Pratama GNP, et al. Real time monocular visual odometry using Optical Flow:Study on navigation of quadrotors UAV. In:2017 3rd Int'l Conf. Sc. Technology – Computer(ICST). IEEE;2017. p. 122 – 126.

[31] Estrela VV, Magalhaes HA, and Saotome O. Total variation applications in computer vision. In Handbook of Research on Emerging Perspectives in Int. Pattern Rec. , Analysis, and Image Proc. IGI Global;2016, pp. 41 – 64.

[32] Estrela V. ,Rivera LA, Beggio PC, and Lopes RT. Regularized pel – recursive motion estimation using generalized cross – validation and spatial adaptation. In: Proc. SIBGRAPI;2003. DOI: 10. 1109/SIBGRA. 2003. 1241027

[33] Hagen NA, and Kudenov MW. Review of snapshot spectral imaging technologies. Optical Eng. 2013;52(9):090901.

[34] Gade R, and Moeslund TB. Thermal cameras and applications:A survey. Machine Vis. Appl. 2014;25(1):245 – 262.

[35] da Silva W, Shiguemori EH, Vijaykumar NL, et al. Estimation of UAV position with use of thermal infrared images. In:2015 9th Int'l Conf. Sensing Technology(ICST). IEEE;2015. p. 828 – 833.

[36] Carter J, Schmid K, Waters K, et al. Lidar 101:An Introduction to LIDAR Technology, Data, and Applications. National Oceanic and Atmospheric Administration(NOAA) Coastal Services Center;2012.

[37] Yun S, Lee YJ, and Sung S. Range/optical flow – aided integrated navigation system in a strapdown sensor configuration. Int'l J. Contr. , Aut. Sys. 2016;14(1):229 – 241.

[38] Tuell G, Barbor K, and Wozencraft J. Overview of the coastal zone mapping and imaging lidar (CZMIL):A new multisensor airborne mapping system for the US Army Corps of Engineers. In:Int'l SPIE Def. ,Security, and Sensing. SPIE;2010. p. 76950R – 76950R.

[39] Braga JR, Velho HdC, and Shiguemori H. Estimation of UAV position using LiDAR images for autonomous navigation over the ocean. In:2015 9th Int'l Conf. Sensing Technology(ICST). IEEE;2015. p. 811 – 816.

[40] Wallace L, Lucieer A, Watson C, et al. Development of a UAV – LiDAR system with application to forest inventory. Remote Sensing. 2012;4(6):1519 – 1543.

[41] Moreira A, Prats – Iraola P, Younis M, et al. A tutorial on synthetic aperture radar. Geosci. Remote Sensing Mag. 2013;1(1):6 – 43.

[42] Sineglazov V. Landmarks navigation system software. In:2014 IEEE 3rd Int'l Conf. Meth. Syst. Nav and Motion Control(MSNMC). IEEE;2014. p. 62 – 65.

[43] Slama CC, Theurer C, Henriksen SW, et al. Manual of Photogrammetry. 4th Ed. American Society of Photogrametry;1980.

[44] Gonzalez RC, and Woods RE. Digital Image Processing. Prentice – Hall;2005.

[45] Kumar A, Joshi A, Kumar A, et al. Template matching application in geo – referencing of remote sensing temporal image. Int'l J. Sig. Proc. ,Image Proc. and Patt. Recognition. 2014;7(2):201 – 210.

[46] Andrade JB. Photogrametry. SBEE. 1998;p. 98.

[47] Coelho L,and Brito JN. Fotogrametria digital. EDUERJ;2007.

[48] Lima SAd,and Brito JLNeS. Digital image rectification strategies. In:Congresso Brasileiro de Cadastro Tecnico Multifinalitario;2006.

[49] Cruz BF,de Assis JT,Estrela VV,and Khelassi A. A compact SIFT – based strategy for visual information retrieval in large image databases. Medical Technologies Journal. 2019;3(2):402 – 1,https://doi.org/10.26415/2572 – 004X – vol3iss2p402 – 412.

[50] Bay H,Tuytelaars T,and Gool LV. SURF:Speeded up robust features. In:Computer Vision – ECCV 2006. Springer;2006. p. 404 – 417.

[51] Rublee E,Garage W,Park M,et al. ORB:An efficient alternative to SIFT or SURF. In:Int'l Conf. Computer Vision(ICCV). 2011;p. 2564 – 2571.

[52] Alcantarilla PF,Bartoli A,and Davison AJ. KAZE features. In:European Conf. on Computer Vision(ECCV). 2012. p. 214 – 227.

[53] Levi G,and Hassner T. LATCH:learned arrangements of three patch codes. In:2016 IEEE Winter Conf. App. Comp. Vision(WACV). IEEE;2016. p. 1 – 9.

[54] Braga JRG. UAV autonomous navigation by LiDAR images processing. Instituto Nacional de Pesquisas Espaciais(INPE). Sao Jose dos Campos;2018. Available from:http://urlib.net/sid.inpe.br/mtc – m21c/2018/05.18.16.04.

[55] Maes F,Collignon A,Vandermeulen D,et al. Multimodality image regis – tration by maximization of mutual information. IEEE Trans. Medical Imaging. 1997;16(2):187 – 198.

[56] Sarvaiya JN,Patnaik S,and Bombaywala S. Image registration by template matching using normalized cross – correlation. In:2009 Int'l Conf. Advances in Comp.,Control,and Telecommunication Techn. IEEE;2009. p. 819 – 822.

[57] Silva Wd. Night UAV autonomous navigation by image processing of thermal infrared images. Instituto Nacional de Pesquisas Espaciais(INPE). Sao Jose dos Campos;2017. Available from:http://urlib.net/sid.inpe.br/mtc – m21b/2016/08.08.20.34.

[58] Canny J. A computational approach to edge detection. IEEE Trans. Pattern Anal. Mach. Intell. 1986;8(6):679 – 698.

[59] Kanopoulos N,Vasanthavada N,and Baker RL. Design of an image edge detection filter using the Sobel operator. IEEE J. Solid – State Circ. 1988;23(2):358 – 367.

[60] Suzuki K,Horiba I,and Sugie N. Neural edge enhancer for supervised edge enhancement from noisy images. IEEE Trans. Pattern Anal. Mach. Intell.,2003;25:1582 – 1596.

[61] Rivera LA,Estrela VV,and Carvalho PCP. Oriented bounding boxes using multiresolution contours for fast interference detection of arbitrary geometry objects. In:Proc. 12 – th Int'l WSCG 2004;2004.

[62] Epstein RA,and Vass LK. Neural systems for landmark – based wayfinding in humans. Philos. Trans. R. Soc. London B:Biol. Sc. 2014;369(1635):20120533.

[63] Michaelsen E,and Meidow J. Stochastic reasoning for structural pattern recognition:An example from image – based UAV navigation. Pattern Recog. 2014;47(8):2732 – 2744.

[64] de Jesus MA, Estrela VV, Saotome O, et al. Super-resolution via particle swarm optimization variants. In: Biologically Rationalized Computing Techniques For Image Processing Applications. Springer; 2018. p. 317–337. https://doi.org/10.1007/978-3-319-61316-1_14

[65] Estrela VV, and Herrmann AE. Content-based image retrieval(CBIR) in remote clinical diagnosis and healthcare. In: Encyclopedia of E-Health and Telemedicine. IGI Global; 2016. p. 495–520. https://doi.org/10.4018/978-1-4666-9978-6.ch039

[66] Estrela, VV, Monteiro ACB, Franca RP, Iano Y, Khelassi A., and Razmjooy N. Health 4.0: Applications, management, technologies and review. Med. Tech. J., 2019; 2(4): 262–276, https://doi.org/10.26415/2572-004X-vol2iss1p262-276.262.

[67] Estrela VV, and Coelho AM. State-of-the art motion estimation in the con-text of 3D TV. In: Multimedia Networking and Coding. IGI Global; 2013. p. 148–173. https://doi.org/10.4018/978-1-4666-2660-7.ch006.

[68] Cruz JEC. Object Recognition in Satellite Imagery with Descriptor-Classifier Approaches. INPE; 2014.

[69] Michaelsen E, Jager K, Roschkowski D, et al. Object-oriented landmark recognition for UAV-navigation. Patt. Rec. Im. An. 2011; 21(2): 152–155.

[70] Hemanth DJ, and Estrela VV. Deep Learning for Image Processing Applications. Vol. 31. IOS Press; 2017.

[71] Coelho AM, and Estrela VV. EM-based mixture models applied to video event detection. Principal Component Analysis—Engineering Applications. IntechOpen, 2012. https://doi.org/10.5772/38129

[72] Fernandes SR, Estrela VV, and Saotome O. On improving sub-pixel accuracy by means of B-spline. In: 2014 IEEE Int'l Conf. Imaging Syst. and Techn. (IST). IEEE; 2014. p. 68–72. https://doi.org/10.1109/IST.2014.6958448

[73] Fraundorfer F, and Scaramuzza D. Visual odometry: Part I: The first 30 years and fundamentals. IEEE Robotics Autom. Mag. 2011; 18(4): 80–92.

[74] Reboucas RA, Eller QDC, Habermann M, et al. Embedded system for visual odometry and localization of moving objects in images acquired by unmanned aerial vehicles. In: 2013 III Brazilian Symp. on Computing Systems Engineering(SBESC). IEEE; 2013. p. 35–40.

[75] Hartley R, and Zisserman A. Multiple view geometry in computer vision. Cambridge University Press; 2003.

[76] Quist EB, and Beard RW. Radar odometry on fixed-wing small unmanned aircraft. IEEE Trans. Aerosp. Electron. Syst. 2016; 52(1): 396–410.

[77] Post T. Precise localization of a UAV using visual odometry. 2015.

[78] More V, Kumar H, Kaingade S, et al. Visual odometry using optic flow for unmanned aerial vehicles. In: 2015 Int'l Conf. Cognitive Comp. and Information Processing(CCIP). IEEE; 2015. p. 1–6.

[79] Smith RC, and Cheeseman P. On the representation and estimation of spatial uncertainty. Int'l J. Robotics Res. 1986; 5(4): 56–68.

[80] Subramanya H. Monocular vision based simultaneous localization and mapping (SLAM) technique for UAV platforms in GPS – denied environ – ments. Int'l J. Rob. Mechatron. 2016;2(1):37 – 43.

[81] Chudoba J, Kulich M, Saska M, *et al*. Exploration and mapping technique suited for visual – features based localization of MAVs. J. Int. Rob. Syst. 2016;1 – 19.

[82] Wang L, Liu R, Liang C, *et al*. A new real – time visual SLAM Algorithm based on the improved FAST features. In: Human – Computer Interaction. Towards Intelligent and Implicit Interaction. Springer;2013. p. 206 – 215.

[83] Estrela VV, Hemanth J, Saotome O, Grata EGH, and Izario DRF. Emergency response cyber – physical system for flood prevention with sus – tainable electronics. In: Iano Y. *et al*. (eds) Proc. BTSym 2017. Springer;2019. https://doi.org/10.1007/978 – 3 – 319 – 93112 – 8_33

[84] Franca RP, Iano Y, Monteiro ACB, Arthur R, and Estrela VV. Betterment proposal to multipath fading channels potential to MIMO systems. In: Y. Iano *et al*. (eds) Proc. BTSym'18. Springer;2019. https://doi.org/10.1007/978 – 3 – 030 – 16053 – 1_11

[85] Estrela VV, Khelassi A., Monteiro ACB, *et al*. Why software – defined radio (SDR) matters in healthcare? Med. Techn. J., 3(3), 2019, pp. 421 – 429, https://doi.org/10.26415/2572 – 004Xvol3iss3p421 – 429. Vision – based UAV pose estimation 171

[86] Coelho AM, de Assis JT, and Estrela VV. Error concealment by means of clustered blockwise PCA. In: Proc. 2009 IEEE PCS. https://doi.org/10.1109/PCS.2009.5167442

[87] Razmjooy N, Ramezani M, Estrela VV, Loschi HJ, and do Nascimento DA. Stability analysis of the interval systems based on linear matrix inequalities. In: Y. Iano *et al*. (eds), Proc. BTSym'18. Springer;2019. https://doi.org/10.1007/978 – 3030 – 16053 – 1_36

第 8 章　无人机视觉

微型飞行器(MAV)是一种尺寸有限的小型无人机(UAV),在商业、科研、政治和军事领域有着广泛的应用。最近,随着生态、地质、气象、水文和人为灾害的发生,仿生微型飞行器的应用越来越多[1-2]。正如我们所知,动物在多变环境中会使用不同的运动策略,从而实现以最少的能量消耗来获取食物或逃避危险。因此,以动物为灵感对无人机进行设计和建模,不仅可以减少设备长期运行的能耗,还可以帮助我们构造能在危险户外环境或是常规机器人无法使用的环境中使用的无人机[1-2]。

无人机是一种具有安全、灵活、低成本、易操作优点的重要工具。仿生机器人已经能够飞行、移动、跳跃、行走,视觉(视觉感知)系统是这类机器人(含微型飞行器)最关键的部分之一。

视觉系统具有通过光线和图像传感来感知环境的能力,其设计灵感来自于生物视觉感知能力。视觉感知是人类和动物理解环境、与环境交流的一种天生能力。这种感知是通过生物器官的频繁活动,即使在最娇小的昆虫身上也能进行的。

尽管大量研究人员长期致力于让机器来模仿动物的不同技能,但是自然视觉系统的效能远超所有人工系统。在这一章中,我们将汇总各种微型飞行器视觉系统的仿生设计技术。

8.1　引言

微型无人机(MAV)拥有完成许多有限时间任务的潜力。它们的体积小,便于运输到发射地点,并允许它们由一个操作者遥控飞行,这使它们成为侦察危险情况(例如,气体排放、化学品泄漏等)的理想选择。它们的尺寸也使它们难以在视觉上被检测到,使它们在关键监视任务方面具有很大作用。因此,MAV 为执行目前无法用任何其他现有设备完成的任务提供了一种方便和安全的方式。当较大的无人机(UAV)难以操作时,MAV 可以在密闭和露天的空间使用[3]。

相反，当考虑到较小的尺寸时，MAV 的限制将更加明显。较小的机翼会降低无量纲雷诺数，它在流体力学中说明了通过机体或管道的流体流动的不稳定或稳定程度。雷诺数(Re)描述了惯性力和黏性力之间的比率，并解释了层流或湍流的数量，如下所示：

$$\mathrm{Re} = \frac{\rho\, v_1}{\mu} = \frac{v_1}{u} \tag{8.1}$$

式中：v 是流体速度，单位为 m/s；ρ 是流体密度；μ 是流体动态黏度；u 是流体运动黏度，单位为 m^2/s。在同一 Re 下运行的系统将有类似的流动特性，无论流体、速度以及特性长度如何变化。

它们根据产生推进推力和升力的方式不同，可分为固定翼 MAV(FMAV)[4]，旋翼 MAV(RMAV)，扑翼（也称为仿生 MAV 或 BMAV），以及混合翼 MAV，如下节所述[5-6]（图 8.1）。

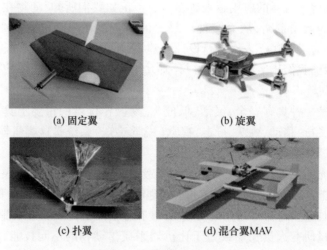

(a) 固定翼　　　　　　　(b) 旋翼

(c) 扑翼　　　　　　　(d) 混合翼MAV

图 8.1　不同类型的 MAV

8.1.1　固定翼 MAV

FMAV 看起来像固定翼飞机并以其为原型。与其他类别相比，FMAV 具有更高的飞行速度和更长的续航时间。FMAV 面临许多独特的挑战，使完全自主无人机的设计和开发更加复杂。FMAV 在低雷诺数(Re)体系中运行，在边界层中发生许多复杂的流动现象。

气流的分离、过渡和重新连接都可以在沿机翼弦线的很短距离内发生[6]。大多数 FMAV 的设计是通过使用电机驱动的螺旋桨来产生推力的，但也有使用了其他系统的。升力是由具有机翼截面的非移动机翼上的气流产生的。这通常将飞行方向限制为前进运动[7-9]。

FMAV通常由刚性机翼、机身和尾翼组成,使用电机和螺旋桨作为其推进系统,可以覆盖尽可能广泛的操作环境,包括丛林、沙漠、城市、海洋、山区和北极环境[10]。由于与无人机相比尺寸较小,所需功率低,FMAV的雷达截面低,因此在城市或森林地区等环境中飞行很难被发现。FMAV需要低展弦比的短机翼,因为机翼较长的无人机相当脆弱,而且可能与障碍物相撞[7-8]。

在数据收集或监视等MAV应用中,高续航能力和应用范围大是至关重要的。通常情况下,升力/阻力值较高的FMAV比升力/阻力值较低的飞行器性能更好。此外,与通常以较慢的飞行速度执行室内任务的BMAV和RMAV相比,FMAV具有更远的航程和续航能力,可以在更高的高度飞行。机翼平面图是指从上面或下面看时的机翼轮廓。不同类型的轮廓都是可能的:矩形、椭圆形、带后掠前缘的锥形机翼、齐默尔曼和反齐默尔曼[10]。甚至有些飞行器在飞行过程中机翼轮廓形状可变。

对FMAV的数学建模进行一些思考:FMAV可以被模拟成一个刚体,地球的曲率可以被忽略,而且FMAV飞行的距离很短[11]。考虑这些假设,便可以利用牛顿的运动定律来实现FMAV的建模。

8.1.1.1 纵向动力学

MAV的高空动态模型可以描述如下[12]:

$$\begin{cases} \dot{\theta} = q \\ \dot{q} = M_q q + M_{\delta_e} \delta_e \\ \dot{h} = V\sin(\theta) \end{cases} \tag{8.2}$$

式中:V是飞机速度;θ是俯仰角;q是MAV机身关于y轴的俯仰角速率;h是MAV的高度;δ_e是升降舵偏差[13];M_q和M_{δ_e}是隐含在俯仰运动中的稳定性导数,变量如图8.2(a)所示。

8.1.1.2 横向动力学

翻滚运动包括一个偏航运动(反之亦然)。然后,围绕滚轴和偏航轴的旋转之间存在一个自然耦合[14]。

不同的技术可以帮助解决这个问题。例如,人们认为偏航和翻滚运动是可以解耦的[15]。尽管如此,每个运动都可以被独立控制。但是发动机推力的影响被忽略了[14]。偏航角度如图8.2(b)所示。

偏航角可以描述如下:

$$\begin{cases} \dot{\psi} = r \\ \dot{r} = N_r r + N_{\delta_r} \delta_r \end{cases} \tag{8.3}$$

式中:δ_r是方向舵偏转;ψ是偏航角度;r是相对于MAV重心的偏航率;N_r和N_{δ_r}是偏航运动的稳定性导数。下面的方程可以对翻滚角的动态进行建模:

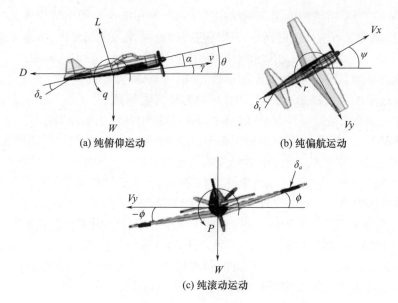

(a) 纯俯仰运动 (b) 纯偏航运动

(c) 纯滚动运动

图 8.2 动态运动模型[13]

$$\begin{cases} \dot{\phi} = p \\ \dot{p} = L_p p + L_{\delta_a} \delta_a \end{cases} \tag{8.4}$$

式中：p 是滚转率；ϕ 是滚转角；δ_a 是副翼的偏差；L_p 和 L_{δ_a} 是滚动运动的稳定性导数。图 8.2(c)显示了滚转运动的变量。

8.1.2 旋翼 MAV

RMAV 看起来像带有旋转翼的直升机。RMAV 在功能上类似于直升机或气垫飞行器。旋转的旋翼产生升力和推力。这些旋翼必须有效地产生空气动力，这就限制了它们可以做得很小。旋翼必须有足够的表面积以产生足够大的空气动力。使用多组旋翼（如四旋翼、六旋翼等）可以增加它们产生的升力和推力。通过以相反的方向旋转旋翼（以平衡的方式），RMAV 可以快速稳定，并将下冲空气的旋转降到最低[16]。这使得多旋翼飞机易于远程驾驶（操纵和悬停）。

RMAV 的基本优点之一是尺寸小，可以在狭窄的空间内飞行，特别是 RMAV 可以悬停，具有很高的机动性[17]。与 FMAV 不同，RMAV 可以向各个方向飞行，水平、垂直，并可以在固定位置悬停[18]。这些特点使它们成为勘测难以到达地区的完美无人机，如桥梁、管道等[19]。类似于直升机的 RMAV 通过旋翼的不断旋转产生升力[18]。那些由一个电机和一个叶片组成的飞机被称为单旋翼飞机，其灵感来自于从一些树上掉下来的旋转种子[3]。目前，RMAV 可以有 2~12 个马达[20]，其中四旋翼和六旋翼是最流行的[21]。

在下文中,将表示出 RMAV 的动力学运动方程。考虑 O_i 和 CM 是位于刚体上的两个点(图 8.3(c)),$s_{oi,cm} \in \Re^3$ 是连接极边 O_i 与刚体质心的向量,在 $\Re^3$ 中,刚体上任何一点的角速度和平移速度(ω, v)以及力(f, τ)的关系分别如公式(8.5)所示。对于运动学转换,基于空间代数和欧拉参数化,可以对物理量进行 6×1 列向量描述。系统模型的图示为[16]

$$\dot{V}_{cm} = \begin{bmatrix} \dot{\omega}_{cm} \\ \dot{v}_{cm} \end{bmatrix} = I_{cm,T}^{-1} [F_{cm,T} - \dot{I}_{cm,T} V_{cm}]$$

$$= \begin{bmatrix} J_{cm,T} - \tilde{s}_{oi,cm} & m_T \tilde{s}_{oi,cm} \\ -m_T \tilde{s}_{oi,cm} & m_T U \end{bmatrix}^{-1} \begin{bmatrix} \tau_{cm,T} - \tilde{\omega}_{cm} J_{cm,T} \tilde{\omega}_{cm} \\ f_{cm,T} \end{bmatrix} \quad (8.5)$$

旋翼和电子设备产生的飞行器总惯性可按以下方式计算:

$$J_{cm,T} = \frac{2}{5} M_1 r^2 + M_2 \left(\frac{a^2+b^2}{12} + s_{mf2,cm}^2 \right) + m(r_m^2 + s_{oi,cm}^2) \quad (8.6)$$

对于 RMAV,主电子装置采用了质量为 M_1、半径为 r 的球形,而其他电子装置(电池+INU)和 4 个电机则分别采用了质量为 M_2 的矩形和圆柱形(m, r_m)。(a,b)项指的是第二个电子设备所假定的矩形形状的长度(图 8.3(a))。

$$\dot{V}_{cm} = \begin{bmatrix} J_{cm,T} - \tilde{s}_{oi,cm} m \tilde{s}_{oi,cm} & m \tilde{s}_{oi,cm} \\ -m \tilde{s}_{oi,cm} & mU \end{bmatrix}^{-1} \left(\begin{bmatrix} \tau_{cm,T} \\ f_{cm,T} \end{bmatrix} - \begin{bmatrix} \xi_T \\ 0 \end{bmatrix} \right) \quad (8.7)$$

式中:$\tilde{s}_{oi,cm} \in \Re^{3 \times 3}$ 是对应于 $\tilde{s}_{oi,cm}$ 的向量交叉乘积算子的斜对称矩阵(图 8.3 的算子描述);$U \in \Re^{3 \times 3}$ 是恒等算子。

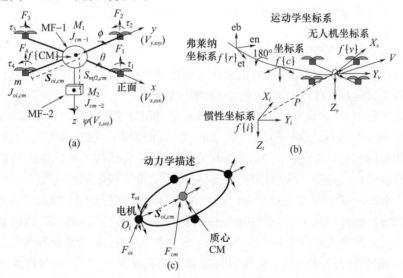

图 8.3 RMAV 的建模[16]

8.1.3 扑翼或仿生 MAV

蝙蝠、鸟类和昆虫[22]启发了扑翼飞行器或 BMAV 的设计。BMAV 由灵活的扑翼组成,它使用一种驱动机制来实现其拍打运动[23-25]。正如在鸟类和昆虫身上观察到的那样,大多数拍打的翅膀都是灵活而轻盈的,这表明翅膀的灵活性和重量对空气动力学和飞行稳定性至关重要。对自然和人为拍打翅膀的研究表明,这些类型的飞行器与 FMAV 和 RMAV 相比,具有更多的复杂性,主要是因为空气动力学的复杂性[3]。

生物学的灵感表明,用拍打翅膀来飞行具有独特的机动性优势。对于微小的固定翼和旋翼来说,要想可靠地飞行,则存在着根本性的挑战。当机翼面积减少时,会出现向低雷诺数流动的现象,从而降低机翼的空气动力效率[26]。

在低雷诺数下运行的 FMAV 和 RMAV 很容易出现流动分离,导致阻力增加和效率损失。

扑翼飞行器可以从其他无人机类型的优势中获益。昆虫的悬停能力,加上快速过渡到前进飞行的能力,为搜救和其他应用提供了一种理想的无人机[27]。BMAV 可以被设计和制造成三种结构,即单翼、双翼和串联[3]。

受鸟类或昆虫拍打翅膀的启发,或受蝙蝠飞行模型的启发,无人机已经被开发出来。升力和推力是通过拍打翅膀实现的。拍打机翼会在每个机翼表面积上产生一个更重要的力。因此,BMAV 有可能比 FMAV 或 RMAV 小得多。拍打频率取决于机翼表面积。例如,仿生蜻蜓的 MAV 的拍打频率要比仿生蜜蜂 MAV 的拍打频率低,因为蜜蜂的翅膀与身体的比率要小很多。

一些设计 BMAV 的方法使用经验公式[3]。这些公式源于从鸟类飞行中提取的异速生长数据[10],涉及拍打翼的设计参数,如翼面积、重量和翼载荷与拍打频率、飞行速度、飞行所需的功率,机翼的几何形状包括面积和翼展以及飞机重量,也应用了其他基于统计和试验的尺寸和测试的方法。

大多数 MAV 的尺寸确定方法都依赖于从自然界的鸟类和昆虫中提取的(异速生长)表达式来直接确定人工拍打翼的尺寸,而没有考虑其他参数的影响,如翼膜的使用材料。非优化的 MAV 是由于使用了从自然鸟类和昆虫的观察中得出的经验公式,这些数学模型需要修改,可能还需要一些修正系数[26]。

在 BMAV 确定尺寸之后的设计过程中,可以对其进行不同的空气动力学和结构分析。通常情况下,在天然和人造的拍打翼中,其空气动力学、结构和飞行动力学与一些迷人的问题相交织,如非稳态三维(3D)分离、边界层和剪切层的过渡、不确定的飞行环境、空气弹性和各向异性的机翼结构,以及非线性和自适应控制[28]。不同的理论被用来模拟自然和人为拍打机翼的空气动力,如准稳态、条带理论、非稳态和纳维-斯托克斯方法。应该提到的是,分析的类型取决于拍打翼的类型、其配置和飞行模式。例如,空气动力学分析的复杂性在串联机翼构型的拍打机翼上不断增加。自然界的飞行者,如蜻蜓,一直在使用这种机翼配置。研究两翼之间的非稳态流动相互作用比单翼的情况更复杂;然而,两对翅膀可以提供更多的升力和推力以及抗风能力[3]。

一些 BMAV 设计方法在稳态空气动力学模型中使用基于瞬时速度、机翼几何形状和攻角的准稳态空气动力学模型[22]建立的经验公式,该模型以相对于机身整体速度较慢的翼尖速度为中心[29]。稳态模型极大地简化了空气动力学,因为它忽略了由非稳态运动引起的机翼运动和空气流动[22],同时大大降低了模型的复杂性。然而,它在解释拍打运动中的非稳态效应方面存在不足[29]。但许多动物和系统需要其他类型的模型来准确地接近它们的飞行升力,因为非常高的拍打频率会产生不稳定的飞行空气动力学状况[22]。

条带理论是另一种自然和人造扑翼的扑翼运动模型[30]。条带理论将机翼分为多个部分,从而产生一个积分函数,将每个条带的影响计入一个精确的空气动力学模型,以确定通过系统拍打运动周期的平均升力和推力[30-31],进而研究拍打翼的性能。

鸟类和昆虫在拍打飞行过程中的空气动力学也可以在非稳态纳维－斯托克斯方程的框架内进行建模。在这种方法中,具有多个变量的非线性物理学,如速度和压力,以及时间变化的几何形状,都是人们感兴趣的方面[22]。

粒子图像测速法(PIV)也可以帮助建立流场模型,因为它们将不同的空气动力学模型与试验研究结合起来,设计出更真实的结果[28]。

接下来,BMAV 的空气动力学模型根据刚性机翼的俯仰－拍打运动来表示,这是对参考文献[32]所采用的程序的结构化调整和简化。一个拍打角的变化 B 是一个正弦函数。下面的方程代表了 β 和它的速率:

$$\begin{cases} \beta(t) = \beta_{\max} \cos(2\pi f t) \\ \dot{\beta}(t) = 2\pi f t \sin(2\pi f t) \\ \theta(t) = \dfrac{r(i)}{B} \theta_0 \cos(2\pi f t + \varphi) \end{cases} \quad (8.8)$$

式中:θ_0 是俯仰运动;$\beta(t)$ 是拍打角度;$\dot{\beta}(t)$ 是拍打速率。

相对风速的水平和垂直分量如下:

$$V_x = U\cos(\delta) + (0.75 \times c \times \theta \times \sin(\theta)) \quad (8.9)$$

和

$$V_y = \sin(\delta) + (-r(i) \times \beta \times \cos(\beta)) + (0.75 \times c \times \theta \times \cos(\beta)) \quad (8.10)$$

水平飞行时的飞行路径角 γ 为零。此外,关系 $0.75 \times c \times \theta$ 模拟了在弦长的 75% 处俯仰率 θ 的相对空气效应[33]。

从上述方程中可以得到相对速度、两个速度分量之间的相对角度 ψ,以及有

效的攻角(AOA):

$$\begin{cases} V_{rel} = \sqrt{V_x^2 + V_y^2} \\ \psi = \arctan\left(\dfrac{V_x}{V_y}\right) \\ \alpha_{eff} = \psi + \theta \end{cases} \quad (8.11)$$

通过假设库塔-儒可夫斯基条件,循环引起的截面升力可以计算为

$$dL_c = \dfrac{1}{2} \times \rho \times V_{rel}^2 \times C_{l-c} \times c \times dr$$

式中:c 和 dr 分别是所考虑的机翼的弦长和宽度,并且

$$C_{l-c} = 2\pi C(k)\sin(\alpha_{eff}) \quad (8.12)$$

该截面的表观质量效应(通过加速空气转移到机翼上的动量)垂直于机翼,并在弦中点作用。剖面阻力 dD_p 和诱导阻力 dD_i 可按以下方式计算:

$$\begin{cases} dD_p = \dfrac{1}{2} \times \rho \times V_{rel}^2 \times C_{dp} \times c \times dr \\ dD_i = \dfrac{1}{2} \times \rho \times V_{rel}^2 \times C_{di} \times c \times dr \end{cases} \quad (8.13)$$

此外,总的截面阻力等于

$$dD_d = dD_p + dD_i \quad (8.14)$$

力的垂直和水平分量可以定义如下:

$$\begin{cases} dF_{ver} = dL_c\cos(\psi) \cdot \cos(\delta) + dN_{nc}\cos(-\theta) \cdot \cos(\beta) \cdot \cos(\delta) \\ dF_{hor} = dL_c\sin(\psi) \cdot \cos(\delta) + dN_{nc}\sin(-\theta) \cdot \cos(\delta) - dD_d\cos(\psi) \cdot \cos(\delta) \end{cases} \quad (8.15)$$

通过收集整个垂直和水平分力,BMAV 的升力和推力可以计算如下:

$$dN_{nc} = -\dfrac{\rho \prod c^2}{4}(\dot{\theta}U + r\ddot{\beta}\cos(\theta) - 0.5\ddot{\theta})dr \quad (8.16)$$

表 8.1 简要介绍了各类 MAV 的优缺点

表 8.1 几种 MAV 的优点和缺点

MAV 的类型	优点	缺点
FMAV	·长续航 ·覆盖面大 ·飞行速度快 ·负载能力强	·专用发射-着陆 ·不能悬停 ·恒定速度前进飞行
RMAV	·高速 ·可以悬停 ·VTOL①飞行 ·室内飞行和短程侦察	·电机效率低 ·低推力-重量比

(续)

MAV 的类型	优点	缺点
BMAV	仿鸟飞行器： ・整合升力和推力 仿虫飞行器： ・入射角的变化大而迅速 ・VTOL 飞行 ・悬停飞行	・不能悬停 ・起飞前需要一个初始速度 ・尚未在商业中广泛使用
混合型 MAV	・长续航 ・覆盖面积大 ・VTOL 飞行	・处于发展阶段 ・悬停和前飞之间的过渡

① Vertical Takeoff and Landing Vehicle(垂直起飞和着陆飞行器)。

8.1.4 混合型 MAV

这四类飞机各有其优点和缺点。FMAV 可以长时间飞行,而且它们的效率比其他的高。RMAV 有能力向各个方向飞行。BMV 具有最高的机动性,但它们仍需要一些改进。

RMAV 和 BMAV 的飞行灵活性(如悬停和前飞)允许在空间紧凑的地区甚至在室内使用它们。对蜂群技术(特别是 RMAV)进行了大量的研究,这将使多个 MAV 使用综合导航和搜索算法一起工作,在广阔的区域内执行各种任务。正在研究用低成本和可生物降解材料制造的 MAV(特别是 BMAV)。其目的是使它们成为一次性的并适合于单程任务。无需飞行返回的轨迹将有效地使它们的飞行耐力和范围增加一倍,改善了 MAV 的主要限制之一。

在低雷诺数非稳态空气动力学和 BMAV 推进方面的研究已经开发出一种替代的扑翼推进的 MAV。固定/扑翼 MAV 是一种混合设计,它使用固定翼作为升力,扑翼作为推进力。在这种类型的 MAV 中,无人机通常包括一个低长宽比的固定翼和一对后方的高长宽比的扑翼,它们在反转阶段拍打。扑翼部分增加了效率,提供了一个机械和空气动力学上的平衡平面,并通过夹带气流来抑制固定翼上的失速[34]。这种类型的无人机也可以在具有串联翅膀的蜻蜓中看到,它们应用两对翅膀来增加升力和推力。

本章的其余部分组织如下。在 8.2 节中,介绍了计算机视觉(CV)及其在基于生物的 MAV 中的应用。8.3 节描述了基于不同传感器的 MAV 中的传感作用。8.4 节介绍了光照对 MAV 视觉的影响。8.5 节介绍了 MAV 的导航、寻路和定向的概念。8.6 节介绍了 CCD 相机和它们在机器视觉中的应用。8.7 节介绍了 MAV 的未来发展趋势。最后,8.8 节是本章的小结。

8.2 计算机视觉是来源于生物学的灵感

如今,来自生物过程的灵感已经变成了科学中一个有趣的类别[35-40]。

大多数动物在自然界中有一种利用视觉感官和运动的奇特方式[41]。这种能力使它们能够提高寻找食物、逃避威胁、迁移等方面的能力。为了做到这一点,每一类动物都有基于其环境条件的不同方法。例如,有些动物可以在黑暗中猎取猎物,如蝙蝠和猫头鹰。另外,还有一些动物可以像鹰一样从空中快速俯冲到陆地上猎取猎物,还有一些动物从空中俯冲到水中,或者其他类型的环境变化。

如今,随着机器人的发展,仿生或生物型机器人可以在天空和陆地上工作,可以跳跃,也可以行走[42-45]。仿生机器人是一种模仿生物实体行为的机器人。科学家们正试图弄清楚生物体的肌肉和骨骼结构如何导致各种动作,如爬行、滑行、游泳、在墙上行走,甚至飞行。这种机器人有可能在许多应用中帮助人类。仿生机器人可以在狭小的空间里用来扫描损坏处;滑入螺旋形的空间,拯救幸存者[46]。

在这一章中,将讨论最近在利用计算机视觉控制 MAV 方面取得的进展。术语 MAV 通常表示有尺寸限制的一种小型的无人机[47]。

近几十年来,无人机的发展越来越快,全世界都在研究和开发不同类型的自主飞行器。特别是,无人机可用于许多人类经常无法行动的紧急情况,如地震、洪水、活火山或核灾难[48]。最初关于无人机的研究集中在军事应用方面。然而,对无人机的需求,如可用于紧急情况和工业应用的空中机器人和轰炸机,刚刚出现。最近,全系列无人机中的 MAV 已经被开发出来,可以在挑战性的条件下飞行,并成为受欢迎的无人机。

MAV 有能力携带各种传感器;然而,小规模的类型在携带较重的物体方面有一些限制。大多数类型的 MAV 可以携带一个小型数码相机,为预设的目标拍摄空中图像。

在 MAV 中携带的能力关系着它们的驾驶能力。然而,这个过程需要大量的自动驾驶训练。这个问题可以通过考虑使用自动驾驶系统使其保持在一个明确的位置来解决。

对于户外应用,全球定位系统(GPS)可以实现;然而,室内应用不能依靠 GPS,需要为自动驾驶系统提供替代传感器。自动驾驶的最佳选择是使用机载摄像头。

这些自动驾驶系统已经成功地利用了机载相机。CV 算法评估从摄像头获得的自我运动信息,然后与惯性测量单元(IMU)融合,在 MAV 的悬停控制环路中使用。

可以采用图像处理和 CV 算法来获得环境信息,以便更好地控制 MAV。在某些应用中,这些信息可以与 IMU 的测量结果综合起来,以更好地控制 MAV(图 8.4)。

图 8.4　一台 MAV 样本:MikroKopter L4 – ME[48]

为了达到这一目的,有一些挑战需要克服:
(1)机载处理器的局限性,特别是对于需要高计算能力的操作的图像处理。
(2)为了精确控制,需要尽可能高的帧率。
(3)要求 MAV 在敏感条件下稳定运行。
(4)度量衡不能通过单台摄像机的自我运动估计进行测量。

将基于相机的测量与 IMU 相融合,产生了一种高效和稳健的自我运动估计算法[9,23-25,49-53]。此外,我们可以利用摄像机图像进行解释和环境感知。

使用连接的相机,MAV 可以计算出环境的三维地图,然后可以利用它进行自动驾驶的应用[54]。

接下来,介绍了图像处理和 CV 方法在控制、自动驾驶、三维测绘 MAV 方面的一些应用。

Yang 等[55]介绍了一种自主搜索方法,利用实时单眼视觉将 MAV 降落在预先确定的着陆点上,在启动任务前只有一张未知大小的着陆点的参考图像。这一领域的其他一些工作可以在[56-58]中实现。与这些系统不同,带有机载传感器的系统有不同的和更难的方法来实现性能参数[59-60]。

有几种动物在环境中具有不同的运动方式。在这些动物中,鸟类和昆虫用它们的翅膀进行有效的运动,这使它们有更多的动力,更多的速度和更多的机动性。

仿生机器人可以在天空和陆地上移动,既可以跳跃也可以行走[61]。BMAV 应对风的湍流的能力,以及它们在周围环境条件面前的行为使它们很有魅力。

例如,考虑一个以蜻蜓为灵感的机器人。这个机器人有以下特点:
(1)该机器人有四个机翼,这使得它有可能拥有最大的能力来提升额外的有效载荷,如传感器和更多处理能力。
(2)四个机翼的存在为这些机器人提供了高机动性,同时具有对环境干扰保持稳健和稳定的飞行性能。
(3)每个机翼存在一个执行器,使得系统控制更加简单。

(4)这种类型的机翼使 MAV 在能源需求微乎其微的情况下持续长时间飞行。

MAV 的动力学和运动学可以使用 CAD 软件工具进行建模。然后,系统的数学模型可以通过仿真软件进行验证。自动驾驶系统的设计可以与机械测试和建造同时进行。最后采用空气动力学分析方法设计和制造仿生飞行器的最终机翼(图 8.5)。

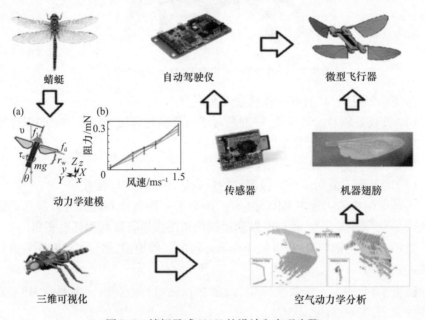

图 8.5　蜻蜓灵感 MAV 的设计和实现步骤

8.3　感知在 MAV 中的作用

MAV 使用各种类型的传感器作为输入① 估计姿势(位置和姿态),以及② 观察周围环境(在路径规划、监视、绘图等方面)。

环境意识(EA)可以使用声学传感器,如声纳、激光雷达、红外和单目/立体视觉。

姿势估计可以依靠设备的输出来感知平移/旋转(如磁力计和全球导航卫星系统)、惯性传感器、光流(OF)和流量/压力传感器。一些红外测距传感器由于受到太阳发射的电磁能的干扰,只能在室内使用。

8.3.1　姿势估计传感器

一般来说,MAV 在存在湍流的室内和室外环境中工作。因此,目前的 MAV

面临着由于低空严重湍流而造成的操作限制。因此,增加 MAV 在湍流条件下的操作范围对于使它们能够在城市环境中安全地进行自主任务至关重要。与飞行器微型尺寸相对的大湍流尺度,加上快速的扰动率,会使姿态估计大大降低,从而降低飞行路径和姿态跟踪性能。这种影响对于复杂环境中的低空飞行来说是危险的,对于驱动力不足的飞行器来说尤其重要,因为它们在返回到计划的路径之前会发生重大的飞行路径偏离。

由于在湍流环境中存在明显的稳定性问题,MAV 的姿态估计被认为是至关重要的。姿态估计涉及定位和姿态传感器,它们分别可用于确定飞行器的位置和方向。惯性导航单元(INU)采用惯性、旋转和平移传感器的组合,通常用于姿态估计。基于惯性的传感器往往缺乏 MAV 所需的更新率、分辨率、准确性、精确性、稳健性和可靠性。传感器的融合与高效的算法相结合,除了限制累积误差外,还能使姿态估计得到实质性的提高。

光学传感器对姿态估计的效用,对于需要一定程度决策自主权的飞行器的自动引导来说是至关重要的[62]。通过一种仿生的图像处理方法进行视觉引导,即 OF,可以检测一系列连续图像中的平移和旋转。OF 可以被描述为一个移动的观察者所看到的场景中的明显视觉运动。传感器硬件和数字信号处理器的进步有助于在 MAV 中实现 OF。

最近还有人尝试利用多个传感器来提高 OF 的性能[63-64]。OF 和所有其他电光(EO)方法的一个主要区别是,它们的性能高度依赖于视觉场景。照明条件、缺乏可辨认或明显的特征以及天气条件(如雨或雾)都会降低其性能。这限制了 MAV 在某些条件下的实用性,并减少了其使用范围。尽管计算机处理硬件有了很大的进步,但是 OF 方法是计算密集型的,这可能会带来不理想的延迟[49-53]。硬件处理基于光学测量的方法所需的额外计算,意味着它们的相对功耗高于许多其他传感选项。OF 也可能受到视觉数据输入带宽的限制。视频采样率必须考虑到混叠,因为计算出的姿态估计的更新率必须至少与扰动率相匹配。

融合光流传感器的输出到 IMU 以改善姿态估计是至关重要的[8]。我们希望有能够感应到被光流干扰的光流传感器和能够在其引起扰动之前抵消这些干扰的控制系统。这种系统已被证明可以改善姿态估计,从而提高姿态稳定性[65]。产生输出所需的最小处理使这种感觉技术成为加强 IMU 姿态估计的理想选择。这一新兴的研究领域可能为 MAV 在严重湍流中飞行提供感知需求。

8.3.2　环境意识传感器

对 EA 传感器的评估是在一个序数测量表上进行的,它的定性值为不可接受、边缘和可接受。接下来,将讨论一些 MAV 的 EA 传感器。

8.3.3 声纳测距传感器

声纳传感器依靠发射压力波(探测脉冲),并测量波返回接收器的时间工作。这一概念通常被称为飞行时间(ToF)传感。

有两种类型的声纳传感技术:压电和静电[66]。静电声纳的功能是通过振动两个电压偏置的板,改变它们之间的电容;也可以使用压电材料,因为当电压施加在材料上时,它们会振动,反之亦然。基于压电的声纳的操作频带被限制在压电材料的振荡频率上。

因此,MEMS 传感器的工作频率可以根据空气的声学阻抗进行调整,以提供更高的性能。

声纳适合于 MAV 的操作,因为它们能适应日常操作的影响,而且相对来说比较实惠。它们的功率和范围是成正比的,完全取决于硬件。

它们对被检测物体的颜色或反射率不敏感。尽管如此,它们通常适用于感应与脉冲传播方向垂直的障碍物。有角度的、光滑的物体可能会导致光束的重新定向,造成入射物体的错误读数。反射信号也可能对目标区域、相对物体姿态和材料吸收声能的能力(如泡沫)特别敏感。在传感方面,对声学的依赖特别有限。

超声波传感器通常不受背景声音的影响。但对于可能诱发的高频噪声,例如由螺旋桨运动引起的高频噪声,情况就不是这样。因此,传感器的位置也可能是一个问题。环境的变化,如压力、高度和温度的变化会改变声速,从而改变读数。此外,在湍流或粒子密集(散射)的大气中工作也会影响声纳的读数。与其他测距传感器相比,声纳有很高的延迟性。第一个原因是,在接收到信号之前必须停止传输器以避免干扰,这被称为消隐时间。第二个原因是,对声音的依赖,与电磁波相比,声音在物理上是有限的。声纳的有限范围和高延迟的结合可能使它们对 MAV 的安全导航不可靠。

这些传感器通常用于障碍物检测,从 ToF 测量中可以推断出被测障碍物的距离。一个传感器阵列或一个 360°扫描的旋转传感器可以帮助绘制附近的障碍物。扫描模式可以检测到像角落和特定几何形状的特征。可以使用双声纳接收器结构进行室内同步定位和绘图(SLAM)[67]。

8.3.4 红外测距传感器

红外(IR)测距(接近)传感器可以使用成对的 LED 和光电晶体管来构造。LED 被编程为在某一波段(通常在近红外波段)发射红外信号,而光电晶体管在接触到该频率的光时发出电信号。红外接近传感器的操作在概念上类似于采用不同介质的声纳和光探测与测距(LIDAR)传感器所使用的 ToF 感应。

红外测距传感器的好处是其重量与功耗小、低延迟、合适的成本效益和稳健性。相比之下,它们的探测范围有限,而且功率很高。它们的视野通常被限制在几度之内。随着探测距离的增加,信噪比(SNR)下降,读数变得不太可信。由于太阳红外辐射的干扰,它们的户外使用被限制在低光条件下。这反过来又限制了越来越流行的 RGB 深度成像传感器的使用,这些传感器已经被用于室内测绘和导航[68]。它们对检测物体的反射率和运动方向也非常敏感。

红外接近传感器更倾向于障碍物探测。由于其有利的重量与功耗特性,传感器阵列可以安排在 MAV 结构周围。它们经常被用于躲避障碍物和诸如 GNSS 不支持高度估计的任务。对于 MAV 来说,它们更适合于能见度有限的任务,如在有烟雾和低照度/夜间操作的情况下。

8.3.5 热成像

热成像仪检测物体从其周围辐射出的热量。它们由一个镜头、一个红外传感器阵列和一个信号处理单元组成。通常需要一个冷却装置,以减少产生的图像中的噪声。它们在低光下提供比传统的 EO 传感器更强大的感应,因为它们不使用可见光。所有相机都需要一些光线和对比度来检测不同的物体。传统上,热成像仪被用作有效载荷,用于成像和绘图之外的用途。热成像也有助于火灾探测和 SLAM 的模式识别。

然而,它们的尺寸限制了它们在 MAV 上的使用。尽管热辐射传感器的尺寸很小,但光学器件(镜头)的尺寸却大得多。焦距,即镜头和传感器之间的距离,比典型的 EO 相机的焦距要大得多[69]。

8.3.6 激光雷达

激光雷达最初是为大气感应和地形测绘而开发的,但现在可以应用在 GNSS 和 IMU 中。用于测距的激光雷达传感器的工作特点与红外测距和声纳传感器类似,即 ToF 传感器。因此,与红外接近不同的是,于源头有一个有限的发散,可以利用发射信号和返回信号之间的相移进行 ToF 感应。

在传感器捕捉反射波的二维测距扫描中,每单位时间会发射大量的脉冲。在许多情况下,使用一个或多个源来完成每个扫描。对于使用复合源的三维扫描,要使用有角度的旋转镜和旋转的外壳。激光雷达会产生大量的数据集和非常高的计算机处理负荷。返回波的强度取决于被检测物体的反射率,并可能受到环境照明的影响。然而,激光雷达是主动装置,对环境因素的敏感度低于 EO 传感器,而且还可以获得深度信息。EO 传感器依赖于被动地感应环境光。激光雷达测距需要更多的功率,特别是随着测量范围和扫描频率的增加。使用激光必须考虑的另一个方面是安全,因为 MAV 将在城市环境中运行。当人类接触到各类激光时,应有相关针对人眼安全的规定[69]。

使用 SWaP 的激光雷达适合于 MAV 操作[70-71]，尽管它们影响其他必须的方面，如成本、稳健性、准确性、灵敏度和范围，并在户外操作中受到太阳的干扰。

8.3.7 摄像头

计算机视觉是 MAV 的一个重要方面，因为由一个或多个机载相机捕获的图像可以提供 EA 和姿势估计[7,69]。这些技术被用于图像分割、目标检测、目标跟踪、特征提取和映射。运动估计需要对时间上相邻的帧进行比较，以检测物体之间的位移[72-77]。视觉 SLAM 算法为地标检测进行特征提取，必须处理所有类型的误差因素和映射。CV 适合于 MAV，因为视觉传感器很紧凑，而且比主动测距传感器消耗的能量更少。

然而，有一些相关的挑战，必须用 CV 解决方案来解决。首先，图像处理和地图构建的计算负荷要求有限的机载资源。与任何计算密集型任务一样，这通常是通过依赖强大的机外计算机来处理的，这导致了数据延迟并增加了功耗。MAV 必须遵循约翰逊标准（JC）来保证视频传输的质量[69,78]。JC 规定了物体检测、定位、识别和鉴定的分辨阈值。与激光雷达扫描器相比，照相机的视场角有限，这限制了主要是在活跃的城市环境中仅依靠视觉的解决方案的使用。结合多个 EO 传感器和弧形透镜来改善视场角，可以提高基于 CV 的系统的作用。

光学传感可能对外部环境条件的变化和干扰很敏感。单个摄像头不适合 MAV 的环境感知应用，如测绘，因为不能捕获瞬时深度数据。一个互补的传感器可以提供深度信息，如使用两个摄像头（立体视觉）[69]和带有 IMU 和/或范围传感器的单目摄像头[79]。Kinect 和其他 RGB-D 传感器提供带有深度信息的单目图像，但它们的范围有限，而且它们的使用会受到强烈阳光的影响。使用带有 IMU 的单相机对 MAV 来说更实用，因为大多数机载飞行控制系统都配备了 IMU。因此，这导致了有效载荷质量和能源消耗的减少。相反，研究表明，因为 INU 的不确定性较高，通常不适合于 MAV 的操作。

8.4 照明

照明是配置硬件中最重要的组成部分之一。为了实现最高效的系统，应基于系统应用选择光源，例如所需的间隔距离、环境问题和光照强度[80]。

系统为了能够正确地跟踪，它提出的主要需求是在目标和背景区域之间具有调整对比度。我们还应该调整照明角度和光源强度来突出（我们）感兴趣的工作区域。通常，激光、白炽灯，有时还有自然光被用做状态跟踪的光源。

除了选择合适的光源外，还必须考虑使用正确的技术来提供最佳的结果。

以下三种主要的技术广泛用于不同的机器视觉应用中[81]（图 8.6）。

（1）后方照明：这种方法从背后照明物体，并需要适当的对比度，但仅限于轮廓图信息。

（2）正面照明：这种方式提供物体的直接照明；该方法已广泛用于图像处理应用中。

（3）结构化照明：这种方法将已知图案（通常是网格或水平条）投射到环境上，通常用于估计区域的深度。

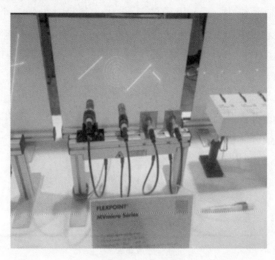

图 8.6　结构光

8.5　导航、路径规划和定位

在许多侦察应用中，无人机的路径规划算法依赖于用于定位的 GPS 数据。然而，有意或者无意的 GPS 信号的干扰会让规划和程序变得毫无用处。

许多昆虫利用天空极化模式进行导航。例如，蜜蜂利用天体极化在觅食点和蜂巢之间移动[82]。鲑鱼在水下光场中使用了一种类似的能力来定向[83]。另外一个例子是水面上的光反射，有助于昆虫找到他们的路径和方向[84]。

一些研究侧重于无人机的制导、导航和控制（GNC），导致产生了不同的方法和系统[85]。主要分为三大类：控制、导航和制导。对于每一类的方法，最主要是根据其提供的自主程度来进行分类，然后根据其所使用的算法进行分组，这在大多数情况下取决于使用的传感器类型[85]。

无人机的制导导航控制在传统上通过三种方法实现，即无线电控制、基于视觉和自动驾驶[86]。

在室内环境中使用无人机是一项具有挑战性的任务,它需要比室外环境更高的要求。在室内环境中使用 GPS 来避免碰撞是具有挑战性的。通常,室内微型飞行器常在 GPS 信号弱的环境下运行,因此不能使用射频信号(来定位)。RF 信号可能会被室内障碍物和墙壁反射并减弱。

固定地表有助于在 GPS 中断或者 GPS 信号弱的环境下进行定位。特别的是,给定车辆的路径,我们提出了一个路标放置问题,并提出了一个算法,它能在满足定位、传感和避免碰撞约束的同时放置最少数量的地标。

在无线电控制系统中,无人机导航系统由一个发射机和一个接收机组成[86]。遥控设备由一个无线电发射器组成,该发射器包括数个无线电频道。飞行控制人员通过这些频道中任一个向无人机发送指令。在遥控系统中,发射器作用距离是不同的,通常覆盖约 5km 的范围。

一个无人机无线电发射器必须至少有 4~6 个频道来控制他们不同的飞行高度。额外的通道可以用于相机控制,在这个通道上接收器将指令传输到伺服电机和速度控制器[86](图 8.7)。

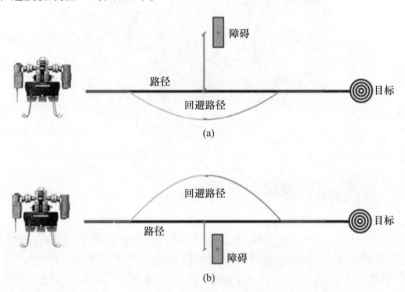

图 8.7 避让路径底部(b)和顶部(a)有障碍物的寻路机器人[13]

对于基于视觉的导航系统,安装在微型飞行器上的相机在经过区域时拍摄视频和照片,并通过视频发射器将他们发送到地面站。小尺寸、重量轻、高可见度和清晰度被认为是视觉系统的基本特征[86]。在基于视觉的系统中,视频发射器发送的图像和天线接收的图像显示在地面站的屏幕上。对输出波的分析可用于评估天线。在某些情况下,功放与天线相结合使得接收图像变得更加容易。目前,超声波传感器、彩色、热成像或红外摄像机可获取有关环境的信息。微型飞行器经常使用彩色相机,它更适用于白天,(但是)不能提供观察的环境的尺度和深度信息。在基于视觉的导航系统中,计算机视觉在微型飞行器自动化中起着至关重要的作用,因为它们从图像中提取所需的数据以进行导航、稳定和其他数据收集。

通常,视频发射器可以在有限的距离内发射,不适合长距离传输。当超出范围时,无人机发出信号显示连接中断并减小飞行半径[86]。微型飞行器的最佳导航制导控制类型是自动驾驶仪,它是一组软件和硬件,可以自动启用其飞行操作。例如,通过在飞行的不同部分给定飞行规划、方向和速度,然后无人机自动执行该飞行规划,以最小的错误来执行任务[86]。

如今,存在几种类型的自动驾驶仪,例如 Micropilot[87]、Barton[88] 和 Paparazzi。在一个自动驾驶系统中,飞行计划在飞行前上传到机上,无人机可以随时联系地面站并传输高度和速度数据等。地面站可以通过射频调制解调器向无人机发送不同的指令。收到指令后,自动驾驶仪向舵机发送相应的命令以执行所需的操作[86]。

未来可以将一种新的导航方法应用于微型飞行器。头部运动数据可通过将头部节点转换为飞行指令并将其发送给微型飞行器来控制四旋翼飞行器。这适用于飞行范围有限并执行悬停飞行的情况,例如 RMAV。

在参考文献[89]中,人机接口(BCI)控制四轴飞行器的运动(转弯、上升、下降和盘旋)。脑电图(EEG)是一种非侵入性技术,它可以用带电极的帽子记录受试者大脑的电活动,然后通过 Wi-Fi 将信号发送到四旋翼飞行器[90]。在 BCI 中,当有运动或有类似想法时,运动皮层中的神经元会发送小电流。(脑中)思考不同的运动会激活一组新的神经元。智能手机可以控制和导航微型飞行器。

无人驾驶飞机控制和导航之间的区别的关键因素是通信质量,表现为控制环路延迟、控制带宽和通信损失。一般来说,无人机短距离控制会有可忽略的延迟以及低损耗的高带宽通道,而控制上千英里导致控制延迟严重、带宽变低。因此,如果用于长距离和耐力飞行的无人机指挥控制连接中断,他们通常都具有增强自动驾驶仪以稳定飞行。同样,基于同样的原因,控制系统的结构也不同。

定位系统负责 MAV 导航的核心部分。无人机的定位有不同的方法,例如 GPS 和惯性导航系统(INS)。

在无人机中,通常使用 GPS 来检测位置、速度和高度。为了提供无人机的准确位置,GPS 应同时至少连接四颗卫星[86]。由于 GPS 信号很容易受到外部噪声或干扰的影响[18],仅配备 GPS 的 MAV 可能会在一段时间内失去连接。

由于安全问题,这种情况会导致无人机降落并中止其任务。因此,为了避免这个问题,INS 是一种在无人机暂时失去 GPS 连接时估计无人机位置的合适方法[3]。

INS 包括陀螺仪和加速度计,用于计算无人机的位置和方向。如今,GPS 和 INS 相结合,可以避免定位错误,并给出准确的导航信息。卡尔曼滤波器是一种典型的融合算法,扩展卡尔曼滤波器(EKF)可以在 MAV 暂时丢失 GPS 信息时估计它们的位置[3]。

MAV 的导航和定向可以使用无线网络和互联网来交换指令[91-93]。

8.6 通信和极化启发的机器视觉应用

一些动物使用极化模式相互传递信号。在这些信号中,有些是由线偏振光反射控制的。通过利用偏振相关反射率,森林蝴蝶使用它们的翅膀来识别标记[94-95],而雄性基于这种方式分辨雌性[94-96]。

在一些动物中,极化模式对图像形成具有显著影响,因为它们包含了动物视野中的重要图像特征。所描述的重要极化特性可用于计算机应用,如图像形成、相机系统、机器人和计算机视觉中的仿生应用。

大量研究工作已经解决了启发人工视觉技术的自然极化特性。目前,也有一些应用是受动物自然行为的启发,用于机器人导航和定向、通信、伪装破坏和局部视觉。

8.6.1 机器人定向和导航

关于导航和自主定向的太阳光偏振(方法)有很多理论和试验研究工作[97]。被粒子散射的阳光使天空和大气中的空气分子发生极化。通过天空极化模式获得的极化信息可用作外部指南针。自然光偏振模式会受到太阳位置的影响[98]。

采用自然光偏振模式直接利用太阳的主要优点是,只利用天空就足以进行定向任务。光电二极管使用定向技术来读取偏振数据。此外,通过获得更便宜和更先进的相机技术,引入了使用 CCD、CMOS 和/或鱼眼镜头的新方法来获得偏振信息。

8.6.2 极化对抗传感器

有一种传感器(的出现)是受到昆虫体内发现极化(POL)神经元的启发。该系统是一个生物神经元电路,其输入设备包括极化对抗(POL-OP)单元[99-100]。

极化对抗单元包括一对偏振光传感器(POL 传感器)并具有以下特性(图8.8):

(1)每对 POL 传感器将其信号馈送到对数比放大器。

(2)偏振光传感器由蓝色透射滤光片和带线性偏振器的光电二极管组成。每个 POL 传感器单元的偏振轴与另一个传感器的偏振轴成 90°,从而启发昆虫眼睛 POL 区域中的交叉分析区的配置。

(3)移动机器人由三对 POL 传感器组成,这些传感器安装在其上并调整为正通道的偏振轴,在机器人体轴上类似于昆虫布局(0°、60°和120°)。

第 8 章 无人机视觉

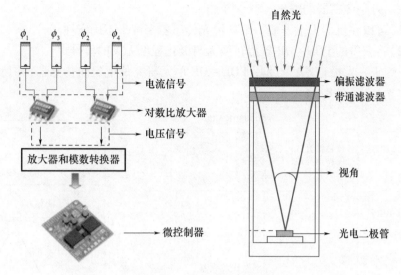

图 8.8 POL 传感器示意图

从 POL – OP 响应中获得的指南针方向可以通过两种方式实现:同步模型和扫描模型。

在扫描模型中,应发现太阳子午线作为激活系统的 0°方向。

(1)为此,应通过绕着垂直轴摆动来主动扫描天空。同样,当每个 POL – OP 单元(或多个 POL – OP 单元的组合)的输出信号达到最大值时,机器人将自己调整到太阳子午线方向。

(2)该方法利用太阳子午线的当前信息来确定航向。

(3)通过将机器人对应的方向与 POL – OP 单元当前的输出值进行比较,就可以得到罗盘的方向。

(4)在机器人上进行单次 360°旋转试验前,我们应当记录查找表。

相反,在同步模型中,不需要为了持续确定航向而继续扫描运动。

在参考文献[101]中,采用了同步模型,不需要查找表;相反,使用分析程序从 POL – OP 单元数据中导出罗盘信息。

他们还考虑了在白天时极化模式的变化,这可以通过标准化的 POL – OP 单元输出或通过以下步骤定期更新查找表来完成。

(1)将 sigmoid 函数应用于 POL – OP 信号的去对数化。

(2)两个可选方向可以定义如下[101]:

$$\varphi = \frac{1}{2}\arctan\frac{v_1(\varphi) + 2v_2(\varphi) - \frac{3}{2}}{\sqrt{3}\left(v_1(\varphi) - \frac{1}{2}\right)} \tag{8.17}$$

式中：$v_1(\varphi)$是传感器的输出。

(1)可以在机器人上安装一组环境光传感器来解决不确定性。

(2)将获得的 POL – OP 数据转换为与极化程度无关的信号[101]。

一些研究人员喜欢[102]使用 POL – OP 单元研究仿生定向传感器,并使用相同的数学公式(图 8.9)。

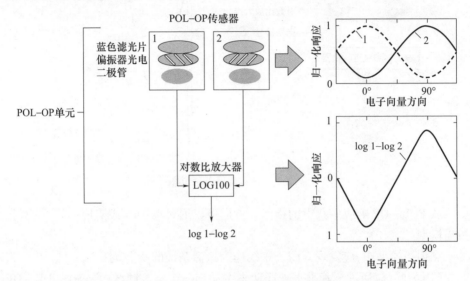

图 8.9　POL – OP 单元示意图(见彩图)

这类设计具有一些明确的特征：

(1)方向分析器放置在板上。

(2)使用了三个偏振方向分析仪,他们的正通道偏振轴从一比一调整到 60°差。它们中的每一个都包括两个规则三棱柱形状的 POL 传感器。对于每个方向分析仪,一个 POL 传感器的偏振轴都会调整为垂直于另外的传感器的偏振轴。

(3)POL – OP 单元由一个 POL 传感器和一个对数比放大器组成,其中放大器从 POL 传感器恢复输入数据并传输它们的差分对数信号。

(4)环境光传感器被放置并排列在 POL 传感器的金属圆柱体中的一个环上。

像参考文献[99,103 – 105]这样的研究有很多种,表明从极化中获取方向信息具有很高的精度,且行进距离显示了误差值。

Schmolke 等[106]将使用了偏振罗盘的结果与没有外部参考的路径集成的结果进行了比较。在这项研究中,结果表明电子向量罗盘的精度最高。

Chahl 和 Mizutani[107]改进了两个仿生传感器,然后他们使用环境光的偏振、空间和光谱分布对飞机的方向和稳定性进行了飞行测试。他们工作的主要尝试是模仿一种蜻蜓的头部。

8.7　CCD 相机及其在机器视觉中的应用

随着 CCD 传感器在图像理解和处理速度方面的进步,它们已经变成了发展完备的相机系统,可用于如无人机等的不同用途。在无人机[108]和微型飞行器[109]中使用 CCD 具有一些不同的研究方向。例如,Delft 大学推出了一种带有扑翼的 MAV,它依靠扑翼的双翼来提供推力和升力[110]。

最近,由于 CCD 传感器的优势,诸如改进的固态技术和成本效益的出现等,它们现在可以用于不同目的的机器视觉应用。

CCD 由一个模拟移位寄存器和一系列紧密间隔的电容器组成。普通 CCD 的像素分辨率为 768～493,成像速率为每组 30 幅图像,高分辨率 CCD 的尺寸可达 2048～2048 像素,但瞬时分辨率较低,成本非常高。

执行设备(如激光器)的开发和小型化,特别是探测器技术(例如 CCD 传感器)的改进,表明光学的方法是成功的。此外,数据传输速率和计算能力也有一些发展,以及图像处理和机器视觉算法也有改进。

考虑光学室内定位系统,我们应放置移动传感器(即摄像头),以及静态传感器定位图像中的移动物体。由于 CCD 传感器主要观察的是物体的二维位置,为了在三维世界中找到对应的位置和旋转信息,我们应该在基于相机的系统上测量所有结构的图像坐标;完全建立在三角测量和角度信息上的系统坐标通过到达角(AoA)原理[111](图 8.10)来定义。

图 8.10　基于 CCD 的 MAV

我们可以实现摄像机投影中心 (X_0, Y_0, Z_0)、物体空间坐标 (X, Y, Z) 和图像坐标 (x'', y'') 的变换如下:

$$\begin{pmatrix} X \\ Y \\ Z \end{pmatrix} = \begin{pmatrix} X_0 \\ Y_0 \\ Z_0 \end{pmatrix} + \lambda \boldsymbol{R} \begin{pmatrix} x'' \\ y'' \\ -c \end{pmatrix} \quad (8.18)$$

式中:λ 是系数(也称为距离或深度);R 是定义相机方向角的旋转矩阵;c 是相机常数。通常,多个图像是从多个相机或单个相机的多个视图中获取的。

根据上述公式,可以通过使用切除程序(resection procedure)[111-112]来确定来自已知三维对象坐标的物体坐标(相机方向参数)。

必须知道,如果只有一张图像可用,则每个像素的比例因子 λ 都不同,并且是未知的;因此,需要额外的深度信息才能将坐标从图像平面转换到立体空间。

通过在不同的方向移动相机,可以获得图像的深度信息。例如,在合成立体视觉中,可以通过同一台相机从不同位置依次观察目标。

此外,需要一种补充方法来确定连续图像之间的基线。因此,除了从图像中确定之外,系统系数 λ 还需要一个单独的解决方案。

因此,使用具有准确基线的双目相机系统有助于从立体图像中确定系数。

双目相机系统的关键问题之一是表现性能直接取决于立体基线的长度。如果使用短基线,几何形状将变得不适用,尤其是对于前向交叉点。因此,将手持设备应用小型化是不可行的。

我们也可以使用额外的传感器(如激光扫描仪或距离成像相机)来感知距离。后者为图像的每个像素返回一个距离值。自动对焦的位置距离可以作为描述比例(的深度值)。

如何获得参考信息的方法是系统架构的一个基本特征(图 8.11)。

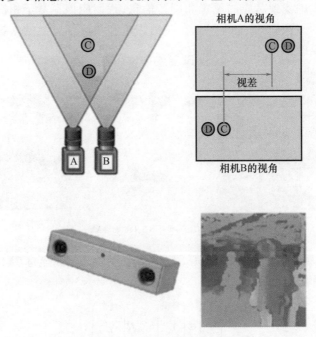

图 8.11 立体相机系统的表现和输出

表 8.2 概述了上述系统的关键特性[111]。

表 8.2 室内光学定位系统

姓名	参考坐标	报告的准确性	覆盖率	CCD 尺寸（像素）	帧率	物体/相机定位	相机成本	市场成熟度
Kohoutek[113]	CityGML	dm	可伸缩	176×144	54Hz	Cam,SR 4000	9000 $	推荐
Hile[114]	平面图	30cm	可伸缩	610×480	0.1Hz	Obj.,Cell Phone	100 $	研发
Kitanov[115]	向量模型	dm	可伸缩	752×585	10Hz	Cam.,EVI-D31	£245	研发
Schlaile[116]	边缘段	1dm/min	可伸缩	752×582	50Hz	Cam.,VC-PCC48P	175€	研发
ldo[117]	图像	30cm	可伸缩	320×240×4	30Hz	Cam.,IEEE1394	—	研发
Sjo[118]	图像/扫描	sub m	可伸缩	320×240	30Hz	Cam.,VC-C4R	700€	研发
Muffert[119]	图像	0.15gon/min	室内	1616×1232×6	15Hz	Cam.,Ladybug3	>10000 $	研发
Maye[120]	图像/地标	1%	可伸缩	16×16	2300Hz	Cam.,ADNS-2051	1.35€	研发
Mulloni[121]	编码标记	cm-dm	可伸缩	176×144	15Hz	Cam.,Cell Phone	低	产品
StarGazer[122]	编码标记	cm-dm	可伸缩	—	20Hz	Cam.	980 $	产品
Lee[123]	编码标记	dm	36m²	1280×1024	30Hz	Cam.,VX-6000	40 $	研发
naviSCAN3D	投影	50μm	1.5~10m	2448×2048×2	1Hz	50μm Obj.,steroSCAN	高	产品
TrackSense[124]	投影	4cm	25m²	640×480	15Hz	Obj.,CamPro4000	200 $	研发
CLIPS[125]	投影	0.5mm	36m²	1032×778	30Hz	Camn,Gupyl80	1000€	研发
Habbecke[126]	投影	mm	25m²	1280×960	—	Obj.	1000€	研发
Popescu[127]	投影	cm	25m²	720×480	15Hz	Cam.	1500 $	研发
DEADALUS[128]	—	0.04mm	m-km	1024×768	30Hz	Obj.,GuppyF80	高	研发
Boochs[129]	—	0.05mm	4m²	2000×2000×4	—	Obj.,	高	研发
Tappero[130]	—	dm-m	30m²	356×292	3Hz	Obj.,OV6620	20 $	推荐
Soloviev[131]	GNSS	cm	可伸缩	1240×1024	—	Obj.	—	推荐
Aufderheide[132]	图像特征	—	可伸缩	—	5~30Hz	Cam.	—	推荐
Liu T.[133]	扫描仪,图像	1%	可伸缩	1338×987×3	10Hz	Obj.	低	研发
Liu W.[134]	磁场	1mm	1m³	768×576	425Hz	Obj.,Sony ICX	800€	研发

视频跟踪系统的新概述可以在参考文献[135]中找到。主要方法包括刚性对象跟踪、窗口跟踪、可变形轮廓跟踪、特征跟踪和视觉学习的不同方法。

8.8 不确定环境的误差建模

本章研究了存在不确定条件时的微型飞行器视觉的发展。通常,微型飞行器的避障控制和处理无人机在充满不确定因素的城市环境中的飞行控制是无人机自主飞行控制中最复杂的部分。

一般来说,所有微型飞行器的处理方法,特别是基于视觉的方法,都需要高性能的微处理器,这极大限制了它们(基于视觉的方法)在现实中微型飞行器方面的应用[136]。

自主飞行控制的首要目的是控制微型飞行器,使其在未知和不确定的环境中尽可能多地具有独立飞行能力。

城市环境是一个复杂且不确定的区域,对于微型飞行器来讲是一个困难的飞行环境[137]。

事实上,一个城市环境的不确定性来自城市未知的街道、建筑和其他障碍物的位置和方向,这些障碍物的位置有时是变化的。因此,保证对环境障碍的快速反应是微型飞行器的一个重要问题。

在这种情况下,算法还需要导航微型飞行器,使其在城市环境中以安全且最优的路径行进。无人机自动飞行控制的性能完全依赖于导航和控制算法。

在不确定环境下提高微型飞行器的自主飞行控制效力的研究有几种类型,这些研究多集中于基于数字图像处理和机器视觉的微型飞行器[79,138-142]。

基于视觉的系统的重要性在于,它们可以分析微型飞行器周围相当大的区域,并有可能创建一个环境地图,供路径规划器在不确定的环境下使用[140]。

这些微型飞行器的主要缺点是需要复杂的成像处理系统,这就需要高功耗高性能数字信号处理器,而它会影响机载电池的可用储电量。这个缺点可以通过增加电池容量来弥补,但这种方法有一个大问题,它增加了微型飞行器的重量。

在基于视觉的微型飞行器中,图像稳定是一个额外的问题,阴影位置的变化、天气变化等不确定因素,使视觉系统将面临一个复杂的难题。一般来说,基于视觉的无人机被认为是自主微型飞行器的未来。现在仍有许多的工作要做,以便能够在现实尺寸大小的系统和微型飞行器中使用它们(基于视觉的方法)。

8.9 进一步的工作和未来发展态势

微型飞行器的设计包括概念设计、初步设计和详细设计[143],每一步都要越来越复杂的尺寸、空气动力学、气动弹性、结构、推进、稳定性、控制、电子和制造

(装配)分析[11,26-27]。

无人机尺寸影响其规模和重量的最佳值,通常有 5 个步骤:① 定义任务;② 基于类型设计飞行模式;③ 确定机翼形状(平面)和展弦比;④ 约束分析;⑤ 重量估算[11,26-27]。对飞行路线的分析在"定义任务"这一步骤中,有助于确定该任务的飞行时间、巡航速度、转弯速度、飞行方式、机翼形状及其展弦比。然后,为了确定合适的无人机机翼和动力,需要进行约束分析来模拟仿真飞行的运动学方程和动力学方程。通过上述步骤,可以采用不同的重量估计方法来确定无人机的几何和尺寸,并计算各个型号的一些气动参数[27]。

微型飞行器不仅仅是大型飞机[10]的缩小版。昆虫大小的无人机的设计和制造所面临的挑战和复杂性显著增加,因为他们的低速和小尺寸等导致相应的低雷诺数[144]。一般来说,在这种气流状态下飞行所面对的困难,使得(科学家)开始对昆虫飞行进行研究[145]。接下来,讨论了设计某些类型的微型飞行器所面临的一些挑战。

8.9.1 微型飞行器面临的挑战

固定翼微型飞行器是最先进的微型飞行器,也是最容易设计和制造的微型飞行器。因为对于大型固定翼飞机在气动和几何特性上有许多不同的修改方法[146]。世界上有各种各样的固定翼微型飞行器,根据不同任务需求,它们有不同的飞行速度、高度和续航能力。这些固定翼微型飞行器相对于旋翼或扑翼飞行器需要有更快的飞行速度,它们不能悬停或慢速飞行,室内的飞行对他们是非常具有挑战性的[7-8]。

相比于同等重量的旋翼飞机悬停模式,固定翼微型飞行器下通常只需要小于 1 的推力和更少的动力就可以飞行。当速度和尺寸减小时,操作雷诺数减小,无人机的效率也随之降低[22]。

旋翼微型飞行器依靠旋翼的数量和位置可以高速飞行,可以执行垂直起降和悬停飞行。旋翼微型飞行器可以在室内空间飞行,由于悬停飞行模式需要更高的功率,因此它适合在有限续航条件下进行监视。随着旋翼微型飞行器的尺寸和重量的减少,许多设计挑战出现了。尽管有这些缺点,旋翼微型飞行器可以高速和低速飞行,并可以根据定义的任务执行悬停飞行[72]。

8.9.2 面对微型飞行器设计难题的推荐解决方式

为了克服上述不同微型飞行器面临的难题,无人机的开发者和设计师应该在设计过程中考虑到各种参数,从而开发出优化的无人机。正如前面所讨论的,每种类型的无人机及其设计方法都有优势和缺点。因此,可以通过理论方法、统计方法、修正异速增长和仿生学方法,提出一种综合的方法,解决以往方法的不足。从大自然中汲取灵感[73],可以引入各种类型的微型飞行器,目前转换和改变结构能力的研究是一个新的领域。

微型飞行器的设计过程应考虑飞机结构及其设计方法。最近,无人机项目在自然界的启发下有一些进展,如鸟类、昆虫、海洋生物等结构替代无人机的配置。

与大型无人机相比,因为功耗,微型无人机的主要问题是它们的飞行续航较差,不同的几何和物理参数,例如:机翼形状、翼展、翼型、速度、气象条件等,可以减少阻力,从而降低微型飞行器的功耗。太阳能电池板和压电电源可以作为可再生能源,以增加微型飞行器的飞行续航或用于为额外的传感器和摄像机供电[74-75,147]。

具有挑战性的问题是它们的高功耗和有限的电池容量,这是由于它们的重量限制,并导致它们的飞行续航短[74]。现在,在微型飞行器上安装太阳能电池板可以成为一种提高飞行续航能力的传统方法,并且,通常当太阳能电池不能产生足够的能量,如在云层或黑暗中飞行时,电池被用作备用能源。换句话说,混合电源,即太阳能电池和电池的组合,通常用于为无人机提供动力[74]。太阳能电池轻薄、灵活、重量轻、效率高,被应用于不同类型的无人机机翼。

太阳能电池必须轻便、灵活、高效。无人机机翼表面的薄膜太阳能电池(TF-SC)对气动效率没有显著影响[74]。太阳能电池明显的局限性是它们高昂的成本、低效率和它们的温度敏感性:温度升高会降低太阳能电池的功率输出[76]。对太阳能电池最大输出功率有巨大影响的另一个参数是太阳能电池吸收的太阳辐射量[77]。太阳能电池可以通过串联和并联来得到所需的电压和电流,以提高其性能。

由于太阳能无人机不能产生足够的能量在云层或在黑暗中飞行,它们在夜间的使用受到了限制。解决这个问题的一个方法是使用来自传统能源(如便携式发电机或电网)的激光。例如,激光光束定向发射,指向安装在无人机下面[148]的光电接收器,这样就可以提供无限的飞行续航,以克服大多数无人机的续航限制[149]。当到了能量无线传输系统时,在地面上能源站可以简化设计并使能源生产成本低廉[150]。激光系统在晚上不需要关闭,并且可以持续给电池充电。虽然该系统可以解决续航问题,但在飞行距离上存在一些问题。例如,该系统不能成为高空无人机,但它可以成为旋翼微型飞行器的选择。

接收能量可以增加微型飞行器对飞行震动和变形的抵抗力,有一个最佳的负载电阻值可以优化收获的能量。利用浪费的机械能如从机翼形变中获得的压电能量还可以为许多传感器和摄像机提供能量[75]。

8.9.3 传感器新前沿

安全导航和路径规划需要多个传感器的组合来为微型飞行器提供足够的信息[151]。因此,感知微型飞行器需要多种不同模式信号的传感器融合和滤波技术。例如有效载荷、机载计算机计算能力和无人机能源限制的特性可能会影响特定任务的技术解决方案。

对于一组微型飞行器的特性,在选择合适的具有给定续航时间、距离和环境要求的传感器时必须考虑所有的固有限制。在实际应用中,动态障碍可以出现在任何距离。旋翼微型飞行器和最近引进的混合仿生微型飞行器可以悬停,同时在动态障碍周围计算路径。MAV 传感器需要进一步的研究来解决一些独特的限制,特别是在城市环境中,满足减少功耗、计算复杂度、带宽限制和微型化要求[69,152-153]。

使用发光二极管的光探测(LEDDAR)技术,利用独立的 LED 光束,减少计算复杂度和功耗,并增加 ToF 测量范围。光束尺寸降低了长距离下 LEDDAR 传感器的分辨率。

雷达可以在单个互补金属氧化物半导体(CMOS)芯片上实现,以降低功耗和成本,同时保持可接受的目标探测距离;单光子雪崩二极管(SPAD)可以融合图像与单个光子的距离数据,生成三维图像。多通道固态 SPAD 传感器可以提高图像和时间分辨率,但保持空间和时间分辨率之间的折中。

8.10 小结

本章提供了仿生无人机在不同环境下的图像采集应用的调查、设计挑战以及可能的解决方案。此外,本章回顾了无人机的制造方法和挑战,推进系统和制动器,电源和续航能力,控制和导航,提出了摆脱现有限制的新思路,讨论了无人机群飞和分离的重要性。考虑到一些技术或其他问题,只使用一架无人机执行任务可能会有风险,因此,多个无人机或无人机群可以更有效地执行各种任务。无人机的蜂群飞行有一个优势。如果蜂群中的一架无人机在飞行中迷路,其余的无人机可以执行任务。这些飞行器在低雷诺数条件下挑战了飞行限制,需要在设计优化程序、轻量化结构和材料、微电子设备和空气动力学建模工具方面进行新的研究。活体动物对抗自然问题的强大行为给研究人员提供了强烈的灵感,让他们研究可以像自然界动物一样做困难事情的机器人。这些启发使得研究者们生产出了具有高度稳健性和灵活性的机器人。从动物身上可以得到不同的灵感,比如它们的行为、运动、神经系统等。本章的重点是计算机视觉在微型飞行器中的作用。

参考文献

[1] V. V. Estrela, O. Saotome, H. J. Loschi, et al., "Emergency response cyberphysical framework for landslide avoidance with sustainable electronics," *Technologies*, 2018; 6(2): 42.

[2] V. V. Estrela, J. Hemanth, O. Saotome, E. G. H. Grata, and D. R. F. Izario, "Emergency response cyber-physical system for flood prevention with sustainable electronics," in *Proceedings of the 3rd Brazilian Technology Symposium*(BTSym 2017), Springer, Cham, 2019. DOI:10.1007/978-3-319-93112-8_33.

[3] M. Hassanalian and A. Abdelkefi, "Classifications, applications, and design challenges of drones: a review," *Progress in Aerospace Sciences*, vol. 91, pp. 99-131, 2017.

[4] T. A. Ward, C. J. Fearday, E. Salami, and N. Binti Soin, "A bibliometric review of progress in micro air vehicle research," *International Journal of Micro Air Vehicles*, vol. 9, pp. 146-165, 2017.

[5] P. N. Sivasankaran and T. A. Ward, "Spatial network analysis to construct simplified wing structural models for biomimetic micro air vehicles," *Aerospace Science and Technology*, vol. 49, pp. 259-268, 2016.

[6] T. Gorjiara and C. Baldock, "Nanoscience and nanotechnology research publications: a comparison between Australia and the rest of the world," *Scientometrics*, vol. 100, pp. 121-148, 2014.

[7] A. Mohamed, R. Clothier, S. Watkins, R. Sabatini, and M. Abdulrahim, "Fixed-wing MAV attitude stability in atmospheric turbulence, part 1: suitability of conventional sensors," *Progress in Aerospace Sciences*, vol. 70, pp. 69-82, 2014.

[8] A. Mohamed, S. Watkins, R. Clothier, M. Abdulrahim, K. Massey, and R. Sabatini, "Fixedwing MAV attitude stability in atmospheric turbulence—Part 2: investigating biologically-inspired sensors," *Progress in Aerospace Sciences*, vol. 71, pp. 1-13, 2014.

[9] A. M. Coelho and V. V. Estrela, "EM-based mixture models applied to video event detection," *Principal Component Analysis-Engineering Applications*, IntechOpen, pp. 101-124, 2012. DOI: 10.5772/38129

[10] M. Hassanalian and A. Abdelkefi, "Design, manufacturing, and flight testing of a fixed wing micro air vehicle with Zimmerman planform," *Meccanica*, vol. 52, pp. 1265-1282, 2017.

[11] M. Hassanalian, H. Khaki, and M. Khosravi, "A new method for design of fixed wing micro air vehicle," *Proceedings of the Institution of Mechanical Engineers, Part G: Journal of Aerospace Engineering*, vol. 229, pp. 837-850, 2015.

[12] K. P. Valavanis, *Advances in Unmanned Aerial Vehicles: State of the Art and the Road to Autonomy*, vol. 33: Springer Science & Business Media, Amsterdam, Netherlands, 2008.

[13] A. E. Fraire, R. P. Morado, A. D. López, and R. L. Leal, "Design and implementation of fixed-wing MAV controllers," in *Proceedings of* 2015 *Workshop on Research*, Education and Development of Unmanned AerialSystems(RED-UAS), Cancun, Mexico, 2015, pp. 172-179.

[14] D. McLean, *Automatic Flight Control Systems*, vol. 16: Prentice Hall, New York, 1990.

[15] J. Guerrero and R. Lozano, *Flight Formation Control*, John Wiley & Sons, New Jersey, USA, 2012.

[16] A. Barrientos Cruz, J. Colorado Montaño, A. Martínez Álvarez, and J. R. Pereira Valente, "Rotary-wing MAV modeling & control for indoor sce-narios," In Proc. 2010 IEEE International Conference on Industrial Technology, Vina del Mar, Chile, pp. 1475-1480, 2010.

[17] P. M. Joshi, "Wing analysis of a flapping wing unmanned aerial vehicle using CFD," *Develop-

ment, vol. 2, 216 - 22, 2015.

[18] R. Austin, *Unmanned Aircraft Systems: UAVS Design, Development and Deployment*, vol. 54: John Wiley & Sons, New Jersey, USA, 2011.

[19] W. - J. Han, Y. - H. Lei, and X. - W. Zhou, "Application of unmanned aerial vehicle survey in power grid engineering construction," *Electric Power Survey & Design*, vol. 3, p. 019, 2010.

[20] E. Altug, J. P. Ostrowski, and R. Mahony, "Control of a quadrotor helicopter using visual feedback," in *Proceedings of IEEE International Conference on Robotics and Automation*, 2002. ICRA'02. IEEE, 2002, Washington D. C., USA, pp. 72 - 77.

[21] G. Cai, J. Dias, and L. Seneviratne, "A survey of small - scale unmanned aerial vehicles: recent advances and future development trends," *Unmanned Systems*, vol. 2, pp. 175 - 199, 2014.

[22] W. Shyy, Y. Lian, J. Tang, D. Viieru, and H. Liu, *Aerodynamics of Low Reynolds Number Flyers*, vol. 22: Cambridge University Press, Cambridge, USA, 2007.

[23] S. R. Fernandes, V. V. Estrela, and O. Saotome, "On improving sub - pixel accuracy by means of B - spline," in *Proceedings of 2014 IEEE International Conference on Imaging Systems and Techniques (IST)*, Santorini, Greece, 2014, pp. 68 - 72. DOI: 10. 1109/IST. 2014. 6958448.

[24] A. M. Coelho, V. V. Estrela, F. P. do Carmo, and S. R. Fernandes, "Error concealment by means of motion refinement and regularized Bregman divergence," in *International Conference on Intelligent Data Engineering and Automated Learning*, Natal, RN, Brazil, 2012, pp. 650 - 657. DOI: 10. 1007/978 - 3 - 642 - 32639 - 4_78.

[25] M. A. de Jesus, V. V. Estrela, O. Saotome, and D. Stutz, "Super - resolution via particle swarm optimization variants," in *Biologically Rationalized Computing Techniques for Image Processing Applications*, Springer, Zurich, Switzerland, 2018, pp. 317 - 337.

[26] M. Hassanalian, A. Abdelkefi, M. Wei, and S. Ziaei - Rad, "A novel methodology for wing sizing of bio - inspired flapping wing micro air vehicles: theory and prototype," *Acta Mechanica*, vol. 228, pp. 1097 - 1113, 2017.

[27] C. T. Orlowski and A. R. Girard, "Dynamics, stability, and control analyses of flapping wing micro - air vehicles," *Progress in Aerospace Sciences*, vol. 51, pp. 18 - 30, 2012.

[28] G. Abate, M. Ol, and W. Shyy, "Introduction: biologically inspired aerodynamics," *AIAA Journal*, vol. 46, pp. 2113 - 2114, 2008.

[29] G. Throneberry, M. Hassanalian, and A. Abdelkefi, "Optimal design of insect wing shape for hovering nano air vehicles," in *Proceedings of 58th AIAA/ASCE/AHS/ASC Structures, Structural Dynamics, and Materials Conference*, 2017, p. 1071.

[30] M. Hassanalian, G. Throneberry, and A. Abdelkefi, "Forward flight capabilities and performances of bio - inspired flapping wing nano air vehicles," *in 55th AIAA Aerospace Science Meeting*, Grapevine, Texas, USA, 2017, p. 0499.

[31] S. Ho, H. Nassef, N. Pornsinsirirak, Y. - C. Tai, and C. - M. Ho, "Unsteady aerodynamics and flow control for flapping wing flyers," *Progress in Aerospace Sciences*, vol. 39, pp. 635 - 681, 2003.

[32] J. D. DeLaurier, "An aerodynamic model for flapping - wing flight," *The Aeronautical Journal*,

vol. 97, pp. 125 – 130, 1993.

[33] J. Whitney and R. Wood, "Conceptual design of flapping – wing micro air vehicles," *Bioinspiration & Biomimetics*, vol. 7, p. 036001, 2012.

[34] K. Jones, C. Bradshaw, J. Papadopoulos, and M. Platzer, "Bio – inspired design of flapping – wing micro air vehicles," *The Aeronautical Journal*, vol. 109, pp. 385 – 393, 2005.

[35] N. Razmjooy, F. R. Sheykhahmad, and N. Ghadimi, "A hybrid neural network – world cup optimization algorithm for melanoma detection," *Open Medicine*, vol. 13, pp. 9 – 16, 2018.

[36] N. Razmjooy, M. Ramezani, and A. Namadchian, "A new LQR optimal control for a single – link flexible joint robot manipulator based on grey wolf optimizer," *Majlesi Journal of Electrical Engineering.*, vol. 10, p. 53, 2016.

[37] N. Razmjooy, M. Ramezani, and N. Ghadimi, "Imperialist competitive algorithm – based optimization of neuro – fuzzy system parameters for automatic red – eye removal," *International Journal of Fuzzy Systems*, vol. 19, pp. 1144 – 1156, 2017.

[38] N. Razmjooy and M. Ramezani, "An improved quantum evolutionary algorithm based on invasive weed optimization," *Indian Journal of Scientific Research*, vol. 4, pp. 413 – 422, 2014.

[39] M. Khalilpuor, N. Razmjooy, H. Hosseini, and P. Moallem, "Optimal control of DC motor using invasive weed optimization (IWO) algorithm," in *the Majlesi Conference on Electrical Engineering, Majlesi town, Isfahan, Iran*, 2011.

[40] N. Razmjooy, V. V. Estrela, and H. J. Loschi, "A study on metaheuristic – based neural networks for image segmentation purposes," in Q. A. Memon, and S. A. Khoja(eds), *Data Science Theory, Analysis and Applications*, Taylor & Francis, Abingdon, UK, 2019.

[41] P. Moallem, N. Razmjooy, and M. Ashourian, "Computervision – based potato defect detection using neural networks and support vector machine," *International Journal of Robotics and Automation*, vol. 28, pp. 137 – 145, 2013.

[42] D. Chiarella, M. Bibuli, G. Bruzzone, et al., "Gesture – based language for diver – robot underwater interaction," in *Proceedings of the Conference Oceans* 2015, Genova, 2015, pp. 1 – 9.

[43] H. Albitar, "Enabling a robot for underwater surface cleaning," Örebro University, 2017.

[44] Y. Mulgaonkar, A. Makineni, L. Guerrero – Bonilla, and V. Kumar, "Robust aerial robot swarms without collision avoidance," *IEEE Robotics and Automation Letters*, vol. 3, pp. 596 – 603, 2018.

[45] D. J. Hemanth and V. V. Estrela, "Deep learning for image processing applica – tions, Advances in Parallel Computing Series" Vol. 31, IOS Press, Netherlands, 2017, ISBN 978 – 1 – 61499 – 821 – 1(print), ISBN 978 – 1 – 61499 – 822 – 8(online).

[46] E. Garea Llano, D. E. Osorio Roig, and Y. Chacon Cabrera, Unsupervised segmentation of agricultural crops In UAV RGB Images. Rev Cubana Cienc Informat[online]. 2018, vol. 12, n. 4, pp. 17 – 28. ISSN 2227 – 1899.

[47] M. Kamel, M. Burri, and R. Siegwart, "Linear vs nonlinear MPC for trajectory tracking applied to rotary wing micro aerial vehicles," *IFAC – PapersOnLine*, vol. 50, pp. 3463 – 3469, 2017.

[48] M. Saska, T. Baca, J. Thomas, et al., "System for deployment of groups of unmanned micro aerial vehicles in GPS – denied environments using onboard visual relative localization," *Autono-

mous Robots, vol. 41, pp. 919 – 944, 2017.

[49] V. V. Estrela and A. M. Coelho, "State – of – the art motion estimation in the context of 3D TV," in *Multimedia Networking and Coding*, ed: IGI Global, Hershey, PA, USA, 2013, pp. 148 – 173.

[50] H. R. Marins and V. V. Estrela, "On the use of motion vectors for 2D and 3D error concealment in H. 264/AVC video," in *Feature Detectors and Motion Detection in Video Processing*, ed: IGI Global, Hershey, PA, USA, 2017, pp. 164 – 186. DOI: 10. 4018/978 – 1 – 5225 – 1025 – 3. ch008.

[51] V. V. Estrela, L. A. Rivera, P. C. Beggio, and R. T. Lopes, "Regularized pelrecursive motion estimation using generalized cross – validation and spatial adaptation," in *Proceedings of the 16th Brazilian Symposium on Computer Graphics and Image Processing* (SIBGRAPI 2003), Sao Carlos, SP, Brazil. DOI: 10. 1109/SIBGRA. 2003. 1241027.

[52] V. V. Estrela, H. A. Magalhaes, and O. Saotome, "Total variation applications in computer vision," in *Handbook of Research on Emerging Perspectives in Intelligent Pattern Recognition, Analysis, and Image Processing*, IGI Global, Hershey, PA, USA, pp. 41 – 64, 2016.

[53] A. M. Coelho, J. T. de Assis, and V. V. Estrela, "Error concealment by means of clustered blockwise PCA," in *Proceedings of the* 2009 *IEEE* 208 *Imaging and sensing for unmanned aircraft systems*, volume 1 *Picture Coding Symposium*, Chicago, IL, USA. DOI: 10. 1109/PCS. 2009. 5167442.

[54] F. Fraundorfer, A. M. López, A. Imiya, T. Pajdla, and J. M. Álvarez, "Computer vision for MAVs," *Computer Vision in Vehicle Technology: Land, Sea & Air*, 1, pp. 55 – 74, 2017.

[55] S. Yang, S. A. Scherer, K. Schauwecker, and A. Zell, "Autonomous landing of MAVs on an arbitrarily textured landing site using onboard monocular vision," *Journal of Intelligent & Robotic Systems*, vol. 74, pp. 27 – 43, 2014.

[56] M. Müller, V. Casser, J. Lahoud, N. Smith, and B. Ghanem, "Sim4CV: a photo – realistic simulator for computer vision applications," *International Journal of Computer Vision*, 1, pp. 1 – 18, 2018.

[57] C. Kanellakis and G. Nikolakopoulos, "Survey on computer vision for UAVs: Current developments and trends," *Journal of Intelligent & Robotic Systems*, vol. 87, pp. 141 – 168, 2017.

[58] A. M. López, A. Imiya, T. Pajdla, and J. M. Álvarez, *Computer Vision in Vehicle Technology: Land, Sea, and Air*, John Wiley & Sons, New Jersey, USA, 2017.

[59] A. S. Huang, A. Bachrach, P. Henry, et al., "Visual odometry and mapping for autonomous flight using an RGB – D camera," in Robotics Research, Springer, Zurich, Switzerland, 2017, pp. 235 – 252.

[60] E. Price, G. Lawless, H. H. Bülthoff, M. Black, and A. Ahmad, "Deep neural network – based cooperative visual tracking through multiple micro aerial vehicles," IEEE Robotics and Automation Letters, 2018; 3(4): 3193 – 3200.

[61] T. Jitsukawa, H. Adachi, T. Abe, H. Yamakawa, and S. Umezu, "Bioinspired wing – folding mechanism of micro air vehicle (MAV)," *Artificial Life and Robotics*, vol. 22, pp. 203 – 208, 2017.

[62] F. Kendoul, K. Nonami, I. Fantoni, and R. Lozano, "An adaptive visionbased autopilot for mini flying machines guidance, navigation and control," *Autonomous Robots*, vol. 27, p. 165, 2009.

[63] J. Kim and G. Brambley, "Dual optic-flow integrated navigation for smallscale flying robots," in *Proceedings of Australasian Conference on Robotics and Automation*, Brisbane, Australia, 2007.

[64] J. Chahl, K. Rosser, and A. Mizutani, "Bioinspired optical sensors for unmanned aerial systems," *Bioinspiration, Biomimetics, and Bioreplication*, Vol. 1, p. 797503, 2011.

[65] A. Mohamed, S. Watkins, A. Fisher, M. Marino, K. Massey, and R. Clothier, "A feasibility study of bio-inspired wing-surface pressure sensing for attitude control of MAVs," *Journal of Aircraft*, vol. 152, pp. 827–838, 2014.

[66] L. Kleeman and R. Kuc, "Sonar sensing," *Handbook of Robotics*, Springer, Zurich, Switzerland, 2016, pp. 753–782.

[67] J. Steckel and H. Peremans, "BatSLAM: simultaneous localization and mapping using biomimetic sonar," *PLoS One*, vol. 8, p. e54076, 2013.

[68] F. Endres, J. Hess, J. Sturm, D. Cremers, and W. Burgard, "3-D mapping with an RGB-D camera," *IEEE Transactions on Robotics*, vol. 30, pp. 177–187, 2014.

[69] M. Elbanhawi, A. Mohamed, R. Clothier, J. Palmer, M. Simic, and S. Watkins, "Enabling technologies for autonomous MAV operations," *Progress in Aerospace Sciences*, vol. 91, pp. 27–52, 2017.

[70] M. Dekan, D. František, B. Andrej, R. Jozef, R. Dávid, and M. Josip, "Moving obstacles detection based on laser range finder measurements," *International Journal of Advanced Robotics Systems*, vol. 15, p. 1729881417748132, 2018.

[71] J. Morales, V. Plaza-Leiva, A. Mandow, J. A. Gomez-Ruiz, J. Serón, and A. García-Cerezo, "Analysis of 3D scan measurement distribution with application to a multi-beam LIDAR on a rotating platform," *Sensors*, vol. 18, p. 395, 2018.

[72] S. Hanford, L. Long, and J. Horn, "A small semi-autonomous rotary-wing unmanned air vehicle (UAV)," in *Infotech@ Aerospace*, ed. 2005, p. 7077.

[73] M. Hassanalian, H. Abdelmoula, S. B. Ayed, and A. Abdelkefi, "Thermal impact of migrating birds' wing color on their flight performance: Possibility of new generation of biologically inspired drones," *Journal of ThermalBiology*, vol. 66, pp. 27–32, 2017.

[74] M. Hassanalian, M. Radmanesh, and A. Sedaghat, "Increasing flight endurance of MAVs using multiple quantum well solar cells," *International Journal of Aeronautical and Space Science*, vol. 15, pp. 212–217, 2014.

[75] A. Abdelkefi and M. Ghommem, "Piezoelectric energy harvesting from morphing wing motions for micro air vehicles," *Theoretical and Applied Mechanics Letters*, 2013; 3(5), https://doi.org/10.1063/2.1305204.

[76] P. Singh and N. M. Ravindra, "Temperature dependence of solar cell performance—an analysis," *Solar Energy Materials and Solar Cells*, vol. 101, pp. 36–45, 2012.

[77] M. K. Islam, T. Ahammad, E. H. Pathan, A. Mushfiqul, and M. R. H. Khandokar, "Analysis of maximum possible utilization of solar radiation on a solar photovoltaic cell with a proposed

model," *International Journal of Modeling and Optimization*, vol. 1, p. 66, 2011.

[78] *Long – Range Surveillance Cameras & Johnson's Criteria*. Available from: http://www.aissecuritysolutions.com/white – paper – on – long – range – surveillance – cameras.pdf

[79] M. W. Achtelik, S. Lynen, S. Weiss, M. Chli, and R. Siegwart, "Motion – and uncertainty – aware path planning for micro aerial vehicles," *Journal of Field Robotics*, vol. 31, pp. 676 – 698, 2014.

[80] J. C. Russ, The Image Processing Handbook, CRC Press, Boca Raton, Florida, United States, 2016.

[81] V. Krátký, V. Spurny, T. Báca, and M. Saska, "Documentation of large historical buildings by UAV formations – scene perception – driven motion planning and predictive control." In Proc. ICRA 2017 Workshop on Multi – robot Perception – Driven Control and Planning, Marina Bay Sands in Singapore, 2017.

[82] T. W. Cronin, N. Shashar, R. L. Caldwell, J. Marshall, A. G. Cheroske, and T. – H. Chiou, "Polarization vision and its role in biological signaling," *Integrative and Comparative Biology*, vol. 43, pp. 549 – 558, 2003. 210 Imaging and sensing for unmanned aircraft systems, volume 1

[83] I. N. Flamarique and C. W. Hawryshyn, "Is the use of underwater polarized light by fish restricted to crepuscular time periods?" *Vision Research*, vol. 37, pp. 975 – 989, 1997.

[84] R. Schwind, "Polarization vision in water insects and insects living on a moist substrate," *Journal of Comparative Physiology A*, vol. 169, pp. 531 – 540, 1991.

[85] F. Kendoul, "Survey of advances in guidance, navigation, and control of unmanned rotorcraft systems," *Journal of Field Robotics*, vol. 29, pp. 315 – 378, 2012.

[86] M. Hassanalian, M. Radmanesh, and S. Ziaei – Rad, "Sending instructions and receiving the data from MAVs using telecommunication networks," in *Proceedings of International Micro Air Vehicle* 2012 *Conference* (*IMAV*2012), pp. 3 – 6, 2012.

[87] S. Trites, "Miniature autopilots for Unmanned Aerial Vehicles," *MicroPilot*, Available from: http://www.micropilot.com.

[88] J. D. Barton, "Fundamentals of small unmanned aircraft flight," *Johns Hopkins APL Technical Digest*, vol. 31, pp. 132 – 149, 2012.

[89] *Fly mind controlled plane scientist pilots drone using just thoughts technology one day used commercial aircraft*. Available from: http://www.dailymail.co.uk/sciencetech/article – 2970073/Would – fly – mind – controlled – plane – Scientist – pilots – drone – using – just – thoughts – technology – one – day – used – commercial – aircraft.html

[90] *University Minnesota researchers control flying robot only the mind*. Available from: https://cse.umn.edu/college/news/university – minnesota – researchers – control – flying – robot – only – mind

[91] V. V. Estrela, A. C. B. Monteiro, R. P. França, Y. Iano, A. Khelassi, and N. Razmjooy, "Health 4. 0: Applications, management, technologies and review," *Medical Technologies Journal*, vol. 2, no. 4, pp. 262 – 276, 2019. DOI: 10. 26415/2572 – 004X – vol2iss4p262 – 276.

[92] V. V. Estrela, A. Khelassi, A. C. B. Monteiro, *et al.*, "Why software – defined radio (SDR) matters in healthcare?" *Medical Technologies Journal*, vol. 3, no. 3, pp. 421 – 9, 2019. DOI:

10.26415/2572-004X-vol3iss3p421-429.

[93] R. P. Franca, Y. Iano, A. C. B. Monteiro, R. Arthur, and V. V. Estrela, "Betterment proposal to multipath fading channels potential to MIMO systems," in Y. Iano et al. (eds) *Proceedings of the 16th Brazilian Symposium on Computer Graphics and Image Processing*(BTSym'18), Smart Innovation, Systems and Technologies, vol. 140. Springer, Zurich, Switzerland, 2019. DOI: 10.1007/978-3-030-16053-1_11.

[94] A. Sweeney, C. Jiggins, and S. Johnsen, "Insect communication: polarized light as a butterfly mating signal," *Nature*, vol. 423, p. 31, 2003.

[95] J. M. Douglas, T. W. Cronin, T. -H. Chiou, and N. J. Dominy, "Light habitats and the role of polarized iridescence in the sensory ecology of neotropical nymphalid butterflies(Lepidoptera: Nymphalidae)," *Journal of Experimental Biology*, vol. 210, pp. 788-799, 2007.

[96] T. Cronin, N. Shashar, and L. Wolff, "Portable imaging polarimeters," in *Proceedings of 12th IAPR International Conference Pattern Recognition*, Vol. 1., Jerusalem, Israel, Israel, pp. 606-609, 1994.

[97] D. Konings, B. Parr, C. Waddell, F. Alam, K. M. Arif, and E. M. Lai, "HVLP: Hybrid visible light positioning of a mobile robot," in *Proceedings of the International Conference on Mechatronics and Machine Vision inPractice*(M2VIP), pp. 1-6, 2017.

[98] B. Suhai and G. Horva'th, "How well does the Rayleigh model describe the E-vector distribution of skylight in clear and cloudy conditions? A full-sky polarimetric study," *Journal of the Optical Society of America A*, vol. 21, pp. 1669-1676, 2004.

[99] J. Dupeyroux, J. Diperi, M. Boyron, S. Viollet, and J. Serres, "A novel insect-inspired optical compass sensor for a hexapod walking robot," in *the 2017 IEEE/RSJ International Conference on Intelligent Robots and Systems*(IROS 2017), 2017.

[100] T. Ma, X. Hu, J. Lian, andL. Zhang, "A novel calibration model of polarization navigation sensor," *IEEE Sensors Journal*, vol. 15, pp. 4241-4248, 2015.

[101] D. Lambrinos, R. Möller, T. Labhart, R. Pfeifer, and R. Wehner, "A mobile robot employing insect strategies for navigation," *Robotics and Autonomous Systems*, vol. 30, pp. 39-64, 2000.

[102] J. Chu, K. Zhao, Q. Zhang, and T. Wang, "Design of a novel polarization sensor for navigation," in *International Conference on Mechatronics and Automation*, 2007 (ICMA 2007), pp. 3161-3166, 2007.

[103] J. Dupeyroux, J. Diperi, M. Boyron, S. Viollet, and J. Serres, "A bioinspired celestial compass applied to an ant-inspired robot for autonomous navigation," in *European Conference on Mobile Robotics*(ECMR), 2017.

[104] Z. Xian, X. Hu, J. Lian, et al., "A novel angle computation and calibration algorithm of bio-inspired sky-light polarization navigation sensor," *Sensors*, vol. 14, pp. 17068-17088, 2014.

[105] J. Wood, "Visual analytic design for detecting airborne pollution sources," 2017. In Proc. 2017 IEEE Conference on Visual Analytics Science and Technology(VAST), Award: Comprehensive Mini-Challenge 2 Answer. 201-202

[106] A. Schmolke, H. Mallot, and K. Neurowissenschaft, "Polarization compass for robot navigation,

" in *The Fifth German Workshop on Artificial Life*,2002,pp. 163 – 167.

[107] J. Chahl and A. Mizutani,"Biomimetic attitude and orientation sensors,"*IEEE Sensors Journal*,vol. 12,pp. 289 – 297,2012.

[108] J. - H. Lee,S. - S. Yoon,I. - H. Kim,andH. - J. Jung,"Diagnosis of crack damage on structures based on image processing techniques and R – CNN using unmanned aerial vehicle (UAV),"in *Sensors and Smart Structures Technologies for Civil,Mechanical,and Aerospace Systems*,vol. 2018,p. 1059811,2018.

[109] J. Register,D. M. Callahan,C. Segura,*et al.* ,"Advances in flexible optrode hardware for use in cybernetic insects,"In Proceedings of the SPIENANOSCIENCE + ENGINEERING,San Diego,CA,USA,2017.

[110] M. Groen,B. Bruggeman,B. Remes,R. Ruijsink,B. Van Oudheusden,and H. Bijl,"Improving flight performance of the flapping wing MAV DelFly 212 Imaging and sensing for unmanned aircraft systems,volume 1II,"in *International Micro Air Vehicle Conference and Competition* (*IMAV* 2010),2010.

[111] R. Mautz and S. Tilch,"Survey of optical indoor positioning systems,"in *International Conference on Indoor Positioning and Indoor Navigation*(*IPIN* 2011),pp. 1 – 7,2011.

[112] T. Luhmann,S. Robson,S. Kyle,and I. Harley,*Close Range Photogrammetry*,Wiley,New Jersey,PA,USA,2007.

[113] T. K. Kohoutek,R. Mautz,and A. Donaubauer,"Real – time indoor positioning using range imaging sensors,"in *Real – Time Image and Video Processing* 2010,p. 77240K,2010.

[114] H. Hile and G. Borriello,"Positioning and orientation in indoor environments using camera phones,"*IEEE Computer Graphics and Applications*,2008;28(4):32 – 39

[115] A. Kitanov,S. Bisevac,and I. Petrovic,"Mobile robot self – localization in complex indoor environments using monocular vision and 3D model,"in *Paper presented at IEEE/ ASME International Conference on Advanced Intelligent Mechatronics*,pp. 1 – 6,2007.

[116] C. Schlaile,O. Meister,N. Frietsch,C. Ke?ler,J. Wendel,and G. F. Trommer,"Using natural features for vision based navigation of an indoor VTOLMAV,"*AerospaceScienceandTechnology*,vol. 13,pp. 349 – 357,2009.

[117] J. Ido,Y. Shimizu,Y. Matsumoto,and T. Ogasawara,"Indoor navigation for a humanoid robot using a view sequence,"*The International Journal of Robotics Research*,vol. 28,pp. 315 – 325,2009.

[118] K. Sjö,D. G. López,C. Paul,P. Jensfelt,and D. Kragic,"Object search and localization for an indoor mobile robot,"*Journal of Computing and Information Technology*,vol. 17,pp. 67 – 80,2009.

[119] M. Muffert,J. Siegemund,and W. Förstner,"The estimation of spatial positions by using an omnidirectional camera system,"in *Proceeding of the 2nd International Conference on Machine Control & Guidance*,2010.

[120] O. Maye,J. Schaeffner,and M. Maaser,"An optical indoor positioning system for the mass market,"in *Proceedings of the 3rd Workshop on Positioning,Navigation and Communication*,

pp. 111 – 116, 2006.

[121] A. Mulloni, D. Wagner, I. Barakonyi, and D. Schmalstieg, "Indoor posi – tioning and navigation with camera phones," *IEEE Pervasive Computing*, 2009; 8: 22 – 31.

[122] N. Fallah, I. Apostolopoulos, K. Bekris, and E. Folmer, "The user as a sensor: navigating users with visual impairments in indoor spaces using tactile landmarks," in *Proceedings of the SIG-CHI Conference on Human Factors in Computing Systems*, 2012, pp. 425 – 432.

[123] S. Lee and J. – B. Song, "Mobile robot localization using infrared light reflecting landmarks," in *International Conference on Control, Automationand Systems*, 2007 (*ICCAS*' 07), pp. 674 – 677, 2007.

[124] M. Köhler, S. N. Patel, J. W. Summet, E. P. Stuntebeck, and G. D. Abowd, "Tracksense: infrastructure free precise indoor positioning using projected patterns," in *International Conference on Perv. Comp.*, 2007, pp. 334 – 350.

[125] S. Tilch and R. Mautz, "Development of a new laser – based, optical indoor positioning system," *The International Archives of the Photogrammetry, Remote Sensing and Spatial Information Sciences Commission*, vol. 1501, pp. 575 – 580, 2010.

[126] M. Habbecke and L. Kobbelt, "Laser brush: a flexible device for 3D reconstruction of indoor scenes," in *Proceedings of 2008 ACM Symposium on Solid and Physical Modeling*, pp. 231 – 239, 2008.

[127] V. Popescu, E. Sacks, and G. Bahmotov, "Interactive modeling from dense color and sparse depth," In Proceedings 2nd International Symposium on 3D Data Processing, Visualization and Transmission, 3DPVT 2004. Thessaloniki, Greece, Greece, 2004, p. 430 – 437. DOI: 10. 1109/TDPVT. 2004. 1335270.

[128] B. Bürki, S. Guillaume, P. Sorber, and H. – P. Oesch, "DAEDALUS: a versatile usable digital clip – on measuring system for Total Stations," in 2010 *International Conference on Indoor Positioning and Indoor Navigation* (*IPIN*), pp. 1 – 10, 2010.

[129] F. Boochs, R. Schütze, C. Simon, F. Marzani, H. Wirth, and J. Meier, "Increasing the accuracy of untaught robot positions by means of a multi – camera system," in 2010 *International Conference on Indoor Positioning and Indoor Navigation* (*IPIN*), pp. 1 – 9, 2010.

[130] F. Tappero, "Low – cost optical – based indoor tracking device for detection and mitigation of NLOS effects," *Procedia Chemistry*, vol. 1, pp. 497 – 500, 2009.

[131] A. Soloviev and D. Venable, "When GNSS goes blind – integrating vision measurements for navigation in signal – challenged environments," *GNSS Inside*, 1, pp. 18 – 29, 2010.

[132] D. Aufderheide and W. Krybus, "Towards real – time camera egomotion estimation and three – dimensional scene acquisition from monocular image streams," in 2010 *International Conference on Indoor Positioning and Indoor Navigation* (*IPIN*), pp. 1 – 10, 2010.

[133] T. Liu, M. Carlberg, G. Chen, J. Chen, J. Kua, and A. Zakhor, "Indoor localization and visualization using a human – operated backpack system," in 2010 *International Conference on Indoor Positioning and Indoor Navigation* (*IPIN*), pp. 1 – 10, 2010.

[134] W. Liu, C. Hu, Q. He, M. Q. – H. Meng, and L. Liu, "An hybrid localization system based on

optics and magnetics," in 2010 IEEE International Conference on Robotics and Biomimetics (ROBIO), pp. 1165 – 1169, 2010.

[135] E. Trucco and K. Plakas, "Video tracking: a concise survey," IEEE Journal of Oceanic Engineering, vol. 31, pp. 520 – 529, 2006.

[136] C. Kownacki, "Guidance and obstacle avoidance of MAV in uncertain urban environment," in European Micro Aerial Vehicle Conference and Flight Competition, Delft, Netherlands, 2009.

[137] V. Baiocchi, D. Dominici, and M. Mormile, "UAV application in post – seismic environment," International Archives of the Photogrammetry, Remote Sensing and Spatial Information Sciences, XL – 1 W, vol. 2, pp. 21 – 25, 2013.

[138] R. He, A. Bachrach, and N. Roy, "Efficient planning under uncertainty for a target – tracking micro – aerial vehicle," in 2010 IEEE International Conference on Robotics and Automation (ICRA), pp. 1 – 8, 2010.

[139] M. W. Achtelik, S. Weiss, M. Chli, and R. Siegwart, "Path planning for motion dependent state estimati on on micro aerial vehicles," in 2013 IEEE International Conference on Robotics and Automation (ICRA), pp. 3926 – 3932, 2013.

[140] C. Forster, M. Faessler, F. Fontana, M. Werlberger, and D. Scaramuzza, "Continuous on – board monocular – vision – based elevation mapping applied to autonomous landing of micro aerial vehicles," in 2015 IEEE International Conference on Robotics and Automation (ICRA), pp. 111 – 118, 2015.

[141] N. Razmjooy, M. Ramezani, and V. V. Estrela, "A solution for Dubins path problem with uncertainties using world cup optimization and Chebyshev polynomials," in Y. Iano et al. (eds), Proceedings of the 4th Brazilian Technology Symposium (BTSym'18), Smart Innovation, Systems and Technologies, vol. 140. Springer, Zurich, Switzerland, 2019. DOI: 10.1007/978 – 3 – 030 – 16053 – 1_5.

[142] N. Razmjooy, M. Ramezani, V. V. Estrela, H. J. Loschi, and D. A. do Nascimento, "Stability analysis of the interval systems based on linear matrix inequalities," in Y. Iano et al. (eds), Proceedings of the 16th Brazilian Symposium on Computer Graphics and Image Processing (BTSym'18), Smart Innovation, Systems and Technologies, vol. 140, Springer, 2019. DOI: 10.1007/978 – 3 – 030 – 16053 – 1_36.

[143] M. Sadraey, "A systems engineering approach to unmanned aerial vehicle design," in 10th AIAA Aviation Technology, Integration, and Operations (ATIO) Conference, p. 9302, 2010.

[144] W. Shyy, Y. Lian, J. Tang, et al., "Computational aerodynamics of low Reynolds number plunging, pitching and flexible wings for MAV appli – cations," Acta Mechanica Sinica, vol. 24, pp. 351 – 373, 2008.

[145] T. Nguyen, D. S. Sundar, K. S. Yeo, and T. T. Lim, "Modeling and analysis of insect – like flexible wings at low Reynolds number," Journal of Fluids and Structures, vol. 62, pp. 294 – 317, 2016.

[146] I. M. Al – Qadi and A. M. Al – Bahi, "Micro aerial vehicles design challenges: State of the art review," in SSAS UAV Scientific Meeting & Exhibition, 2006, pp. 29 – 45.

[147] N. Razmjooy, M. Khalilpour, and V. V. Estrela, and H. J. Loschi, "World Cup optimization algorithm: An application for optimal control of pitch angle in hybrid renewable PV/wind energy system," in M. Quiroz, A. Lara, Y. Maldonado, and L. Trujillo and O. Schuetze. (eds), *Proceedings of the NEO 2018: Numerical and Evolutionary Optimization*, 2019.

[148] P. A. T. P., R. Pandiarajan, and P. Raju, "Wireless power transmission to UAV using LASER beaming," *International Journal of MechanicalEngineering and Research*, vol. 5, no. 1, 137 – 142, 2015.

[149] M. C. Achtelik, J. Stumpf, D. Gurdan, and K. – M. Doth, "Design of a flexible high performance quadcopter platform breaking the MAV endurance record with laser power beaming," in *Proceedings of 2011 IEEE/RSJ International Conference on Intelligent Robots and Systems (IROS)*, pp. 5166 – 5172, 2011.

[150] S. S. Mohammed, K. Ramasamy, and T. Shanmuganantham, "Wireless power transmission – a next generation power transmission system," *International Journal of Computer Applications*, vol. 1, pp. 100 – 103, 2010.

[151] D. Scaramuzza, M. C. Achtelik, L. Doitsidis, *et al.*, "Vision – controlled micro flying robots: From system design to autonomous navigation and mapping in GPS – denied environments," *IEEE Robotics & Automation Magazine*, vol. 21, pp. 26 – 40, 2014.

[152] P. Tripicchio, M. Satler, M. Unetti, and C. A. Avizzano, "Confined spaces industrial inspection with micro aerial vehicles and laser range finder locali – zation," *International Journal of Micro Air Vehicles*, vol. 10, pp. 207 – 224, 2018.

[153] M. Li, R. J. Evans, E. Skafidas, and B. Moran, "Radar – on – a – chip (ROACH)," in *Proceedings of 2010 IEEE Radar Conference*, pp. 1224 – 1228, 2010.

| 第 9 章 | 使用 ROS 实现无人机的计算机视觉研究 |

本章针对无人机领域,介绍了机器人操作系统(ROS)中的计算机视觉的概念、优势和实例。ROS 是用抽象(使用消息接口)的概念构建的,以允许重用软件。这个概念允许将已构建的计算机视觉任务的源代码在 ROS 环境中进行集成。

结合现有的 ROS 模拟器,可以在基于模型的概念中设计无人机解决方案,在实体版发布之前预测许多操作和技术上的限制。

9.1 引言

机器人操作系统(ROS)不是一个真正的操作系统(OS),而是一个框架和工具集,在异构计算机阵列或网络-物理系统(CPS)上提供操作系统的功能。ROS 生态系统由机器人中间件组成,即用于开发机器人的各种软件集合,如硬件抽象、低级设备控制、常用功能的实现、进程之间的消息传递和包管理工具等。运行基于 ROS 的进程集表现为一种图结构,在其节点中可能有进行接收、发送或混合收发传感、控制、状态、规划、执行等消息。

计算机视觉(CV)是一个工程领域,它使计算机能够理解图像中显示的内容,识别它的属性和深层含义。它可与人工智能在目标检测和识别、导航、跟踪以及基于图像的决策系统等应用中发挥协同作用,实现更好、更高效的系统部署。但它也面临着许多需要克服的挑战,如传感器(如相机)质量、特殊的应用环境、偶尔面对光线的限制或障碍、动态目标等。

这些挑战与实时处理技术以及 CV 在机器人或工业中的典型应用息息相关。

9.2 ROS 上的计算机视觉

在 ROS 中做 CV 的最大好处是可以重用代码。有一些第三方软件包可用于开发或模拟用于真实无人机的 CV 程序。这些软件包为最常见的视觉任务实现了一些令人兴奋的 CV 工具：

(1) 数据融合[1]。

(2) 多模态感知[2]。

(3) 对象识别[3]。

(4) 场景分割[4]。

(5) 对象识别[5]。

(6) 人脸识别[6]。

(7) 手势识别[7]。

(8) 人群的识别/理解[8-9]。

(9) 运动理解/跟踪[10-11]。

(10) 运动推断结构(SFM)[12]。

(11) 立体声视觉[13]。

(12) 视觉测深仪[14]。

(13) 导航[15]。

(14) 飞行控制系统[16]。

(15) 飞行计划/重新配置[17-18]等。

此外，通过仿真[19-20]，可以在物理部署前测试这些将集成于机器人的算法，预测支持系统在开发过程中遇到的集成和开发问题——在部署前预测问题、降低开发成本、支持基于模型的设计以及完成验证和校验任务。

本节将介绍无人机领域的一款应用程序。它可使用集成于 ROS 框架的 OpenCV 库对样例进行图形检测[21]。

基于 CV 的无人机导航将通过自定义的 ROS 包(tum ardrone)[22]来完成。

9.3 应用程序

9.3.1 ROS 中的 OpenCV

如前所述，ROS 与其他包的平滑集成能力允许在 ROS 中使用新的功能。OpenCV 是一个广泛使用的开源 CV 库[23]，将用于以下示例。

OpenCV 有用于图像操作的算法，如平移、旋转、裁剪、算术、位运算、卷积、模糊、去噪、锐化、阈值运算、膨胀、侵蚀、边缘检测和分割技术例如分割轮廓线。

对于这些操作，OpenCV 将图像转换为矩阵表示，其中包含颜色空间值的矩阵单元格表示每个像素。在本章中颜色空间将为 RGB(红绿蓝)，OpenCV 将其记作BGR(蓝绿红)。值得一提的是,还有其他颜色空间可用,但它们超出了范围,如HSV(色调-饱和度值)和CMYK(青色-品红-黄色-黑色)。基于这种矩阵表示,算法可以访问、操作和分析图像(图9.1~图9.3)。

图9.1　灰度示例((200×150)像素)

图9.2　从灰度示例中裁剪出来的部分
((20×20)像素)

107	110	114	113	112	113	113	117	117	113	112	112	113	114	116	116	109	105	106	104
106	108	113	114	114	116	114	117	123	118	116	116	114	115	117	117	113	109	106	105
108	108	114	116	115	121	119	118	125	122	118	117	112	113	116	116	116	112	103	104
113	114	116	115	115	122	124	121	119	120	122	116	111	114	114	112	113	112	106	101
115	117	116	115	116	121	123	121	117	118	123	117	115	115	114	109	109	112	114	105
116	118	118	117	118	121	126	123	119	122	120	117	119	113	107	110	116	110
114	116	119	119	121	121	124	128	131	124	117	120	109	106	111	115	110	105	112	112
114	116	119	119	120	120	127	126	132	129	114	119	113	99	97	108	111	102	110	115
117	120	122	122	121	122	124	121	124	121	118	119	120	103	107	108	106	107	113	114
119	123	125	126	122	120	122	120	117	129	118	110	121	110	105	113	114	109	108	111
120	123	126	127	121	124	123	115	123	123	113	107	109	110	111	114	118	113	108
120	121	128	130	121	115	118	114	118	116	110	107	105	105	113	119	110	105
118	118	135	136	110	114	115	118	112	110	104	100	102	104	115	121	106	104
119	120	127	131	131	129	114	117	114	108	109	103	106	98	99	107	111	118	107	102
117	120	127	128	129	132	121	115	115	99	101	106	109	102	96	99	109	119	105	100
116	117	125	130	130	136	131	115	119	97	89	102	110	105	96	101	113	116	105	103
116	117	125	130	132	138	136	124	125	104	85	91	109	102	98	117	117	108	106	100
116	117	124	128	133	140	134	126	120	109	89	88	108	108	105	120	112	106	106	95
116	118	121	124	130	140	132	119	116	106	91	88	102	104	104	112	107	108	106	96
116	119	120	122	130	137	130	112	115	103	90	88	93	93	99	106	103	109	105	98

图9.3　用0~255之间的灰度像素值表示的裁剪图像部分

为了进一步研究，考虑以 Ubuntu Linux 作为 ROS 主机，需要安装 Ubuntu Linux 的软件包如下：

代码 9.1：OpenCV 软件包的安装

```
1 $ sudo apt-get install libopencv-dev
2
3 # For ROS Kinetic Distribution
4
5 $ sudo apt-get install ros-kinetic-opencv3
```

一个 ROS 节点的典型 Python 代码使用和处理 ROS 图像需要安装特定的库：

(1) rospy – Python 的 ROS 库

(2) cv2 – OpenCV 库

(3) cv bridge – Python 上用于 ROS 图像和 OpenCV 图像之间转换的库

下面的示例是一个订阅了无人机摄像机数据主题的节点，然后通过执行 cv bridge 库将 ROS 图像数据类型转换为 OpenCV 图像数据类型（图 9.4，图 9.5）。此 Python ROS 节点如下：

代码 9.2：用于 ROS 和 OpenCV 之间图像转换的 Python 代码

```
1 #! /usr/bin/env python
2
3 import rospy
4 import cv2
5 from cv_bridge import CvBridge
6
7 # to handle ROS camera image
8 from sensor_msgs.msg import Image
9
10 bridge = CvBridge()
11
12 def callback(data):
13   cv_image = bridge.imgmsg_to_cv2(data,"bgr8")
14   cv2.imshow("Image from ROS",cv_image)
15   cv2.waitKey(0)
16
17 def main():
18   image_subscribe = 
19   rospy.Subscriber("/ardrone/image_raw",
```

```
20 Image,callback)
21
22 rospy.init_node("ROSImgToCV")
23 rospy.spin()
24 cv2.destroyAllWindows()
25
26 if __name__=='__main__':
27 main()
```

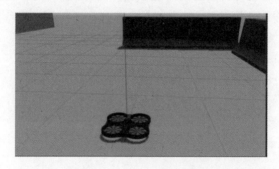

图 9.4　Gazebo 模拟视图

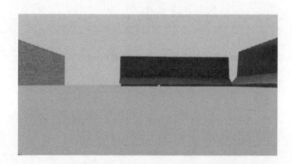

图 9.5　被 OpenCV 转换过的 ROS 图像

以上 Python 代码创建了一个订阅/ardrove/image raw(图 9.6)的 ROS 主题。本主题输出无人机相机图像。一旦图像到达 ROSImgToCV 节点后,将被 cv bridge 库转换。

转换完成后,所有 OpenCV 处理都可以通过可用的算法或重用的代码进行处理。其处理输出可以发布包含针对 ROS 系统的命令和/或反馈。

9.3.1.1　对象检测

下面使用一个利用图像处理方式实现着陆指令的简单应用程序,来演示 ROS 无人机中的 CV。

在这个例子中,当无人机检测到图像上的特定对象时,它将发布(触发)给无人机着陆命令。

基于/ROSImgToCV 节点的代码,利用 OpenCV 内置算法对图像进行处理,以确定是否满足着陆条件,并将着陆命令发布给无人机。

在着陆和起飞时,对无人机的命令应通过/ardrone/land 和/ardrone/takeoff 两个 ROS 主题发送。

另一种可能的操作是利用 ROS 主题/cmd_vel,它是 geometry msgs/ Twist 类型,根据 ROS 文档,它将自由空间的速度划分为线速度和角速度两部分。通过/cmd_vel 可以指挥无人机导航。

直接指挥起飞、着陆和移动的函数原型可总结如下:

代码9.3:ROS 上的无人机控制示例

```
1 #! /usr/bin/env python
2
3 import rospy
4 import time
5
6 # Empty type required by Takeoff/Land
7 from std_msgs.msg import Empty
8
9 # Twist type required by cmd_vel
10 from geometry_msgs.msg import Twist
11
12 # Create Node
13 rospy.init_node('UAV_Command')
14
15 # publishers creation
16 cmd_vel = rospy.Publisher('/cmd_vel',Twist,queue_size=1)
17 takeoff = rospy.Publisher('/ardrone/takeoff',Empty,
18 queue_size=1)
19 land = rospy.Publisher('/ardrone/land',Empty,
20 queue_size=1)
21
22 # message type definition
23 move_msg = Twist()
```

```
24 takeoff_msg = Empty()
25 land_msg = Empty()
26
27 # it is required to pay attention between ROS commands,
28 # to overcome any issue,it is being used timers
29
30 time.sleep(5)
31
32 # example of Takeoff
33 takeoff.publish(takeoff_msg)
34 time.sleep(1)
35
36 # example of stopping
37 move_msg.linear.x = 0.0
38 move_msg.angular.z = 0.0
39 cmd_vel.publish(move_msg)
40 time.sleep(1)
41
42 # example of turning 90 degrees
43 move_msg.linear.x = 0.0
44 move_msg.angular.z = 1.0
45 cmd_vel.publish(move_msg)
46 time.sleep(1)
47
48 # example of moving forward
49 move_msg.linear.x = 1.0
50 move_msg.angular.z = 0.0
51 cmd_vel.publish(move_msg)
52 time.sleep(1)
53
54 # example of Landing
55 land.publish(land_msg)
56 time.sleep(1)
```

为了模拟这个 CV 应用程序,假设无人机正在导航,当检测到有一个人时,它将被命令着陆(图 9.7,图 9.8)。

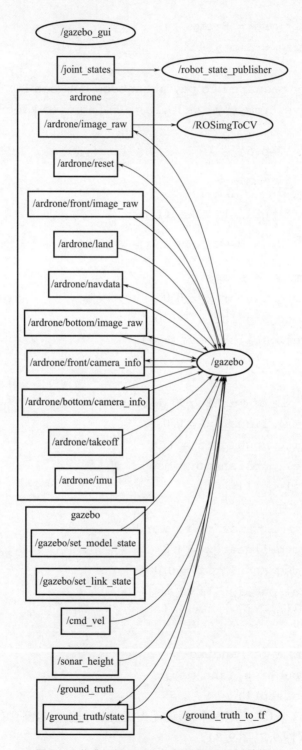

图 9.6 节点订阅了无人机相机的 ROS 图结构

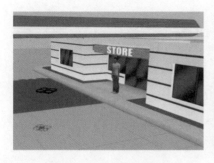
图9.7　Gazebo模拟视图

图9.8　无人机视角视图

OpenCV有一个内置的算法来检测人,是使用SVM方法的HOG[24]。HOG(histograms of oriented gradients)表示定向梯度直方图,是一个概括对象的"特征描述符"。而SVM(support vector machine)是指支持向量机[25],是一种用于分类的机器学习算法。

hog. detect MultiScale的参数对HOGSVM算法[26]有以下影响:

1) winStride

确定滑动窗口在x和y中的步长。越小的winStride值将需要算法进行越多的计算。

代码9.4:OpenCV人员检测算法

```
1 import cv2
2 import imutils
3
4 image = cv2.imread('UAV_Output.png')
5
6 # initialize HOG detector
7 hog = cv2.HOGDescriptor()
8
9 # set SVM detector as default for person detection
10 hog.setSVMDetector(
11 cv2.HOGDescriptor_getDefaultPeopleDetector())
12
13 # resize to a maximum width of 400 pixels
14 image = imutils.resize(image,
15 width=min(400,image.shape[21]))
16
17 # parameters winStride, padding and Scale are configu-
```

rable
```
18 # to increase algorithm precision
19
20 (rects,weights) = hog.detectMultiScale(image,
21 winStride=(4,4),padding=(16,16),scale=1.05,
22 useMeanshiftGrouping=False)
23
24 for(x,y,w,h) in rects:
25     cv2.rectangle(image,(x,y),(x+w,y+h),(0,255,0),
26 2)
27
28 cv2.imshow('Detections',image)
29
30 cv2.waitKey(0)
31 cv2.destroyAllWindows()
```
2) padding

表示填充滑动窗口 x 和 y 中的像素数。

3) scale

控制图像金字塔每一层上调整图像大小的因子。

4) useMeanshiftGrouping

布尔值,表示是否执行平均-移位分组以处理潜在的重叠边界框。

算法输出如图 9.9 所示。

最后,提出了一种利用 ROS 与 OpenCV 轻松集成的集成算法。该算法通过 ROS 节点和主题处理无人机相机拍摄的图像,并根据 CV 的结果来评估,如果图像上有人,将向无人机发送着陆指令。

图 9.9　OpenCV 检测到人员(HOG/SVM)

代码9.5:ROS 和 OpenCV 集成节点(/LandingCV)

```
1
2 #! /usr/bin/env python
3
4 import rospy
5 import cv2
6 import imutils
7 from cv_bridge import CvBridge
8
9 from sensor_msgs.msg import Image
10 from std_msgs.msg import Empty
11
12 bridge = CvBridge()
13 hog = cv2.HOGDescriptor()
14 hog.setSVMDetector(
15 cv2.HOGDescriptor_getDefaultPeopleDetector())
16 land = rospy.Publisher('/ardrone/land',Empty,
17 queue_size=1)
18 land_msg = Empty()
19
20 def callback(data):
21 cv_image = bridge.imgmsg_to_cv2(data,"bgr8")
22
23 image = imutils.resize(cv_image,
24 width=min(400,cv_image.shape[21]))
25
26 (rects,weights) = hog.detectMultiScale(image,
27 winStride=(4,4),padding=(16,16),
28 scale=1.05,useMeanshiftGrouping=False)
29
30 if len(rects):
31 land.publish(land_msg)
32
33 def main():
34 image_subscribe = rospy.Subscriber(
```

```
35    "/ardrone/image_raw",Image,callback)
36 rospy.init_node("LandingCV")
37 rospy.spin()
38
39
40 if __name__=='__main__':
41 main()
```

此外,修改后包含新的/LandingCV 节点的 ROS 图结构如图 9.10 所示。可以看到,该节点订阅了/ardrone/image_raw 主题,并在/ardrone/land 主题上发布。

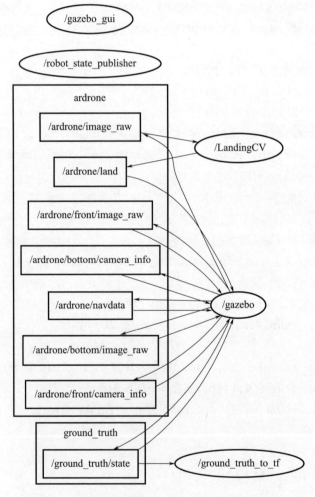

图 9.10　带最终节点(/LandingCV)的 ROS 图结构

9.3.2 视觉导航

无人机操作的一个重要关注点在于位置感知。通常可以使用全球定位系统（GPS）来实现，但考虑到室内或受限的环境，GPS 无法克服这些限制。在这些环境中为了实现位置感知可通过视觉导航技术来解决，这是一种用于自主导航的支持性技术。

9.3.2.1 平行跟踪与映射（PTAM）

在理解 PTAM 之前，让我们先谈谈同时定位和映射（SLAM），它允许机器人推断自己的位置，基于可用的传感器数据，创建其环境地图；然后使用该地图每隔一定时间确定机器人的新位置。它使持续的物理环境意识和局部估计成为可能[27]。并行跟踪和映射（PTAM）[28-29]基于两个任务：跟踪和映射，以并行线程进行处理。跟踪线程负责相机的姿态估计，映射线程负责根据之前的相机帧生成点特征的三维图。

9.3.2.2 ROS 软件包 - 自主飞行

ROS 软件包通过基于 PTAM 的视觉导航提供自主飞行，它是为 Parrot 无人机设计的[30]。用于无人机应用的 tum ardrone 由三个组件组成：

1）单目 SLAM

一方面单目 SLAM 只使用一个视觉相机，与立体 SLAM 相比，它实现起来更简单、更小、更便宜；另一方面，它需要更复杂的算法和更多的数据来支持对多帧视频获取到的单一图像进行深度推理。这种单目 SLAM 的部署使用了 PTAM，在地图初始化后，旋转可视地图，使 XY 平面与水平面相对应。使用加速度计数据，进行缩放，使平均关键点深度为 1。地图的尺度使用度量传感器如超声波高度传感器和扩展卡尔曼滤波器（EKF）来确定一个帧是否应该被拒绝[31]。

2）EKF

无人机是一个动态系统，会随着时间的推移而改变其状态。EKF 用于过滤和融合传感器测量的无人机数据，如姿态、高度和水平速度等与无人机物理动力学相关的变量，以确定其姿态，并作为控制规则的输入。

3）PID 控制件

来自 EKF 的比例积分导数（PID）控制器会消耗位置和速度估计值，这是一种控制回路反馈机制，负责控制无人机的动态行为，如使无人机转向到期望的位置，旨在最小化输入（参考）和测量输出之间的误差。对于四个自由度中的每一个，都有一个单独的 PID 控制器被削减。

安装和初始化说明如下[22]：

代码 9.6：tum ardrone ROS 软件包安装。

```
1  $ cd catkin_ws/src
2  $ git clone https://github.com/tum-vision/tum_ardrone.git
3  -b hydro-devel
4  $ cd .
5  $ source devel/setup.bash
6  $ rosdep install tum_ardrone
7  $ catkin_make
```

代码 9.7：启动 ROS 节点。

```
1  $ roslaunch tum_ardrone ardrone_driver.launch
2  $ roslaunch tum_ardrone tum_ardrone.launch
```

在无人机初始化后，就可以通过 ROS 图（图 9.11）看到 ROS 创建的整个基础架构，图中所有椭圆表示节点，所有矩形表示话题。

可以注意到提供相机数据的主题（/ardrone/bottom/image_raw 和/ardrone/front/image_raw）、IMU 数据主题（/ardrone/imu）和进行状态估计的重要节点（/drone stateestimation）和自动驾驶仪节点（/drone autopilot）以及仿真套件的接口节点（/gazebo）。

以下几个主题有必要详细说明，它们在未来对复现飞行（如使用 ROS 的 bag 文件时）将起到至关重要的作用：

（1）/cmd_vel——与无人机运动和速度相关的数据。

（2）/ardrone/takeoff——与无人机起飞相关的数据。

（3）/ardrone/land——与无人机降落相关的数据。

（4）/ardrone/image_raw——与无人机相机数据。

（5）/ardrone/navdata——与导航相关的数据。

需要说明的是，这些主题是 Parrot AR.Drone 无人机专有的。启动 tumardroneROS 包后，将出现以下窗口：

（1）PTAM 无人机视图。

一种基于无人机提供的不同数据绘制而来的地图。

（2）PTAM 无人机摄像机供电。

一个无人机所看到内容的视频流。人们还将使用这个屏幕向无人机发送"目标"。

（3）tum_ardrone 的图形界面（GUI）。

可以与软件包中不同应用程序进行交互的主窗口（图 9.12）。

第 9 章 使用 ROS 实现无人机的计算机视觉研究

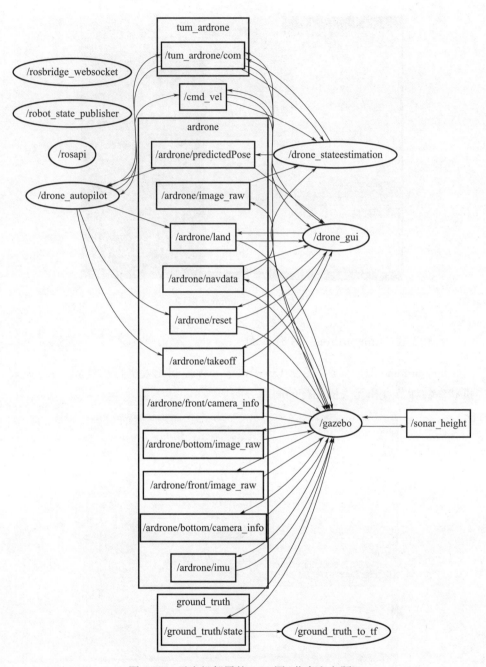

图 9.11 无人机部署的 ROS 图(节点和主题)

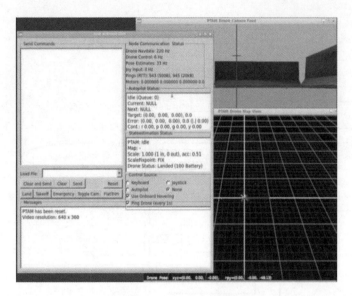

图 9.12 tum_ardrone 窗口

9.3.2.3 tum_ardrone 图形界面

tum_ardrone 图形界面(图 9.13)提供了一种控制无人机自动驾驶节点、无人机状态估计节点和无人机飞行的简单方法。

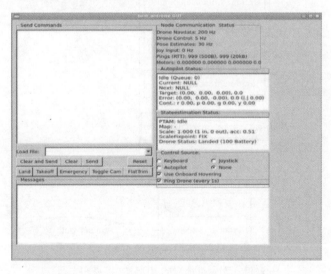

图 9.13 TUM parrot AR.Drone 图形界面

在窗口右上角的 Node Communication Status(节点通信状态)部分,提供节点与无人机之间通信相关的信息,如导航数据(Navdata)频率、控制频率、姿态估计频率和电机状态。

作为参考,导航数据应大于100Hz,姿态估计应大于33Hz,这样才能指示正确的运行状态。

Autopilot Status 部分显示自动驾驶节点的状态。该节点允许无人机通过相机反馈屏幕发送的路径点进行导航。

StateEstimation 节点的状态显示在 Stateestimation Status 部分,这个估计值基于 Navdata 发送的数据。该节点还负责发送控制命令和 PTAM。

Control Source 部分负责切换多种控制模式,如键盘控制、自动驾驶、操纵手柄控制或无控制。

在 Send Commands 部分,允许直接向节点发送命令,以便执行特定操作。一些内置的命令可以通过按钮发送,如着陆和起飞。

最后,Messages 部分输出应用程序生成的所有日志。

执行自动驾驶的初始化步骤如下(图9.14)。

(1)在 Send Commands 部分输入:autoInit 500 800。

(2)单击 Clear and Send 按钮。

(3)表示已成功初始化的消息将显示在 Messages 部分。

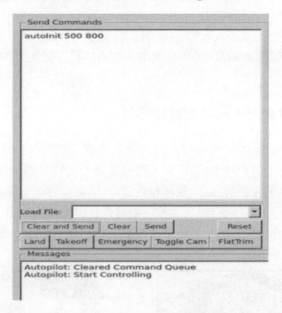

图9.14　自动驾驶初始化

9.3.2.4　PTAM 无人机相机画面和导航

一旦激活自动驾驶模式,PTAM 无人机相机画面与无人机导航子系统交互是通过点击窗口的方式进行的(图9.15)。

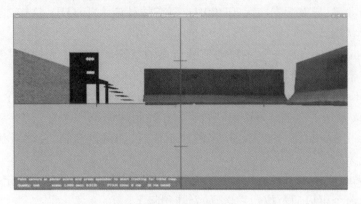

图9.15 PTAM无人机相机图像(见彩图)

窗口被两个轴线 x 和 y 划分,单击视频窗口将生成路径点,并发送到无人机自动驾驶节点。在 tum_ardrone 的实现中,鼠标左键和右键单击窗口代表不同命令。

(1)左键单击:相对于当前位置飞行(x、y、0)m,图像中心为(0,0)点,各边框分别在距原点2m的坐标线上。

(2)右键单击:飞行(0、0、y)m,并且旋转偏航 x 度,图像中心为(0,0)点,各边框分别在距原点2m和90°的坐标线上。这些路径点将在无人机起飞后对其进行控制。

9.3.3 设置无人机状态估计节点

drone_state estimation 将根据发送的导航数据、控制命令和 PTAM 来估计无人机的位置。为了进行状态估计,无人机需要处于飞行状态,因此无人机先要完成起飞动作。当无人机起飞后,聚焦相机窗口,会在窗口底部显示出一条黄色信息,指示相机指向一个平面场景,并按空格键开始跟踪初始地图(图9.15)。确保无人机正在看向该平面场景,并按下键盘上的空格键。按下空格键后,图像中会出现一些点(图9.16)。

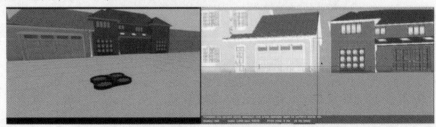

图9.16 跟踪图(初始图)(见彩图)

在窗口的底部,文本已发生变化,内容是:

缓慢地将相机移到一边,然后按空格键执行立体初始化。

现在,将无人机横向移动一点。这样,相机也会稍微侧向移动一点。然后,紧接着再次按空格键。

按下空格键后,点在图像中更加清晰(图 9.17)。

图 9.17　跟踪图(见彩图)

注意:要正确估计 PTAM 的规模,最好在初始化后立即上下飞行(例如上下各飞行 1m)。

这就是无人机状态估计节点的配置方式。到此为止,相机捕捉到的物体在无人机位置附近进行位置追踪。

同时,在 PTAM 地图窗口,相机捕获的点也被放置在地图中(图 9.18)。代表房子的点呈现在地图上,其坐标为相对于无人机的估计位置。

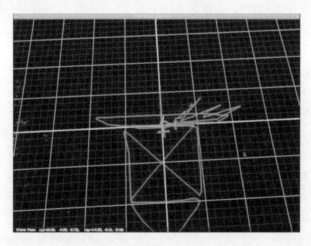

图 9.18　tum_ardrone 地图(见彩图)

9.3.3.1　简单的导航功能

Tum Ardrone 图形界面允许每次使用 PTAM 估计无人机的位置来装载预定

义的飞行。可以通过 GUI 上的 Load File 选项或使用 Send Commands 文本框。完成 PTAM 校准后,可以测试以下命令(图 9.19)。

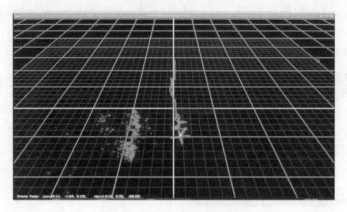

图 9.19　导航示例(见彩图)

代码 9.8:一个简单的 tum_ardrone 导航示例

```
1
2 autoInit 500 800
3
4 setMaxControl 1
5 setInitialReachDist 0.2
6 setStayWithinDist 0.5
7 setStayTime 3
8
9 # rectangle
10 goto 0 0 1 0
11 goto 0 0 0 0
12 goto -1.5 0 0 0
13 goto -1.5 0 1 0
14 goto 1.5 0 1 0
15 goto 1.5 0 0 0
16 goto 0 0 0 0
17
18 # house
19 goto -1 0 0 0
20 goto 1 0 0 0
21 goto -1 -2 0 0
```

```
22 goto 1 -2 0 0
23 goto 0 -3 0 0
24 goto -1 -2 0 0
25 goto -1 0 0 0
26 goto 1 -2 0 0
27 goto 1 0 0 0
28 goto 0 0 0 0
29
30 land
```

9.4 ROS 的未来发展和趋势

ROS 集成了各种框架、库和已构建的代码,通过从原型到成品的敏捷开发工作流程,为使用计算机视觉(CV)任务的机器人系统开发构建了一个优秀的平台。

ROS 和 CV 应用程序已在自动驾驶汽车、工业机器人(制造业)、智能家庭机器人、手术机器人、飞行机器人、太空机器人、水下飞行器、检测机器人、采矿、军事等领域广泛应用。

正是这些大量与数字孪生和物联网(IoT)等新技术紧密相关的集成应用,使得增强现实、导航、运动规划、基于 CV 的感知等任务得以在系统全生命周期中进行模拟和进化。

随着 ROS2.0 的发布,新的版本更加关注实时控制和分布式处理,这使其可以应用于深度学习、需要高吞吐量的分布式处理,以及具有实时性需求的嵌入式应用程序。ROS2.0 还提供了实时操作系统(RTOS)的接口,以符合强实时响应的需求,进而催生边缘嵌入式应用程序的出现。

9.5 小结

ROS 是一个用于机器人开发和仿真[19-20]的有用工具。在本章中可以看到,ROS 上部署 CV 任务非常容易,主要是因为它集成了大量可用的库和开发工具,比如 Gazebo 模拟器、为 ROS 集成而生的包(tum_ardrone)和 OpenCV 库。

事实表明,通过仿真,可以在物理上或现实部署之前训练和测试模型,生成更成熟的解决方案,预测问题并降低成本。

尽管在无人机控制中反应性和低延迟至关重要，而 ROS 本身并不是一个实时操作系统（RTOS），但 ROS 允许使用一些实时代码，弥补了这一不足。

ROS2.0 正在解决缺乏实时性支持的问题，也包括安全问题和分布式处理能力问题[32-33]。

CPS 因其规模通常较小，并嵌入到较大的系统中使用或与较大的系统交互，往往只有有限的计算和存储能力。随着云计算和物联网[34-35]的出现，无人机 - CPS 出现了一些新的前景：可以通过不同形式的云资产延长其计算和存储能力。有必要加强工具的开发，以促进 UAV - CPS 与云计算的集成，进而将其应用分类扩展到以下领域：① 远程智能[34,36-39]；② 大数据处理[40]；③ 虚拟化[17,41]；④ 移动机器人[32,42]；⑤ 无线传感器网络[32,42]；⑥ 车辆网络[32,42-43]。

参考文献

[1] Koubaa A Robot Operating System(ROS)The Complete Reference(Volume 2). Studies in Computational Intelligence book series(SCI,volume 707),Springer Cham,Zurich,Switzerland,2017.

[2] Sinapov J,Schenck C,and Stoytchev A. Learning relational object categories using behavioral exploration and multimodal perception. 2014 IEEE International Conference on Robotics and Automation(ICRA). 2014,p. 5691 – 5698.

[3] Gupta S,Girshick RB,Arbeláez PA,and Malik J. Learning rich features from RGB – D images for object detection and segmentation. Proceedings of 2014 ECCV. Zurich,Switzerland,2014.

[4] Razmjooy N,Mousavi BS,and Soleymani F. A hybrid neural network imperialist competitive algorithm for skin color segmentation. Mathematical and Computer Modelling,Vol. 57,2013,p. 848 – 856.

[5] Khalilpour M,and Razmjooy N. A hybrid method for gesture recognition. Journal of World's Electrical Engineering and Technology,Vol. 2,no. 3,2013,p. 47 – 53.

[6] Firoze A,and Deb T. Face recognition time reduction based on partitioned faces without compromising accuracy and a review of state – of – the – art face recognition approaches. Proceedings of ICIGP 2018,Hong Kong,China.

[7] Panella M,and Altilio R. A smartphone – based application using machine learning for gesture recognition:Using feature extraction and template matching via hu image moments to recognize gestures. IEEE Consumer Electronics Magazine,Vol. 8,2019,p. 25 – 29.

[8] Miraftabzadeh SA,Rad P,Choo KKR,and Jamshidi MM. A privacy – aware architecture at the edge for autonomous real – time identity reidentification in crowds. IEEE Internet of Things Journal,Vol. 5,2018,p. 2936 – 2946.

[9] Yildirim F,Meyer V,and Cornelissen FW. Eyes on crowding:Crowding is preserved when responding by eye and similarly affects identity and position accuracy. Journal of Vision,Vol. 15,2015,p. 2.

[10] Hart S, Dinh P, and Hambuchen KA. The affordance template ROS package for robot task programming. 2015 IEEE International Conference on Robotics and Automation (ICRA) 2015, Montreal, QC, Canada, p. 6227 – 6234.

[11] Coelho AM, and Estrela VV. A study on the effect of regularization matrices in motion estimation. International Journal of Computer Applications, Vol. 51, no. 19, 2012, p. 17 – 24. doi: 10. 5120/8151 – 1886.

[12] Estrela VV, and Coelho AM. State – of – the art motion estimation in the context of 3D TV. In: Multimedia Networking and Coding. IGI Global, 2013, p. 148 – 173. doi: 10. 4018/978 – 1 – 4666 – 2660 – 7. ch006.

[13] Brzozowski B, and Szymanek N. Stereo vision module for UAV navigation system. In Proceedings of the 5th IEEE International Workshop on Metrology for AeroSpace (MetroAeroSpace) 2018, Rome, Italy, p. 2422 – 2425.

[14] Zhou Y, Li H, and Kneip L. Canny – VO: Visual odometry with RGB – D cameras based on geometric 3 – D – 2 – D edge alignment. IEEE Transactions on Robotics, Vol. 35, 2019, p. 184 – 199.

[15] Potena C, Nardi D, and Pretto A. Effective target aware visual navigation for UAVs. Proceedings of 2017 European Conference on Mobile Robots (ECMR), Paris, France, 2017, p. 1 – 7.

[16] Nogar SM, and Kroninger CM. Development of a hybrid micro air vehicle capable of controlled transition. IEEE Robotics and Automation Letters, Vol. 3, 2018, p. 2269 – 2276.

[17] Kosak O, Wanninger C, Hoffmann A, Ponsar H, and Reif W. Multipotent systems: Combining planning, self – organization, and reconfiguration in modular robot ensembles. Sensors, 2019, 19 (1), 17.

[18] Salla LML, Odubela A, Espada G, Correa MCB, Lewis LS, and Wood A. The EDNA public safety drone: Bullet – stopping lifesaving. In: Proceedings of 2018 IEEE Global Humanitarian Technology Conference (GHTC), San Jose, California, USA, 2018, p. 1 – 8.

[19] Hailong Q, Meng Z, Meng W, et al. Autonomous exploration and mapping system using heterogeneous UAVs and UGVs in GPS – denied environments. IEEE Transactions on Vehicular Technology, Vol. 68, 2019, p. 1339 – 1350.

[20] Valente J, Almeida R, and Kooistra L. A comprehensive study of the potential application of flying ethylene – sensitive sensors for ripeness detec – tion in apple orchards. Sensors, 2019, 19 (2), 372.

[21] Martinez A, and Fernandez E. Learning ROS for robotics programming. Birmingham: Packt Publishing Ltd; 2013.

[22] tum ardrone package; 2014. Available from: https://github.com/tum – vision/tumardrone.

[23] Mahtani A, Sanchez L, Fernandez E, et al. Effective robotics programming with ROS. Birmingham: Packt Publishing Ltd; 2016.

[24] Dalal N, and Triggs B. Histograms of oriented gradients for human detection. In: IEEE Computer Society Conference on Computer Vision and Pattern Recognition, 2005 (CVPR 2005). Vol. 1. IEEE; 2005, p. 886 – 893.

[25] Razmjooy N, Mousavi BS, and Soleymani F. A real – time mathematical computer method for

potato inspection using machine vision. Computers & Mathematics with Applications, Vol. 63, 2012, p. 268 – 279.

[26] Rosebrock A. HOG detectMultiScale parameters explained – PyImageSearch. PyImageSearch; 2018. Available from: https://www. pyimagesearch. com/2015/11/16/hog – detectmultiscale – parameters – explained/.

[27] Riisgaard S, and Blas MR. SLAM for dummies. Vol. 22, 2003.

[28] Klein G, and Murray D. Parallel tracking and mapping for small AR Workspaces. In: Proceedings of the Sixth IEEE and ACM International Symposium on Mixed and Augmented Reality (ISMAR'07). Nara, Japan; 2007.

[29] Sturm J. TUM VISNAV 2013, Lecture Notes: Visual navigation for flying robots; 2013. Available from: http://vision. in. tum. de/teaching/ss2013/vis – nav2013. Last visited on 2018/07/01.

[30] Academy TCRI. Programming drones in ROS; 2018. Available from: http://www. theconstructsim. com/construct – learn – develop – robots – using – ros/robotignite academylearnros/ros – courses – library/ros – courses – programming – drones – ros/.

[31] Engel J, Sturm J, and Cremers D. Camera – based navigation of a low – cost quadrocopter. In: 2012 IEEE/RSJ International Conference on Intelligent Robots and Systems (IROS). IEEE; 2012, p. 2815 – 2821.

[32] Chaari R, Ellouze F, Kouba A, et al. Cyber – physical systems clouds: A survey. Computer Networks, Vol. 108, 2016, p. 260 – 278.

[33] D'Emilia G, Gaspari A, and Natale E. Measurements for smart manufacturing in an industry 4. 0 scenario a case – study on a mechatronic system. Proceedings of 2018 Workshop on Metrology for Industry 4. 0 and IoT, Brescia, Italy, 2018, p. 1 – 5.

[34] Estrela VV, Monteiro ACB, Franc ? a RP, Iano Y, Khelassi A, and Razmjooy N. Health 4. 0: Applications, management, technologies and review. Medical Technologies Journal, Vol. 2, no. 4, 2019, p. 262 – 276, http://medtech. ichsmt. org/index. php/MTJ/article/view/205.

[35] Motlagh NH, Taleb T, and Osama O. Low – altitude unmanned aerial vehicles – based internet of things services: Comprehensive survey and future perspectives. IEEE Internet of Things Journal, Vol. 3, 2016, p. 899 – 922.

[36] Brahmbhatt S, Amor HB, and Christensen HI. Occlusion – aware object localization, segmentation and pose estimation. Proceedings of 2015 BMVC, Swansea, UK, 2015.

[37] Bachmann D, Weichert F, and Rinkenauer G. Review of three – dimensional human – computer interaction with focus on the leap motion controller. Sensors, 2018, 18(7), 2194.

[38] Hemanth DJ, and Estrela VV. Deep learning for image processing applications. Advances in Parallel Computing, Vol. 31, 2017, pp. 27 – 270.

[39] Zheng S, Lin Z, Zeng Q, Zheng R, Liu C, and Xiong H. IAPcloud: A cloud control platform for heterogeneous robots. IEEE Access, Vol. 6, 2018, p. 30577 – 30591.

[40] Atat R, Liu L, Wu J, Li G, Ye C, and Yi Y. Big data meet cyber – physical systems: A panoramic survey. IEEE Access, Vol. 6, 2018, p. 73603 – 73636.

[41] Liu W, Anguelov D, Erhan D, et al. SSD: Single shot multibox detector. Proceedings of 2016

ECCV, Amsterdam, Netherlands, 2016.

[42] Koubaa A, and Qureshi B. DroneTrack: Cloud-based real-time object tracking using unmanned aerial vehicles over the internet. IEEE Access, Vol. 6, 2018, p. 13810-13824.

[43] Peng HX, Liang L, Shen X, and Li GY. Vehicular communications: A network layer perspective. IEEE Transactions on Vehicular Technology, Vol. 68, 2018, p. 1064-1078.

第 10 章　无人机和机器人操作系统的安全问题

10.1　引言

无人机(UAV)是一种可用于改进运输、农业、巡检、救援、灾难响应等典型任务的赋能技术。它最初应用于军事，现在则更多地作为一种商业平台和消费电子产品。尽管无人机具有诸多优势且仍在不断发展，但依然有很多方面，诸如复杂结构和安全苛刻应用软件，需要依赖严谨的开发流程，以确保其在整个生命周期内的可靠性。如今无人机安全形势依然严峻，与安全相关的问题在新闻中屡见不鲜，外部威胁可对无人机系统的多个方面，如保密性、完整性和可用性(安全三支柱)等产生危害，导致操作中断、财产损失和安全事故[1]。本章初步介绍了无人机安全领域各个阶段的研究成果，以及各种可能适用的场景。提出了以下对于弹性作业的安全策略：从传统的安全方法(如身份验证、密码学)到最新的研究成果，还包括从飞机设计指南中获得的一些启发，比如对于恶意非授权行动(来自网络的威胁)及对安全影响的阐述。这些都为新无人机的设计提供了借鉴。最后，介绍了机器人操作系统在消费型无人机(Parrot AR. Drone 2)上的部署，并提出了一个网络安全评估机制，包括发现策略、缓解措施和处理建议，以达到强化作业水平(即所谓弹性)的目的。

目前，虽然机器人操作系统(ROS)已被应用于无人机，但针对无人机全生命周期和潜在漏洞的、由安全驱动的设计决策策略并没有得到足够的关注。

这种安全驱动的设计模式用于处理结构性问题，表现为在设计决策时对安全进行额外的权衡。遵循这样的模式，在假设系统中存在有意行动(往往是恶意)的条件下，仍可以设计出一套具有弹性的系统。

本章首先介绍了关于无人机和 ROS 领域的安全缺陷以及它们可能出现的场景，涵盖了各时期的研究工作。

接下来,提出了对于弹性作业的安全策略,从传统的安全方法(如身份验证、密码学)到最新的研究成果,还包括从飞机设计指南中获得的一些启发,比如对于恶意非授权行动(来自网络的威胁)及对安全影响的阐述。这些都为新无人机的设计提供了借鉴。

10.2 无人机

多转子、固定翼和旋翼构成了无人机最常用的物理配置。具体来说,四轴飞行器(四个转子)的飞行原理十分简单,通过齿轮和螺旋桨产生推力。这些转子可以组成多种配置,分别如六转子和八转子,六角和八角翼。通过改变转子的转速来控制多转子的动力学形态。从现在起,本章所述无人机将专指四轴飞行器(图10.1)。

图10.1　Parrot AR. Drone 无人机(四轴飞行器)

关于自主飞行的控制,可分为两类:
(1)低等级自主飞控:保持高度和稳态,并补偿干扰。
(2)高等级自主飞控:补偿漂移,避障,定位和规划,导航,追踪。

无人机仍存在一些挑战,如:有限的有效载荷、计算能力和传感器、电池寿命、快速动态规划、电子控制和安全等问题,这些都与安全事件的结果密切相关,或可能因安全问题受到影响或被触发。无人机系统由三个主要部分组成,传感器如相机、加速度计、陀螺仪等;执行器如电机、稳定云台和夹具;以及由计算机或嵌入式单片机实现的控制单元/软件。这些部分组成了一个包含感知环境、处理传感器数据和影响环境的状态机(图10.2)。

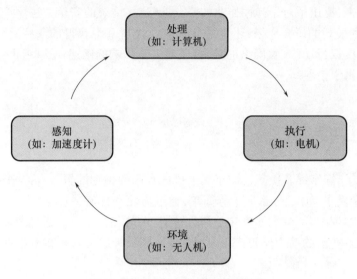

图 10.2　无人机系统流程状态转换

10.3　ROS 的基本概念

当今的世界被一些新鲜的概念联系得越来越紧密,比如物联网(IoT)和工业 4.0,它们的出现得益于数字化、自主系统、云计算、数据科学、机器学习等领域的技术发展。这些应用如果希望从万物互联中获得预期进步,对安全问题的关注将是一个不容忽视的方面。

具体来说,在机器人领域,ROS 在网络 – 物理系统(CPS)上的部署是十分常见的,这些工程系统基于并依赖于计算算法和物理组件[2]的无缝集成。尽管 ROS 的使用越来越多,但在被工业界和政府广泛采用之前,其安全性始终是一个问题。

基于之前提出的控制类别,大多数 ROS 应用程序都属于高级控制类别,其中 ROS 可作为中间件来支持处理阶段的操作。ROS 的最大优势是通过模块化、健壮、分散的基础设施实现开发和操作,该基础设施便于软件重用,支持硬件和软件抽象,支持调试、数据记录、可视化工具,易于学习和扩展。

ROS 以发行版的方式进行发布,其中每个版本都是像 GNU/Linux 发行版这样的版本化的包集,以支持开发人员使用稳定的代码库(图 10.3 ~ 图 10.5)。

ROS 负责进程、硬件和软件之间的消息传递,由一个命名空间服务负责的 ROS 主服务器管理所有组件的交互。这些组件可分解如下。

第 10 章　无人机和机器人操作系统的安全问题

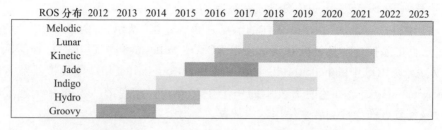

图 10.3　ROS 发行版和寿命终止日期清单（见彩图）

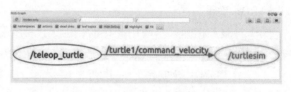

图 10.4　ROS 软件包结构　　　　图 10.5　ROS 图结构

1）ROS 包

ROS 被组织为包含 ROS 节点的包，旨在支持重用和模块化。它只是一个目录树，这是发布新的 ROS 应用程序的方法。当前的 ROS 版本使用 catkin 构建系统来进行包管理。对于 ROS Fuerte 版本及更早期版本，都是由 rosbuild 来进行构建的。

如上所述，名为 example 的 ROS 包提供了一个用于自定义 ROS 操作的 action 文件夹、一个保存 ROS 启动脚本的 lanuch 文件夹、保存节点源代码的 src 文件夹以及一个实现自定义服务的 srv 文件夹。CMakeLists.txt 是 CMake 构建文件，而 package.xml 定义了连接件在构建过程中使用的项目属性，如依赖关系。

2）ROS 节点

ROS 节点是一种进程，由在 ROS 上创建的软件组成，通常位于包的子文件夹 src 中，可以通过 C++ 或 Python 语言调用库 roscpp 和 rospy 来构建。节点被连接起来进行消息交换（尽管是采用主题的方式），以执行各种功能，是一个项目中支持模块化的核心。每个节点都可以在特定部分执行任务，如电机控制、定位和获取传感器读数等。值得一提的是，ROS 节点可以在本地计算机上或远程运行。

3）ROS 主题

主题类似于管道或总线，可以用来在节点之间交换数据。它由发布（写）和订阅（读）的概念组成，数据的传输是非直接的、多对多的、单向的。比如一个加速度计发布一个主题。可以通过一个特定的速率（连续地）读取，这些信息将可

221

用于其他 ROS 节点,比如负责导航和控制的节点。

正如 ROS Graph(由主题创建的节点之间的连接)所示,有两个节点,蓝色和绿色,负责遥控一个乌龟机器人。这是 ROS 在 turtlesim 包中包含的一种演示机器人,类似 ROS 中的 helloworld。控制节点(/teleop_turtle)和乌龟模拟器节点(/turtlesim)可以通过红色箭头表示的一个主题连接。蓝色节点发布一个速度指令,绿色节点作为订阅者来使用这些数据。

4) ROS 服务

服务允许指定节点。通常情况下服务的功能与主题类似,但一旦它像过程调用那样可以对请求进行响应,它就和主题不一样了。

一个执行图像识别的子系统将被实现为一个服务,一旦它被调用,将会持续等待,直到收到识别反馈结果(同步行为,收到来自服务的结果之前无法继续执行)[3]。

5) ROS 操作

操作与服务相同。当调用操作时,相当于调用另一个节点提供的服务。区别在于,调用服务意味着人们必须等到服务完成;而调用操作时,不必等待操作完成。

一旦 ROS 调用导航系统来执行一些操作,它将被视为一个动作,在此动作中,可以执行其他任务(异步行为,如线程)。

10.4 无人机安全审查

安全性问题往往涉及故意滥用的事件,分析其影响时不能仅仅用部分故障概率的叠加来计算,恶意的滥用往往会导致系统的冗余和架构的变化。

安全分析必须像恶意攻击者一样思考:他们是如何使功能(场景)被滥用的?对整个系统有何影响?在"安全发现"被找到后,应对其进行权衡,分析这些场景的影响程度(如,灾难性的)及对设计决策的目标是否有帮助。

安全问题或安全目标可分为三个大类(三大支柱):

(1)保密性:只有那些具有权限/特权的人才应能够访问信息/数据(如身份验证)。

(2)完整性:对信息/数据和发送/接收者的信心(例如哈希)。

(3)可用性:信息、数据或系统在需要时可以被获得(例如冗余)。

所有这些方面都有许多相应的安全威胁或攻击,一些示例如下:

(1)保密性:流量分析。

(2)完整性:数据注入。

(3)可用性:拒绝服务攻击、洪水攻击和恶意软件。

以使用 IEEE802.11 无线通信(基于 Wi-Fi)的消费型无人机为例,其安全发现主要是拒绝服务、无线注入和劫持视频捕获[4-7]。

关于 Parrot AR. Drone 2.0 无人机,这种拒绝服务攻击可对飞行造成灾难性的影响。这些平台的一种常见方法是通过更改 Wi-Fi 通信协议来加强加密和身份验证。

因为有利的研究环境、平台环境(如 Parrot AR. Drone 2.0)和出版环境,有关小型无人机的安全发现在学术界更为常见。

但这并不能得出军事或商业应用更加关注安全设计的结论。据现有的报道,有证据表明曾发生过军用无人机被劫持和数据泄露的案件,且指向有更强大的特工(政府)力量的参与,甚至可能导致所谓的网络战[8]。正如新闻所述,结合有关的出版物,如传感器读取欺骗(如 GPS)、干扰、甚至物理访问和数据管理缺陷等,可以得出结论:关键的商业、军事应用和平台可能更容易受到安全风险的影响。

一个与飞机行业平行的标准体系正在建立,它表明人们对安全的担忧正在上升,而且指导方针尚不成熟,以致于无法应用于现有的飞行器。这就是 2014 年发布的《RTCADO-356 适航安全方法和注意事项》法案。目前,认证机构,如美国联邦航空管理局(FAA)还没有针对网络安全的具体规定。他们正在通过特别条件解决设计和认证过程中的这些"分析差距",以确保达到与现有飞机设计的适航标准同等的安全水平。

对美国联邦航空管理局特别条件数据库的研究显示了民用航空(商用飞机)和通用航空(商务飞机)的特别条件签发的历史。

多无人机操作已被用于在远程地区或在特定区域的临时网络中断期间提供网络基础设施。在这些应用中,无人机是网络的节点(空中节点)[9-10]。通过多无人机组网提供的网络很容易受到未经授权访问、信号干扰、信号欺骗和数据注入等攻击。这种类型的无人机作业是一个新兴的研究领域[11]。

攻击(如凝血攻击)已经在无人机网络上被研究过,它会影响到无人机的物理配置和机动。这些攻击会造成网络故障、坠毁和无人机劫持[12]。

10.5　ROS 安全审查

2012 年,在 DEFCON20(安全会议)期间,曾有一套 ROS 系统被作为竞赛平台进行安全评估[13]。它部署在一个小型的类车机器人中,会议邀请与会者在这个 CPS 平台上进行开发,以期发现并解决 ROS 上的安全漏洞。

被发现的漏洞包括:纯文本通信,恶意代理可以读取它们以识别其结构,然后注入假通信包;未受保护的 TCP 端口;没有对命名空间的访问控制,该命名空间存储有 ROS 计算图和未加密数据存储的位置(图 10.6)。

图 10.6　在 DEFCON20 上的 ROS 安全性评估

这一工作提出了一种基于应用层(OSI 七层模型的顶层)更改的安全体系结构[14],并给出了该体系结构的应用和验证案例。在强调 ROS 上有限本地安全性的前提下,该架构兼顾了强化和加密,以提高 ROS 对安全威胁的弹性,同时并没有给 ROS 引入额外开销。

这一工作[15]还提出了一种旨在保护 ROS 节点之间通信的加密结构,在发布者上引入了加密阶段,在订阅者上引入了解密阶段。要对其表现进行评估,可以考量三重数据加密标准(3DES)算法在 ROS 上的性能表现(CPU 使用和时间延迟),这在考虑实时应用时至关重要。

SROS(安全 ROS)是 ROS 的附加功能,以支持加密和其他安全措施来解决已经提到的现有漏洞,如纯文通信和消息交换的完整性检查。介绍了使用公钥基础设施(PKI)的传输层安全(TLS)在库级别的实现,以允许当前部署支持 SROS,还提到了支持审计的安全日志记录功能也在考虑范围之内。SROS 正在大规模开发中,将作为 ROS2 的一部分进行部署。

这一工作[16]还进行了 IPv4 全互联网扫描,以识别暴露的 ROS 部署。采用对 ROS 主端口 11311 执行 TCPSYN 扫描,然后执行 HTTPGET/请求的方法。结果显示扫描到了世界各地的部署,对外部访问完全开放,暴露出严重的安全漏洞,可能导致数据泄漏和未经授权的机器人活动。

10.6　无人机安全场景

从信息系统领域来看,在发生攻击时关闭服务是一种正常的方法。在考虑 CPS 应用和更具体的无人机操作时,该模式或方法是不可行的,除了其信息方面,必须考虑其与环境的物理交互,例如,在飞行期间,需要缓解措施或设计策略,以保证操作的安全。安全场景考虑了已发布的 ROS 安全缺陷[17]及其对无人机的潜在影响如下。

(1)数据捕获和拦截(嗅探)。
(2)数据中断,即拒绝服务(DoS)。
(3)数据伪造(欺骗-不可否认方面)。

对于无人机应用程序,可以创建一些威胁场景。下面是一些有趣的示例。
(1)恶意代理人在飞行过程中通过发布(注入)假主题强迫执行着陆程序劫持无人机。
(2)通过节点发送错误传感器读数,导致无人机行为异常或坠毁。
(3)通过虚假主题发布者发送大量数据,提高处理器负载导致拒绝服务。
(4)数据泄露,捕获传输的图像,损害隐私。

10.7 基于 ROS 的消费型无人机运行安全评估

ROS 安全评估将基于模拟的 Parrot AR. Drone 2.0 进行。在虚拟环境中使用 Ubuntu16LTS 上的 ROS Kinetic,并结合 Gazebo[18]、tum 模拟器和 rviz 等软件包。

Gazebo 是一个免费的三维动态模拟器,可以在现实环境中快速模拟、测试和开发。tum 模拟器是一个包含 Parrot AR. Drone 2.0 的 Gazebo 数据的软件包,拥有大多数传感器模型,也提供了相机、IMU 和导航输出。rviz 是一个 ROS 可视化工具,用于绘制无人机飞行路径,以确定安全干预对无人机行为的影响。

以下流程图可概括进行安全评估的基础设施实施的情况:

在这个流程图中,必须详细说明,节点/move_square 在执行以下安全用例时,负责在一个固定的方块路径中持续控制 Parrot AR. Drone 2.0 的运动。该节点为 Parrot AR. Drone 2.0 的内部节点提供接口,类似如名字显示的负责起飞和降落的/ardrone/takeoff 和/ardrone/land。无人机的所有线性和角度运动都通过节点/cmd_vel 进行控制(图 10.7,图 10.8)。

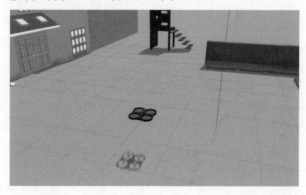

图 10.7 在 Gazebo 中的 Parrot AR. Drone 模拟器

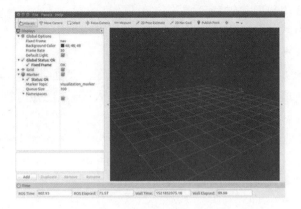

图 10.8 rviz 飞行路径标记图

其他节点,如与转换(tf)和可视化(/visualization_marker)相关的节点,用于支持 rviz 上的标记图。/gazebo 节点处理与大多数无人机节点的接口,其行为影响了 Gazebo 界面上的模拟结果(图 10.9)。

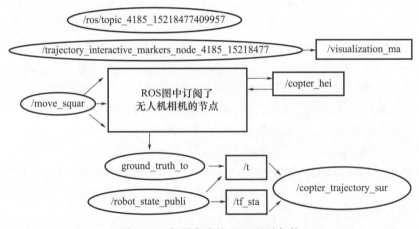

图 10.9 部署完成的 ROS 基础架构

在通过 roscore 命令进行 ROS 初始化后,可以找到来自 ROS 架构的主机,即端口 11311 上的第一个安全发现。根据 ROS 文档,ROS 主服务器是通过基于 HTTP 的 XML – RPC 协议实现的,该协议具有可轻松处理的 API。

这一安全发现的第一个缓解措施可能是进行模糊处理,它依赖于保密来提供安全,为 ROS 主服务器选择一个不同于典型的 11311 的端口。可以通过在 roscore 命令后拼接参数 p<所需的端口>来实现。图 10.10 中列出的其他端口表示为 ROS 节点随机选择的端口。

这种以明文传输的 XML – RPC 通信缺乏隐私保护,这很容易被恶意代理窃听,允许获得有关 ROS 部署(基础设施)和可能的攻击目标的信息(图 10.11)。

第 10 章　无人机和机器人操作系统的安全问题

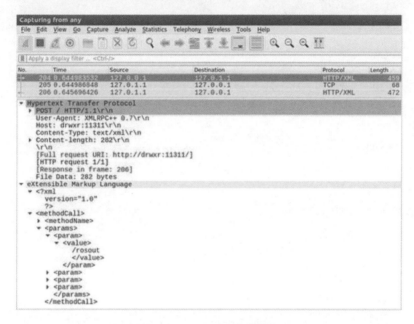

图 10.10　端口扫描

图 10.11　包嗅探与分析

攻击者可以很容易地获得 HTTP 头上关于 XML RPC ＋＋代理及其 XML 格式数据内容的信息。这个安全发现可以通过通信节点之间的加密方案来修复，以避免被窃听。

由于 ROS 上没有实现身份验证的方法，也没有权限方案（授权），所以订阅可用节点对恶意用户没有任何障碍，可能导致数据泄露，从而损害保密性。以下例子很容易使用 rviz 订阅 Parrot AR. Drone 2.0 前置相机的发布者消息，即：

在右侧，Gazebo 中的模拟器的右侧出现了无人机，左侧显示其前置相机主题的输出。

这种缺乏认证和/或授权的问题可以通过授权方案来解决，或者如前所述，使用由参考文献［17］提出的加密的 ROS 通信。

另一个安全发现的问题与节点创建或发布活动之间缺乏一致性检查有关,如前所述,/cmd_vel 节点负责无人机的线性和角运动,由于缺乏检查,可以创建一个未经授权的节点来干扰/cmd_vel 的正常操作。下面是一个简单的恶意代码(图 10.12)。

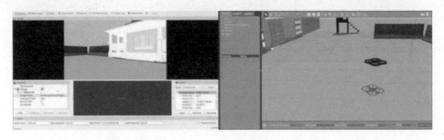

图 10.12 主题窃听

代码 10.1:恶意代码

```python
#! /usr/bin/env python

import rospy
from geometry_msgs.msg import Twist

rospy.init_node('unauthorized')

pub = rospy.Publisher('/cmd_vel',Twist,
queue_size=1)

rate = rospy.Rate(1)

while True:
    pub.publish()
    rate.sleep()
```

此代码创建一个名为 /unauthorized 的节点,该节点在/cmd_vel 上发布空消息,干扰合法节点/move_square。

仿真中的行为表现为无人机被冻结了,因为最后发布到/cmd_vel 的指令无论从节点/move_square 还是节点/unauthorized 发出,都是指挥无人机的响应,一旦/unauthorized 节点发布频率更高,它将覆盖/move_square 对/cmd_vel 的控制。

此恶意节点在架构图上显示为/cmd_vel 的另一个接口,如图中突出显示部分所示(图 10.13)。

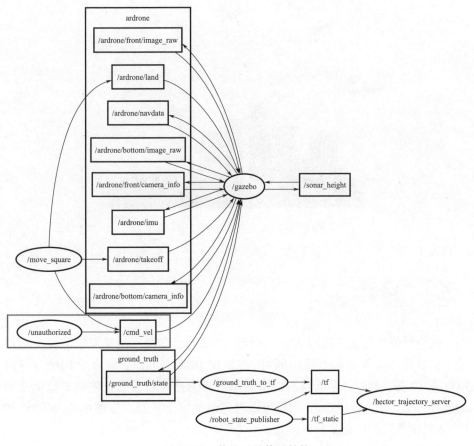

图 10.13　修改后的体系结构

10.8　未来发展趋势

随着无处不在的无人机在更广泛连接的环境中普及,新的技术趋势不断涌现,如无人机互联网(IoD)[19]的概念,利用现有蜂窝网络和无线通信的进步来支持无人机协同,通过机间通信增强传统地面站与无人机通信,同理以赋能自主飞行、蜂群导航和无人交通管制(UTM)[20]等技术(图 10.14)。

作为一项新兴技术,无人机互联网仍然需要大力发展[21],克服未授权访问、非法连接、窃听、干扰、认证、入侵检测等问题。

将软件定义的网络模拟器(如 mininet)和网络功能虚拟化(NFV)[22]相结合,可以使用 ROS 和 Gazebo 创建模拟测试台来验证 IoD 的安全网络部署。

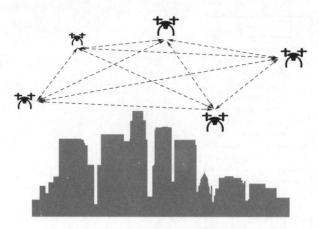

图 10.14 无人机互联网(IoD)概念

10.9 小结

安全性显然是无人机存在的一个明显问题,也是被广泛采用的关键支持技术。ROS 作为无人机的支持中间件,需要在 ROS 上考虑这些安全问题。一旦 ROS 在广泛的领域被应用,就可以推导出所有这些来自无人机领域的结论适用于所有 CPS[23-26]。这些安全问题可以通过诸如安全机器人操作系统(SROS)和 ROS2 提供的防御措施来持续改进。

尽管 ROS2 引入了关于安全的改进,但它并没有消除在无人机部署时进行安全评估的需求。考虑到多个机器人可能出现属性的集成,这需要进行安全分析来避免脆弱的部署。

可持续设计的一个很好的工具是安全风险评估,它支持基于实施的复杂性(如成本)和所分析场景的影响,判断决策中的风险是否可接受。

与传统的修复缺陷的方法相比,由于重新设计、修复、仿真的影响巨大,在一些设计中可能导致项目较早终止,而正如展示的那样,Gazebo 和 rviz 是一个很好的模拟这些场景的支持工具,并对安全风险评估提供补偿,甚至可以在开发的早期阶段设计一些变化。

目前的方法包括在 ROS 的应用级别上进行强化,以通过身份验证和加密方案来减轻其安全发现。另外一个选项是在运行 ROS 时加强使用防火墙和控制用户访问 roscore 的权限。实际上这类似于嵌入式系统的做法。

还有一个在以前文献中并未提及的强化手段,与基于文件系统的配置管理控制系统有关。这种强化由 ROS 组件的散列表组成,可以避免在每次 ROS 应用程序启动之前校验文件的改动和完整性。

目前有一个与 ROS 的渗透测试工具有关的、开放空间,但这些工具目前对社区不可用。

参考文献

[1] Vattapparamban E, Guvenç I, Yurekli AI, et al. Drones for Smart Cities: Issues in Cybersecurity, Privacy, and Public Safety. In: Proc. 2016 Int'l Wir. Comm. and Mob. Comp. Conf. (IWCMC). IEEE, 2016, Paphos, Cyprus, p. 216-221.

[2] Estrela VV, Saotome O, Loschi HJ, et al. Emergency Response Cyber-Physical Framework for Landslide Avoidance with Sustainable Electronics. Technologies, 6, 2018, p. 42.

[3] Khalilpour M, and Razmjooy N. A Hybrid Method for Gesture Recognition. Journal of World's Electrical Engineering and Technology, 2, 3, 2013, p. 47-53.

[4] Hooper M, Tian Y, Zhou R, et al. Securing Commercial WiFi-based UAVs from Common Security Attacks. In: Military Communications Conference, MILCOM 2016-2016 IEEE. IEEE; Baltimore, MD, USA, 2016, p. 1213-1218.

[5] Bisio I, Garibotto C, Lavagetto F, Sciarrone A, and Zappatore S. Blind Detection: Advanced Techniques for WiFi-Based Drone Surveillance. IEEE Transactions on Vehicular Technology, 68, 2019, p. 938-946.

[6] Lykou G, Anagnostopoulou A, and Gritzalis D. Smart airport cybersecurity: Threat mitigation and cyber resilience controls. Sensors. 2018; 19(1). doi: 10.3390/s19010019.

[7] Estrela VV, and Coelho AM. State-of-the art Motion estimation in the con-text of 3D TV. In: Multimedia Networking and Coding. IGI Global, Hershey, PA, USA, 2013, p. 148-173. DOI: 10.4018/978-1-4666-2660-7.ch006.

[8] Faria LD, Silvestre CA, Correia MA, and Roso NA. Susceptibility of GPS dependent complex systems to spoofing. Journal of Aerospace Technology and Management. 2018; 10:10.

[9] Singh K, and Verma AK. Flying adhoc networks concept and challenges. In M. Khosrow-Pour, D. B. A. (Ed.), Encyclopedia of Information Science and Technology, Fourth Edition (pp. 6106-6113), 2018. Hershey, PA: IGI Global. doi: 10.4018/978-1-5225-2255-3.ch530.

[10] Kaleem Z, and Rehmani MH. Amateur Drone Monitoring: State-of-the-Art Architectures, Key Enabling Technologies, and Future Research Directions. IEEE Wireless Communications, 25, 2018, p. 150-159.

[11] Singh K, and Verma AK. Threat Modeling for Multi-UAV Adhoc Networks. In: IEEE Region 10 Conf., TENCON 2017-2017. IEEE; Penang, Malaysia, 2017, p. 1544-1549.

[12] Sharma V, Kumar R, Srinivasan K, et al. Coagulation Attacks over Networked UAVs: Concept, Challenges, and Research Aspects. International Journal of Engineering & Technology, 7, 3. 13, 2018, p. 183-187.

[13] McClean J, Stull C, Farrar C, et al. A preliminary cyber – physical security assessment of the robot operating system(ROS). In: Unmanned Systems Technology XV. Vol. 8741. International Society for Optics and Photonics;2013, p. 874110.

[14] Dieber B, Kacianka S, Rass S, et al. Application – level security for ROS – based applications. In:2016 IEEE/RSJ International Conference on Intelligent Robots and Systems(IROS). IEEE; Daejeon, Korea,2016, p. 4477 – 4482.

[15] Lera FJR, Balsa J, Casado F, et al. Cybersecurity in Autonomous Systems:Evaluating the performance of hardening ROS. Malaga, Spain. 2016, p. 47.

[16] DeMarinis N, Tellex S, Kemerlis V, et al. Scanning the Internet for ROS:A View of Security in Robotics Research. arXiv preprint arXiv:180803322. 2018.

[17] Dieber B, Breiling B, Taurer S, et al. Security for the Robot Operating System. Robotics and Autonomous Systems. 98 ,2017, p. 192 – 203.

[18] Hailong Q, Meng Z, Meng W, et al. Autonomous Exploration and Mapping System Using Heterogeneous UAVs and UGVs in GPS – Denied Environments. IEEE Transactions on Vehicular Technology,68 ,2019, p. 1339 – 1350.

[19] Gharibi M, Boutaba R, and Waslander SL. Internet of Drones. IEEE Access,4 ,2016, p. 1148 – 1162.

[20] Kopardekar P, Rios J, Prevot T, et al. Unmanned Aircraft System Traffic Management(utm) Concept of Operations. In:AIAA Aviation Forum;2016.

[21] Choudhary G, Sharma V, Gupta T, et al. Internet of Drones(IoD):Threats, Vulnerability, and Security Perspectives. arXiv preprint arXiv:180800203. 2018.

[22] Rametta C, and Schembra G. Designing a Softwarized Network Deployed on a Fleet of Drones for Rural Zone Monitoring. Future Internet,9 ,1 ,2017, p. 8.

[23] Estrela VV, Monteiro ACB, Franc ? a RP, Iano Y, Khelassi A. and Razmjooy N. Health 4. 0: Applications, Management, Technologies and Review. Medical Technologies Journal,2 ,4 ,2019, p. 262 – 76, DOI:10. 26415/2572 – 004x – vol2iss4p262 – 276.

[24] Zheng S, Lin Z, Zeng Q, Zheng R, Liu C, and Xiong H. IAPcloud:A Cloud Control Platform for Heterogeneous Robots. IEEE Access,6 ,2018, p. 30577 – 30591.

[25] Motlagh NH, Taleb T, and Osama O. Low – Altitude Unmanned Aerial Vehicles – Based Internet of Things Services:Comprehensive Survey and Future Perspectives. IEEE Internet of Things Journal,3 ,2016, p. 899 – 922.

[26] Atat R, Liu L, Wu J, Li G, Ye C, and Yi Y. Big Data Meet Cyber – Physical Systems:A Panoramic Survey. IEEE Access,6 ,2018, p. 73603 – 73636.

第11章　室内外无人机视觉

本章探讨环境类型如何影响计算机视觉技术、算法和要使用的具体特定硬件。室内环境也称为受控环境,通常靠基于信标、接近传感器和图像处理的解决方案进行数据采集。在这种情况下,随着环境被控制,场景的照度被调整并且传感器被预先定位,这都有助于这些系统的开发和执行。在室外环境中,通常为不可控的环境变量,往往需要基于图像处理技术的解决方案来进行数据采集。在这种环境下,场景照度的非恒定变化和图像背景的巨大变化是影响图像处理算法运行的重要因素。此外,建筑物和楼房建筑物阻塞了传感器和全球定位系统的信号,使得处理由这些因素引起的异常更加困难。在计算机视觉系统中处理的每个异常都有很高的计算成本。如果在使用嵌入式硬件的应用程序中考虑到这一点,有些项目就变得不可行。研究人员努力优化软件以获得高性能和更好地利用硬件资源,从而降低对处理能力的要求,并对节能产生积极影响。本章介绍了目前用于室内外环境任务控制软件开发的主要计算机视觉技术,这些技术能为这些空中机器人提供自主导航和交互。

11.1　无人机的计算机视觉

计算机视觉(CV)研究人工系统的发展,该系统能够通过不同类型传感器获得的图像信息或多维数据来检测和发展对环境的感知[1]。这是一种有用的机器人检测模式,因为它模仿了人类的视觉感觉,允许没有接触地从环境中提取测量数据。计算机视觉涉及与人工智能相关的更高级的概念和算法,涉及大量密集的编程,以便它符合系统的活动和需求。计算机视觉范围包括多个知识领域,如图11.1[2]所示。计算机视觉不同于图像处理,因为它还处理从传感器和其他方法中获得的信号,以便分析、理解和提供系统与插入它的环境的交互作用。

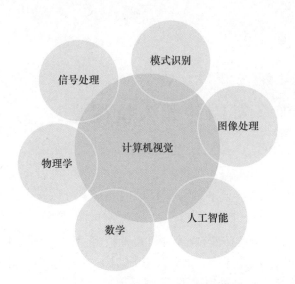

图 11.1 计算机视觉涉及的领域

从工程学的角度来看,计算机视觉是一种有价值的工具,它可以构建能够完成一些人类视觉系统的一些任务的自治系统,并且在许多情况下可以克服人类的能力[1]。目前,视觉系统广泛地与机器人系统集成。通常,视觉感知和操作分为两个步骤:"看"和"动"[3]。结果的准确性直接取决于视觉传感器的精度。提高系统整体精度的另一种方法是使用视觉反馈控制回路,以减小获得数据的误差。

在这种背景情况下,人们对在无人机中使用的计算机视觉技术的兴趣与日俱增。如果将此类无人机系统视为网络-物理系统(CPS),则可以更好地对其进行建模[4]。在这种情况下,这些技术被应用于在自主飞行模式下定位无人机,或执行空中监视和对感兴趣区域(ROI)或感兴趣点(POI)的探测[5]。这一趋势是由不同的事实驱动的,例如电子元件的微型化,包括传感器(由智能手机等其他技术驱动)[6];板载 CPU 计算能力的提高;以及这类机器人平台其他部件的成本降低[7]。随着当今科技的发展,任务的多样性和复杂性要求对现代无人机水平提出更高的要求,对其自主性也提出了更高的要求。独立无人机的核心部分是导航控制系统及其集成到地面控制站的保障子系统[8]。地面控制站负责对无人机执行的操作进行远程监控。自主导航系统使用来自多个子系统的信息来执行三个主要任务:估计无人机的位置和方向,识别环境中的障碍物,然后做出决策。这些决策对于维持控制回路和在未知环境中提供导航至关重要[9]。计算机视觉是实现这些目标不可缺少的工具。

安装在无人机体系结构中并与之集成的计算机视觉系统通常具有相似的体系结构,其运行分为三个步骤:数值形式的数据采集、数据处理和数据分析。摄像头、接近传感器和超声波传感器通常执行数据采集步骤。数据采集后,嵌入式计算机通过使用测量技术(变量、索引和系数)、检测(模式、对象或 ROI/POI)或监视(人、车辆或动物)执行算法来执行数据处理。

对处理后的数据进行分析,然后转换为决策命令,作为自主机器人系统的输入[10]。自主性的特点是能够在插入自主性的环境中移动和行动,通过传感器感知环境,适应或改变环境,从过去的经验中学习,构建环境的表征,以及发展与环境相互作用的互动过程。然而,计算机视觉系统的性能有限且受限于一些决定因素,例如,在使用图像处理的视觉计算系统中,一些因素可以影响图像获取,例如遮挡、模糊运动、快速姿势变化、无序的背景环境和车载机械振动等[11]。

此外,环境的类型是要使用的技术、算法和具体特定硬件的决定性因素。室内内部环境可以控制,并且通常依赖基于信标、接近传感器和图像处理的解决方案进行数据采集。在这种情况下,当环境受到控制时,可以调整场景照明,并且可以预先定位传感器,这有助于这些系统的开发和执行。另一方面,这些环境通常有更多的障碍物,并且导航的空间也更为有限,这会导致花费大量的时间来进行验证。然而,当独立系统不知道内部环境时,这些条件可能会进一步受到阻碍,例如救援行动[12]。

在室外环境中,通常被认为是可变的、不可控的环境因素,这往往需要基于图像处理技术的解决方案来进行数据采集。此外,在户外操作中,大多数导航系统都基于全球定位系统(GPS)[13]。在这种环境下,采集到的图像中场景亮度的不断变化和采集图像中背景的巨大变化是影响图像处理算法运行的重要因素;环境噪声也会妨碍使用这种形式进行数据采集的传感器正常工作。

相反,建筑物和楼房建筑物阻挡了来自传感器和 GPS 的信号,使得处理由这些因素引起的异常变得更加困难。计算机视觉系统中处理的每个异常都有一个很高的计算成本,这取决于该系统所受限制的时间要求。考虑到一些应用程序使用嵌入式硬件的应用,有些项目变得不可行。因此,该领域的研究主要集中在优化软件以获得高性能和更好地利用硬件资源,从而降低所需的处理能力,并对这些通常由电池驱动的系统能耗产生积极影响。

为了解无人机视觉计算领域的研究现状,第 2.1.1 节和第 2.1.2 节介绍了无人机使用的计算视觉技术,及它们与用于内部和外部环境的任务控制软件开发的关系。文中强调了这一研究领域的重要性,为自主导航以及这些机载机器人与所处环境的交互提供支持。

11.1.1 室内环境

不同的是,与室外环境中运行的无人机相比,室内运行的无人机通常尺寸较小,这会影响其可携带的硬件数量和自主性。这些因素也会影响计算能力,与大型车载飞行器平台相比,计算能力会进一步降低。GPS 信号被阻挡在建筑物上。因此,室内无人机无法识别其在环境中的位置[14],这影响了为室内环境开发和研究的最常见应用之一,即如何为这些系统提供本地化。此外,室内环境的照明可能很差,因此需要在硬件中安装人工照明,这会大大增加电池消耗。

在这种情况下,需要有替代的导航技术,使飞行器能够在这些区域成功运行。此外,通常希望这些导航技术不需要外部基础设施。飞行器室内导航最流行的技术之一是使用激光跟踪探测器,它可以测量到聚焦物体的距离。使用该设备,可以利用使用名称为同步定位与建图(SLAM)的技术来创建环境的三维地图,并在环境中定位车载飞行器。利用单目视觉进行惯性导航是另一种适用于室内环境的方法。摄像头提供了大量的环境信息,而且成本低、重量轻[15]。

在这种情况下,在参考文献[15]提出的工作中,开发了两种组合导航系统,它们结合了视觉 SLAM 技术,使用相机和激光 SLAM 以及惯性导航系统。单目眼 SLAM 视觉系统具有完全相关的特征,并对车载飞行器状态进行了建模。SLAM 激光系统基于蒙特卡罗模型的扫描匹配图,利用视觉数据减少车载飞行器姿态估计的模糊性。在六自由度仿真和实飞试验中对系统进行了验证。作者认为,这项工作的主要特点之一是在导航回路中用控制器对系统进行了验证。图 11.2 显示了无人机在使用所建议的技术模拟探测任务时所经过的轨迹。

图 11.2　探索模拟室内环境时无人机的 SLAM 地图和轨迹结果[15]

虽然激光扫描仪可以提供准确的深度信息,但其非常昂贵和笨重。参考文献[16]中提出了一种基于 RGB – D 摄像机的同时定位和映射方法,该方法利用 RGB – D 摄像机可以提供 RGB 和深度图像。采用 RGB – D – SLAM 算法对摄像机进行定位,并构建所用测试环境的三维地图。该系统可以实现摄像机的姿态和运动轨迹。此外,采用图表优化和回路闭合的方法来消除累积误差。然而,在该解决方案中,当相机移动过快时,会发生帧丢失,并且很少检测到点。作者认为,算法的性能和精度有待提高。

在基于视觉的导航系统中,无人机的路径必须是先验的。

在飞行任务开始前,从无人机飞行路径的周围环境获取数据并进行分析,以确定该路径的基本特征。

然后将飞行任务中来自机载传感器的实时数据与飞行器的视觉记忆进行比较,以识别已知特征并估计无人机的运动。在这种情况下,作者在参考文献[17]中提出的工作描述了一种用于室内、廉价且简单的导航系统,使用固定在无人机上并指向地面的三束激光,提出了一种利用摄像机捕捉地面激光点并确定其坐标的算法。

激光点的位置用于获取无人机位置和方向的完整信息。所提出的导航系统可被划分为基于视觉的导航系统。然而,它不太依赖于从视觉摄像机获取的视频的质量,并且不需要具有高计算成本的图像处理算法。仿真结果验证了该导航系统的有效性。根据作者的研究结果,所提出的系统在一定的激光束夹角范围内是更有效的,因为它可以不需要额外的传感器或估计算法就可获得激光束长度而不需要额外的传感器或估计算法。这项工作设法通过一种简单易行的方法为导航提供一个位置,但不可能预测沿途与障碍物的碰撞。

与障碍物的碰撞是室内环境中另一个众所周知的问题,因此参考文献[18]提出了一种室内定位位置辅助系统。这项工作演示了室内导航系统的开发,特别是针对需要定制检测技术来辅助导航的工业应用。开发了一种带有超声波收发器的定制传感阵列,用于在已知的封闭环境中定位无人机的位置,并向导航系统提供反馈。招募了6人在一个封闭的房间里驾驶无人机,以一个已知地点为一个预定的目标位置,驾驶配备导航系统和不配备导航系统的无人机。使用了两种方法,第一种是无人机在飞行员的视线范围内,第二种是不在视线范围内。飞行的持续时间、碰撞的次数和与距离目标的距离被记录下来,并用来衡量拟议应用的性能。使用该导航系统,在视线受阻的情况下,飞行时间平均缩短19.7%。此外,无人机的预防性碰撞检测和导航也得到了改进。导航系统的探测半径为7.65m,定位精度为1cm。

参考文献[19]介绍了一种称为 Air – SSLAM 的定位技术。这项技术使用了一个立体摄像头,除此之外,配备了双目或多目摄像头。图 11.3 展示了模拟系统的操作。

获取立体图像,提取图像特征。通过描述符在图像特征之间进行映射,并利用每对特征的深度估计生成初始映射。然后使用初始映射作为参考重复此过程。长时期地图的维护和更新是通过分析每一次通信封信函的质量,以及在未开发的环境地区插入新的特征来持续进行的。作者认为,这项工作的三个主要贡献是提出开发了一种新方法来有效结合特征,以及开发三个质量指标,以及加速绘图过程和地图的维护,其技术是按图像中的分区进行分布。根据作者的说法,结果是有希望的,因为这种方法能够不断更新环境地图,并具有大约 200 个特征。

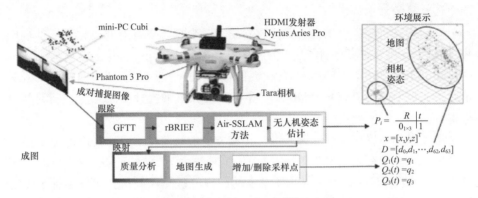

图 11.3 Air SSLAM 架构概述[19]（见彩图）

文献[20]提出了另一种很有前景前途的室内导航方法。这种方法不需要构建环境的三维模型。另一方面,该技术对无人机所处的室内环境进行分类,然后使用基于透视建议的视觉算法来估计所需的飞行方向。图 11.4 展示了在室内图像(走廊)中检测逃生路线的系统。采用 Canny 边缘检测算法对图像进行处理,并采用基于网格的 Hough 变换来寻找消失点。

图 11.4 走廊内运行的导航系统图像[20]

在对所提出的解决方案进行测试期间,发现这些算法需要的计算能力显著降低,使无人机能够快速反应并在多个内部环境中导航。

在此之前,已经描述了通常在不受控或未知环境中使用的技术。参考文献[21]中报告的研究表明,无人机的发展利用视觉计算技术,在受控环境中提供车载飞行器导航。测试中使用的室内环境将彩色轨道固定在地面上。视觉计算系统检测到这些轨迹,并以指令的形式解码,用于驱动车载飞行器的导航系统。无人机的姿态、速度和加速度等重要数据与实时视频一起,作为反馈通过通信链路作为反馈发送给地面站,以发出命令,并用于监控目的。对计算机视觉的处理和控制算法进行了评价,取得了良好的效果。

参考文献[22]中提出的系统是一个完全自主的解决方案,使用了一个标记控制的场景,来自参考文献[22]的系统是一个完全自主的解决方案,用于参加 IMAV 2013 竞赛(IMAV 2013),该系统作者获得竞赛一等奖。所提出的解决方案是由多个无人机组成的系统,无需集中协调,无人机代理共享它们的位置估计。导航和探测碰撞的能力是参与无人机组中的每个成员行为的结果。图 11.5 展示了系统执行场景。

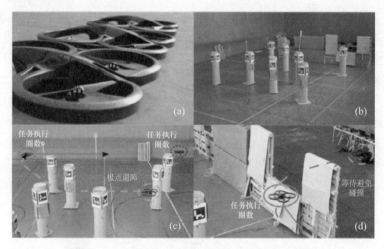

图 11.5　参考文献[20]中给出的体系结构和场景

所有处理都在车载飞行器外的基站进行。对于每一个车载飞行器,地面站都运行着一个模拟架构的实例,该架构通过 Wi-Fi 与无人机进行通信。视觉标记用于检测和绘制障碍物,并改进姿态估计。在执行的测试中,每一架无人机都具有避障功能及避免与系统其他成员发生碰撞的能力。

就室内环境而言,可以观察到在无人机上使用的视觉计算技术,该技术用于开发具有在物体或障碍物中导航和/或碰撞检测/避障能力的系统。主要努力集中在发展飞行器的开发、探索环境、与环境的相互作用,优化其飞行时间。另一个需要注意的相关点是,该研究侧重于为通常不受控制和未知的室内环境开发解决方案,这可以提高自主性水平,但也会增加实现和合并这些系统架构的难度。另一个必须强调的重要研究方向是考虑多个车载飞行器与环境(以及它们之间)相互作用的平台,即协作或独立的平台。

11.1.2　室外环境

与考虑室内环境特点提出的仅限于解决导航问题和碰撞检测/避障技术不同,由于环境的多样性和可能开发的大量应用,用于室外的车载飞行器的可视化计算技术具有更广泛的应用范围。由于室外环境的多样性,在目前文献中很容易找到基于位置-姿态控制、姿态估计、映射、障碍物检测、目标跟踪的视觉应用[23]。

然而,这些技术往往具有更高的计算成本,因为它们必须处理传感器在不受控制的环境中获取的数据的突然变化。这些系统的执行循环中通常有多个组件,以便处理所提出的技术中所涵盖的应用程序的每个部分。这一点需要研究人员付出更大的努力,他们通常需要极大地优化他们的技术,以满足这些系统的时间要求。

对于定位问题,这些室外户外使用的技术通常可以使用为 GPS 提供参考,以帮助确定无人机的位置。这些系统的精度也还取决于车载飞行器可看见的卫星数量。然而,这些基于 GPS 的系统在城市地区或森林等环境中无法提供可靠的解决方案,这些环境可能降低车载飞行器对可用卫星的能见度[9]。

目前无人机中使用的主要计算技术之一是模式检测。这种技术用途广泛,可以开发大量的应用程序。这种应用的一个很好的应用例子可能是火灾区域的探测。图 11.6 所示的体系结构描述了这些应用程序的特点。

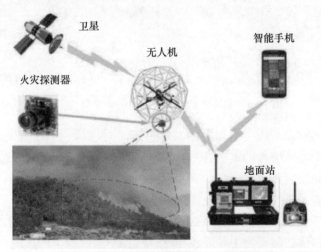

图 11.6　基于概念视觉的森林火灾探测系统[24]

如参考文献[25]中所述,提出了一种监测和探测森林火灾的方法。提出的火灾探测算法利用颜色和运动特征来提高森林火灾探测的性能和可靠性。利用光流方法提取运动和颜色资源,并对其进行分类分别基于颜色的决策规则。在这项工作中,试验使用安装在无人机底部的低成本摄像头来搜索和探测火灾。

第 11 章　室内外无人机视觉

在参考文献[24]中,提出了一种利用颜色和运动特征检测森林火灾的新方法。软件的第一步是利用火灾的颜色特征,提取火的颜色像素作为火灾候选区域。该系统的第二步是利用光流计算候选区域的运动向量。根据光流的结果估计运动,以区分火灾和其他误报。通过对运动向量施加阈值并进行形态学运算,得到二值图像。然后利用该方法对每一幅二值图像进行火灾定位。该技术在火灾探测中表现出良好的性能和可靠性。

按照检测技术的路线,由参考文献[26]中开发的工作提出了一种利用用于无人机进行车辆检测和计数的解决方案。所提出的方法对沥青路面进行筛选,以限制可以检测到车辆的区域,从而减少误报。基于特征变换的资源的提取过程是用于检测图像中识别的关键点。然后,它使用分类器来确定图像中哪些部分是汽车,哪些部分不是。该方法的最后一步是对属于同一辆车的关键点进行分组。然后计算场景中的汽车数量。试验结果证明了该算法在车辆检测中的有效性,但作者建议改进算法,减少重复关键点的数量,使算法更快、更有效。

还有一种众所周知的检测技术在文献[27]中提出,被称为农作物行检测(CRD)[27]。这项技术用于检测精密农业种植园的植物株系。将该技术与线跟随算法相结合,用基于低成本嵌入式硬件的软件实现,为无人机自主部署精确农业应用提供了一个有价值的工具。作为嵌入式喷洒系统的辅助视觉工具,作者还建议使用归一化植被指数(NDVI)进行自调节农用化学品的自我调节应用。

检查也使用基于计算机视觉的检测技术。如参考文献[28]所述,一个基于无人机的自主检测系统被用于大规模光伏系统的资产评估和故障检测。缺陷的检测是通过高斯函数的一阶导数和图像特征的对应来完成的。分析了光伏组件的两种典型可见缺陷,即蜗牛痕迹和灰尘遮挡。现场试验表明,该系统能够以自主的、有监督的方式对大规模光伏系统进行检测和状态监测,效率显著提高。在不同条件下的性能评估表明,该系统能够适应一定飞行高度范围内的不同坡度环境。

还有几种基于探测的计算机视觉技术可以用于协助无人机着陆。在参考文献[29]中,提出了一种具有检测和标记跟踪技术的稳健系统。这些算法是为了协助无人机着陆而提出的。稳健跟踪是通过使用多椭圆的同心标记的多椭圆连接来完成的。仿真结果表明,该算法稳健性强,精度高。

参考文献[30]提出了另一种利用基于标记检测的实时图像处理系统的辅助无人机在运动车辆中着陆的系统。标记检测基于一个带形态滤波器的颜色检测算法,跟踪方向基于无人机与车辆之间的相对距离。捕获的 RGB 图像被转换成 HSV 颜色系统,以便使用阈值应用噪声滤波器。目标跟踪算法基于无人机与目标之间的相对距离。通过飞行器在露天环境下利用移动车辆进行的飞行试验,验证了算法在自主降落方面的有效性。

参考文献[31]介绍了一个独立的基于视觉的独立跟踪系统,用于跟踪无人机跟踪的目标。为了处理因被检测物体的遮挡或丢失而造成的损失,本文献中采用了一种稳健性强、计算效率高的视觉跟踪方案,采用了相关滤波和重检测算法,目标状态由视觉信息估计。在室外环境中进行了大量广泛的实时飞行试验,所有计算都能在无人机机载计算机上完全实现。试验结果表明,该实时视觉跟踪系统达到了应用要求的跟踪性能。

还有一项跟踪目标的工作在参考文献[10]中提出,其中开发了一种架构,允许用户在图像中指定无人机必须以近似恒定的距离跟踪目标。如果失去对图像中目标的跟踪,系统将开始悬停并等待恢复跟踪或随后的检测,这需要使用里程计测量进行自我稳定。该软件利用前向摄像机图像和部分 IMU 数据计算控制回路的参考值。通过工作相关性得出的结果表明,该系统能够对不同可变尺寸的目标进行视觉检测,系统能够以大约 2.5m/s 的速度跟踪一个人,并持续大约 45s。

参考文献[32]提出了一种利用装有单目摄像头的无人机对树木进行检测、定位和识别的新方法。树是在帧的基础上检测使用最新一代的卷积神经网络,灵感来自文献中提到的最近的快速发展的技术。树木如果被检测出来,它们的位置就被标记在 GPS 上。局部树被分割,以资源描述符为特征,并存储在包含其 GPS 坐标的数据库中。在之后飞行中的航班上检测到的树与数据库中的数据进行比较,以避免信息重复。所提出的方法还能够识别带有 GPS 标识的树木是否在预期位置,如果不在,就能够立即提醒有关当局注意可能的非法砍伐。

除了统计计算树木外,无人机中的其他视觉应用,如统计计算其他类型的商业植物,有助于生成精确农业的生产统计数据。在这种情况下,参考文献[33]中的工作展示了一种经济且有吸引力的技术,利用无人机自动检测棕榈树。该算法首先从飞行图像中提取一组关键点进行特征检测;然后,在训练数据集中用训练好的分类器对这些关键点进行分析;最后,对棕榈树进行识别。为了得到每棵树的形状,利用活动轮廓法对关键点进行融合,得到每棵树的形状。利用局部二值法模式对所获得的区域进行纹理分析,以区分棕榈树和其他植被。在两个不同的农场进行了试验测试,结果证实该结构在手掌检测棕榈树中的应用前景。

参考文献[34]中的工作演示了如何使用与无人机耦合的嵌入式硬件来执行实时图像处理的研究。提出了一种 POI 检测算法,并在硬件上进行了测试。参考文献[34]证明了在小型无人机上使用低成本处理板进行图像处理是可行的。在这项工作中,通过一个实际应用演示了在无人机上使用图像处理;文中给出了一个应用于电力线探测的初步结果,以实现无人机对电缆检查线路的自主引导。图 11.7 显示了三条电力线检测结果的图像。注意,即使考虑到背景中的噪声环境,系统也成功地执行了检测。

第 11 章 室内外无人机视觉

图 11.7 电力线检测应用[34]

另一项新兴技术是监测和跟踪用于海洋冰管理应用的冰。这项技术在参考文献[35]中有报道,其目的是用于探测和跟踪北极环境中冰山和其他冰原的自主运动。使用了占用网格地图算法和感兴趣的位置生成器,并与任务控制系统相结合。据该项目的开发人员介绍,他们的工作贡献之一是该算法与基于视觉的目标检测模块的接口,使用机载处理数据生成实时预定义搜索区域的占用网格图。还开发了一个景点生成器,根据占用网格图生成无人机需要调查的地点。测试结果是在试飞的基础上得出的,可以验证该系统能够在冰区和无冰区,基于机载和实时热图像自动分割有冰区和无冰区,并成功创建网格图。然而,在进行的测试中,可以观察到通信中的一些延迟以及任务控制器事实上是在地面基站中实现这一事实。

可以观察到,在室外环境中使用的可视化计算应用由于可能的应用数量而具有很大的多样性。技术的进步使无人机越来越多地被用于执行各种任务,因此它们正在改变某些任务过程的执行方式,例如检查在输电线路的情况下,甚至在光伏板的检查中。然而,大量的应用程序要求系统具有越来越复杂的体系结构,计算成本也会越来越高。这是计算机视觉室外应用中最重要的问题之一。在低成本处理器上,需要在应用程序循环中使用多个算法来争夺处理时间。从现在开始分发任务和处理研究,并转向可供多个执行代理使用的应用程序。

11.2　处理室内和室外环境的其他方法

除了最常用的方法外,正在进行室内和室外环境下的研究,如参考文献[36]中演示的工作,该工作提出了一个完整的策略,即使用基于计算机视觉的无人机在复杂的内部和外部环境中跟踪地面目标。

导航技术也开始关注多环境研究,如参考文献[37]所示。该结构有效地结合了单目摄像机的视觉信息和惯性传感器的测量值。通过一个 16min 的飞行试验(包括独立着陆),在多个平台上对所提出的算法进行了实际验证,包括一架66kg级旋翼无人机在不使用GPS的非受控外部环境下的飞行试验下的16min飞行试验(包括独立着陆),以及一架微型无人机在混乱的混沌内部环境下的飞行试验,在多个平台上对所提出的算法进行了实际验证。

在这方面的另一个有趣的建议是在文献[38]的工作中提出的,其中一个集成的导航传感器模块,包括一个摄像头、一个激光扫描仪和一个惯性传感器,用于无人机在室内和室外环境中飞行。提出了一种基于估计算法的实时导航算法。该算法将图像特征与激光跟踪数据相结合,估计车载飞行器的状态和位置。所提出的车载导航系统可以提供实时三维导航,无需任何预先假设。试验结果验证了该系统的性能,并证明了其在多种环境下的有效性。

在参考文献[39]中提出了一项建议,旨在识别及确定自然灾害的受害者,确定他们的身份,并启动救援队来救助支持这些濒危人群。这项工作处于开发的初始阶段,提出了无人机在各种场景下采取的行动。初步结果表明,在室内和室外环境中使用计算机视觉技术可以达到自主性的水平,但是还没有更详细的评估和结果报告。

为了支持这种广泛的应用(通常需要不止一架无人机),通信和其他分布式系统技术的高级研究正在开发中,这些技术能够集成和满足视觉应用的时间要求。

参考文献[40]提出的工作解决了在军用监视系统中由无人机组成的高度移动网络作为数据提供者的问题。基于软件定义网络(SDN)方法,为数据传输提供最佳路径,目标是实现由这些无人机网络支持的计算机视觉提高服务质量。作者所展示的结果为所提出的应用提供了可靠的证据。

参考文献[41]提出的工作解决了在由无人机代表的代理之间分配任务的问题,其中一个中心实体创建任务,但由这些独立代理(无人机)中的每一个选择执行。选择部分考虑了装备无人机的嵌入式计算机视觉系统获取的数据,提出了一种基于群体智能的任务执行方法。在模拟环境中的试验结果表明,与文献中已有的方法相比,本章中提出的方法提高了结果。

可以观察到,这些处理室内和室外环境的技术往往在精度方面更稳健,但也具有更高的计算成本,因为它们必须处理由于场景和环境条件的巨大变化而导致的传感器收集的数据中的干扰和差异。但是,它们可以满足室内和室外特定任务的大量要求,包括室内和室外。

11.3 小结

本章探讨室内外环境对计算机视觉程序、算法和硬件的影响和必要性。

室内或受控环境通常依靠信标、近距离传感器和密集计算机视觉算法进行

第11章 室内外无人机视觉

数据采集和决策的解决方案。在这种情况下,随着环境被控制,场景的照度被调整并且传感器被预先定位,就简化了这些系统的开发和执行。

在户外环境中,通常以不可控的环境变量而闻名,通常需要依靠计算机视觉技术和地理信息系统(GIS)来提供数据采集的解决方案。在这种环境下,场景照度的非恒定变化和图像背景的巨大差异性是影响计算机视觉算法运行的重要因素。此外,建筑工地和建筑物会阻挡传感器和GPS的信号,使得处理由这些因素产生的异常变得更加困难。在计算机视觉系统中,处理每个异常都会导致很高的计算成本开销。如果应用程序使用嵌入式硬件,比如FPGA,那么有些项目就不可行了。

研究人员花了很大的精力来优化软件,以提高性能和更好地利用硬件资源,减少必要的计算能力,并积极提高节能。这些进步是对目前用于室内和室外任务控制软件的关键计算机视觉技术的综合评述的结果,这些计算机视觉技术提供了自主性、优越的导航和这些空中机器人之间的交互。

涉及灾害响应和遇险人员的场景更愿意使用地理空间信息与网络数据模型的高水平室内外交互的网络数据模型。然而,室内地理空间信息的获取是很花费时间的。大量的研究工作采用建筑、工程和施工(AEC)范式来创建室内网络策略。这些方案取决于输入数据的类型,建筑物及其相关对象的内部特征,通常是不完整的。因此,将建筑信息模型(BIM)与地理信息系统(GIS)相结合可以提高室内外的综合应用。一个名为行业基础类(IFC)的BIM开放标准是通过构建SMART来实现数据互操作性的。参考文献[42]提出了一种基于BIM的多用途几何网络模型(MGNM),它使用室内和室外网络连接。为了实现这些目标,IFC到MGNM的适应包括以下几个阶段:①从IFC获取建筑物数据;②MGNM信息与前面提到的建筑物数据隔离;③将MGNM的拓扑关联构建并和储存积累到远程系统地理数据库中。此外,入口到街道的策略可以连接室内网络、入口/路径以及室外网络,以便进行细致的路线规划。试验指出,通过BIM,MGNM可以自动将室内和室外结构关联起来,以实现多用途应用[42-43]。更多的用例将有助于证实和推进处理需要同时部署室内和室外无人机的应用程序的方法。这些场景必须考虑到更好的路径规划策略,这些策略使用计算智能并结合云资源[4,50-51]为给定任务设计出室内和室外无人机的更轻配置[44-49]。

参考文献

[1] R. Szeliski, "Computer vision – Algorithms and applications," *Texts in Computer Science*. Springer, London, UK, 2011. DOI: 10.1007/978 – 1 – 84882 – 935 – 0

[2] M. Prasad, "Basic concepts of computer vision," http://maxembedded.com/2012/12/basic – concepts – of – computer – vision/, 2012, accessed 01 – 10 – 2018.

[3] F. Conticelli and B. Allotta, "Two – level visual control of dynamic look and – move systems," in *Proceedings* 2000 *ICRA. Millennium Conference. IEEE International Conference on Robotics and Automation.* SymposiaProceedings(Cat. No. 00CH37065), vol. 4, 2000, pp. 3784 – 3789.

[4] V. V. Estrela, O. Saotome, H. J. Loschi, *et al.*, "Emergency response cyberphysical framework for landslide avoidance with sustainable electronics," Technologies, vol. 6, p. 42, 2018. doi: 10. 3390/technologies6020042.

[5] P. Campoy, J. F. Correa, I. Mondragón, *et al.*, "Computer vision onboard UAVs for civilian tasks," in Unmanned Aircraft Systems. Springer, Berlin, 2009, pp. 105 – 135.

[6] M. Hentschke, E. Pignaton de Freitas, C. H. Hennig, and I. C. Girardi da Veiga, "Evaluation of altitude sensors for a crop spraying drone," *Drones*, vol. 2, no. 3, 2018. [Online]. Available: http://www. mdpi. com/2504 – 446X/2/3/25

[7] T. Dapper e Silva, V. Cabreira, and E. P. de Freitas, "Development andtesting of a low – cost instrumentation platform for fixed – wing uav perfor – mance analysis," *Drones*, vol. 2, no. 2, 2018. [Online]. Available: http://www. mdpi. com/2504 – 446X/2/2/19

[8] M. Basso, I. Zacarias, C. E. Tussi Leite, H. Wang, and E. Pignaton de Freitas, "A practical deployment of a communication infrastructure to support theemployment of multiple surveillance drones systems," *Drones*, vol. 2, no. 3, 2018. [Online]. Available: http://www. mdpi. com/2504 – 446X/2/3/26

[9] A. Al – Kaff, D. Martín, F. García, A. de la Escalera, and J. M. Armingol, "Survey of computer vision algorithms and applications for unmanned aerial vehicles," *Expert Systems with Applications*, vol. 92, pp. 447 – 463, 2018. [Online]. Available: http://www. sciencedirect. com/science/article/pii/S0957417417306395276

[10] J. Pestana, J. L. Sanchez – Lopez, S. Saripalli, and P. Campoy, "Computer vision based general object following for GPS – denied multirotor unmanned vehicles," in 2014 *American Control Conference*, June 2014, pp. 1886 – 1891.

[11] R. Gonzalez and P. Wintz, *Digital Image Processing*. Addison – Wesley Publishing Co. , Inc. , Reading, MA, 1977.

[12] T. Tomic, K. Schmid, P. Lutz, et al. , "Toward a fully autonomous UAV: Research platform for indoor and outdoor urban search and rescue," *IEEE Robotics & Automation Magazine*, vol. 19, no. 3, pp. 46 – 56, 2012.

[13] S. Ward, J. Hensler, B. Alsalam, and L. F. Gonzalez, "Autonomous UAVs wildlife detection using thermal imaging, predictive navigation and com – puter vision," in 2016 *IEEE Aerospace Conference*, March 2016, pp. 1 – 8.

[14] P. Suwansrikham and P. Singkhamfu, "Indoor vision based guidance system for autonomous drone and control application," in 2017 *International Conference on Digital Arts, Media and Technology* (*ICDAMT*), March 2017, pp. 110 – 114.

[15] D. Magree and E. N. Johnson, "Combined laser and vision – aided inertial navigation for an indoor unmanned aerial vehicle," in 2014 *AmericanControl Conference*, June 2014, pp. 1900 – 1905.

[16] X. Liu, B. Guo, and C. Meng, "Amethod of simultaneous location and mapping based on RGB –

D cameras," in 2016 14th International Conference on Control, Automation, Robotics and Vision (ICARCV), November 2016, pp. 1 – 5.

[17] M. K. Mohamed, S. Patra, and A. Lanzon, "Designing simple indoor navigation system for UAVs," in 2011 19th Mediterranean Conference on Control Automation (MED), June 2011, pp. 1223 – 1228.

[18] K. J. Wu, T. S. Gregory, J. Moore, B. Hooper, D. Lewis, and Z. T. H. Tse, "Development of an indoor guidance system for unmanned aerial vehicles with power industry applications," IET Radar, Sonar Navigation, vol. 11, no. 1, pp. 212 – 218, 2017.

[19] P. Araújo, R. Miranda, D. Carmo, R. Alves, and L. Oliveira, "Air – SSLAM: A visual stereo indoor slam for aerial quadrotors," IEEE Geoscience and Remote Sensing Letters, vol. 14, no. 9, pp. 1643 – 1647, 2017.

[20] C. Bills, J. Chen, and A. Saxena, "Autonomous MAV flight in indoor environments using single image perspective cues," in 2011 IEEE International Conference on Robotics and Automation, May 2011, pp. 5776 – 5783.

[21] S. K. Phang, J. J. Ong, R. T. C. Yeo, B. M. Chen, and T. H. Lee, "Autonomous mini – UAV for indoor flight with embedded on – board vision processing as navigation system," in 2010 IEEE Region 8 International Conference on Computational Technologies in Electrical and Electronics Engineering (SIBIRCON), July 2010, pp. 722 – 727.

[22] J. Pestana, J. L. Sanchez – Lopez, P. de la Puente, A. Carrio, and P. Campoy, "A vision – based quadrotor multi – robot solution for the indoor autonomy challenge of the 2013 International Micro Air Vehicle Competition," Journal of Intelligent & Robotic Systems, vol. 84, no. 1, pp. 601 – 620, 2016. [Online]. Available: https://doi.org/10.1007/s10846 – 015 – 0304 – 1

[23] C. Kanellakis and G. Nikolakopoulos, "Survey on computer vision for UAVs: Current developments and trends," Journal of Intelligent & Robotic Systems, vol. 87, no. 1, pp. 141 – 168, 2017. [Online]. Available: https://doi.org/10.1007/s10846 – 017 – 0483 – z

[24] C. Yuan, Z. Liu, and Y. Zhang, "Vision – based forest fire detection in aerial images for firefighting using UAVs," in 2016 International Conference on Unmanned Aircraft Systems (ICUAS), June 2016, pp. 1200 – 1205.

[25] C. Yuan, K. A. Ghamry, Z. Liu, and Y. Zhang, "Unmanned aerial vehicle based forest fire monitoring and detection using image processing technique," in 2016 IEEE Chinese Guidance, Navigation and Control Conference (CGNCC), August 2016, pp. 1870 – 1875.

[26] T. Moranduzzo and F. Melgani, "Automatic car counting method for unmanned aerial vehicle images," IEEE Transactions on Geoscience and Remote Sensing, vol. 52, no. 3, pp. 1635 – 1647, 2014.

[27] M. Basso, "A framework for autonomous mission and guidance control of unmanned aerial vehicles based on computer vision techniques," Master Thesis (Master in Electrical Engineering), Federal University of Rio Grande do Sul, Porto Alegre, Brazil, 2018. [Online]. Available: http://hdl.handle.net/10183/179536

[28] X. Li, Q. Yang, Z. Chen, X. Luo, and W. Yan, "Visible defects detection based on UAV – based

inspection in large-scale photovoltaic systems," *IET Renewable Power Generation*, vol. 11, no. 10, pp. 1234-1244, 2017.

[29] Y. Jung, H. Bang, and D. Lee, "Robust marker tracking algorithm for precise UAV vision-based autonomous landing," in 2015 *15th International Conference on Control, Automation and Systems(ICCAS)*, October 2015, pp. 443-446.

[30] H. Lee, S. Jung, and D. H. Shim, "Vision-based UAV landing on the moving vehicle," in 2016 *International Conference on Unmanned Aircraft Systems(ICUAS)*, June 2016, pp. 1-7.

[31] H. Cheng, L. Lin, Z. Zheng, Y. Guan, and Z. Liu, "An autonomous visionbased target tracking system for rotorcraft unmanned aerial vehicles," in 2017 *IEEE/RSJ International Conference on Intelligent Robots and Systems(IROS)*, September 2017, pp. 1732-1738.

[32] U. Shah, R. Khawad, and K. M. Krishna, "Detecting, localizing, and recognizing trees with a monocular MAV:Towards preventing deforestation," in 2017 *IEEE International Conference on Robotics and Automation(ICRA)*, May 2017, pp. 1982-1987.

[33] S. Malek, Y. Bazi, N. Alajlan, H. AlHichri, and F. Melgani, "Efficient framework for palm tree detection in UAV images," *IEEE Journal of Selected Topics in Applied Earth Observations and Remote Sensing*, vol. 7, no. 12, pp. 4692-4703, 2014.

[34] E. P. Freitas, I. A. Wieczorek, C. Pereira, and A. Vinel, "Real time embedded image processing system for points of interest detection for autonomous unmanned aerial vehicles," in *Aerospace Technology Congress*, October 2016.

[35] F. S. Leira, T. A. Johansen, and T. I. Fossen, "A UAV ice tracking framework for autonomous sea ice management," in 2017 *International Conference on Unmanned Aircraft Systems(ICUAS)*, June 2017, pp. 581-590.

[36] S. Chen, S. Guo, and Y. Li, "Real-time tracking a ground moving target in complex indoor and outdoor environments with UAV," in 2016 *IEEE International Conference on Information and Automation(ICIA)*, August 2016, pp. 362-367.

[37] G. Chowdhary, E. N. Johnson, D. Magree, A. Wu, and A. Shein, "GPS denied indoor and outdoor monocular vision aided navigation and control of unman-ned aircraft," *Journal of Field Robotics*, vol. 30, no. 3, pp. 415-438, 2013.

[38] S. Huh, D. H. Shim, and J. Kim, "Integrated navigation system using camera and gimbaled laser scanner for indoor and outdoor autonomous flight of UAVs," in 2013 *IEEE/RSJ International Conference on Intelligent Robotsand Systems*, November 2013, pp. 3158-3163.

[39] L. Apvrille, T. Tanzi, andJ. L. Dugelay, "Autonomous drones for assisting rescue services within the context of natural disasters," in 2014 *XXXIth URSI General Assembly and Scientific Symposium(URSI GASS)*, August 2014, pp. 1-4.

[40] I. Zacarias, J. Schwarzrock, L. P. Gaspary, et al., "Enhancing mobile military surveillance based on video streaming by employing software defined networks," *Wireless Communications and Mobile Computing*, vol. 2018, pp. 1-12, 2018. Available: https://doi.org/10.1155/2018/2354603

[41] J. Schwarzrock, I. Zacarias, A. L. Bazzan, R. Q. de Araujo Fernandes, L. H. Moreira, and E. P. de Freitas, "Solving task allocation problem in multi unman-ned aerial vehicles systems using

swarm intelligence," *Engineering Applications of Artificial Intelligence*, vol. 72, pp. 10 – 20, 2018. [Online]. Available:http://www.sciencedirect.com/science/article/pii/S0952197618300575

[42] T. A. Teo and K. – H. Cho, "BIM – oriented indoor network model for indoor and outdoor combined route planning," *Advanced Engineering Informatics*, vol. 30, pp. 268 – 282, 2016.

[43] X. Zhou, J. Wang, M. Guo, and Z. Gao, "Cross – platform online visualization system for open BIM based on WebGL," *Multimedia Tools and Applications*, Springer, Zurich, Switzerland, 2019;78:28575 – 28590. https://doi.org/10.1007/s11042 – 018 – 5820 – 0.

[44] D. J. Hemanth and V. V. Estrela, *Deep Learning for Image Processing Applications*, Advances in Parallel Computing Series, Vol. 31, IOS Press, 2017, ISBN 978 – 1 – 61499 – 821 – 1 (print), ISBN 978 – 1 – 61499 – 822 – 8 (online).

[45] N. Razmjooy, B. S. Mousavi, M. Khalilpour, and H. Hosseini, "Automatic selection and fusion of color spaces for image thresholding," *Signal, Image and Video Processing*, vol. 8, no. 4, pp. 603 – 614, 2014.

[46] B. Mousavi, F. Somayeh, and F. Soleymani, "Semantic image classification by genetic algorithm using optimised fuzzy system based on Zernike moments," *Signal, Image and Video Processing*, vol. 8, no. 5, pp. 831 – 842, 2014.

[47] L. Yang, X. Sun, A. Zhu, and T. Chi, "A multiple ant colony optimization algorithm for indoor room optimal spatial allocation," *ISPRS International Journal of Geo – Information*, vol. 6, p. 161, 2017.

[48] M. A. de Jesus, V. V. Estrela, O. Saotome, and D. Stutz, "Super – resolutionvia particle swarm optimization variants," in Hemanth J. and Balas V. (eds) *Biologically Rationalized Computing Techniques for Image Processing Applications*. LNCVB, vol. 25. Springer, Cham, 2018.

[49] N. Razmjooy and V. V. Estrela, *Applications of Image Processing and Soft Computing Systems in Agriculture*, 2019.

[50] V. V. Estrela, A. C. B. Monteiro, R. P. França, Y. Iano, A. Khelassi, and N. Razmjooy, "Health 4.0: Applications, management, technologies and review," *Medical Technologies Journal*, vol. 2, no. 4, pp. 262 – 276, 2019.

[51] N. H. Motlagh, T. Taleb, and O. Osama, "Low – altitude unmanned aerial vehicles – based internet of things services: Comprehensive survey and future perspectives," *IEEE Internet of Things Journal*, vol. 3, pp. 899 – 922, 2016.

第 12 章　传感器和计算机视觉作为监控和维护无人机结构健康的手段

无人机(UAV)中使用的航空结构为了满足在高空和长时间空中作业的需要,已经变得更灵活和轻便,例如美国宇航局 Helios 项目所需的结构。这些灵活的飞机,类似铁鸟和天然鸟。这些飞机增加的结构灵活性重新引发了对气动弹性不稳定性(例如颤振)的担忧。改进飞机认证飞行中使用的技术和方法是航空界的一个重要问题,因为当前的标准和程序并没有为高度灵活性的飞机提供建议和指南。传统上用于商用飞机的技术不能用于无人机,因为新型无人机的飞行动力学是高度非线性的。研究表明,人们越来越重视视觉在无人机结构健康监测中的重要性。本章介绍了无人机系统实时基础设施损坏识别和损坏鉴定算法解决。为了方便修复,对损坏检测和影响识别进行了计算。基于视觉的无人机系统可以从感兴趣的损坏表面获取视觉证据来检测故障,从图像数据中消除不相关的区域,定位损坏,测量由此产生的后果,记录信息,识别故障类型并指出最明显的存在的问题。本章还讨论了感知和获取振动数据以及在气动弹性认证试飞中预处理这些数据的新方法。这些新方法旨在缩短识别气动弹性现象的时间,并减小必须安装在飞机上的硬件尺寸,从而最大限度地降低振动测试的风险和成本。高性能的计算机视觉系统使相机能够用作具有毫米级精度和准确度的运动跟踪传感器。非接触式传感器适用于颤振分析,因为它们不会干扰飞机的动力学。在计算机视觉算法的帮助下,它们允许采集二维和/或三维数据,而不是传统振动传感器(如压电加速度计)采集的一维数据。然而,值得注意的是,为了捕捉气动弹性现象,这些相机必须以比传统相机高至少五倍的帧速率运行。因此,这种能够处理获得的图像并以合理的成本为用户提供准备使用的向量运动数据的智能视频传感器系统是正在开发的重要课题。此外,这项工作提出了对颤振认证分析中传统使用的信号的采集和预处理程序的修改方案,例如模态分析,适用于嵌入式系统和近实时过程。

12.1 引言

现在一些关于飞行器的新概念正得到研究,以用于情报、侦察和环境研究任务,这些任务需要在高海拔和长时间空中运行,例如 NASA Helios[1]。这些新设计必须具有高效的空气动力学和结构设计,通常具有长、灵活且重量轻的结构特性。

这些特性提高了气动弹性不稳定的风险,例如出现颤振,这是一种由自供电和潜在破坏性振动组成的现象,其中空气动力与结构振动的自然模式耦合,产生周期性运动[2-3]。

为避免颤振,监管机构要求对新飞机概念或商用飞机改装进行气动弹性认证。这确保了在飞行包路线内,没有表现出气动弹性不稳定性,即对于任何临界模式,阻尼(空气动力学+结构)不应小于3%[4-5]。

对于气动弹性认证,飞行测试是通过增加飞行包路线的扩展技术进行的。这包括将飞机置于包路线中确定的给定高度和飞行速度,然后对飞机施加激励。获取响应以计算飞机的传递函数以估计动态特性,例如阻尼和固有频率。

计算机视觉系统的进步使相机能够用作具有毫米级精度和准确度的运动跟踪传感器[6]。非接触式传感器适用于颤振分析,因为它们不会干扰飞机的动力学。借助计算机视觉算法,它可以采集二维和/或三维数据。然而,为了捕捉气动弹性现象,这些相机必须以比传统相机高至少五倍的帧速率运行。因此,这种智能视频传感器系统能够处理获得的图像并向用户提供向量中的运动数据,以合理的成本投入使用是正在开发的一个重要课题。

12.1.1 案例研究:气动弹性失稳颤振现象

颤振的正式定义为与空气动力、弹性和惯性力相互作用的结构的动态不稳定性。这种协同作用如图 12.1 所示。

这种相互作用会产生一种自供电且具有潜在破坏性的振动,其中空气动力与结构的自然振动模式耦合,产生周期性运动,可以获得一种或多种振动模式。图 12.2 举例说明了这些模式。

由颤振引起的事故在航空和结构领域都是灾难性的。图 12.3(a)展示了滑翔机颤振的发生,图 12.3(b)展示了塔科马大桥气动弹性现象引起的结构事故。颤振清除涉及飞行前分析和飞行测试的组合。

飞行前分析包括:①地面振动测试(GVT);②结构耦合测试(SCT);③风洞中的气动弹性模型测试。该分析为规划颤振飞行测试提供了指导。飞行试验的目的是证明飞机在飞行包线内的所有速度下都没有颤振和气动伺服弹性不稳定性。

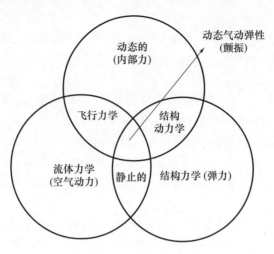

图 12.1　产生颤振的力图[7]

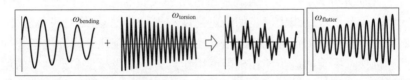

图 12.2　长笛振动模式(弯曲和扭转)的组合示例[7]

(a) 超轻型飞机(滑翔机)发生颤振[8]　　(b) 塔科马桥倒塌[9]

图 12.3　颤振示例

12.2　相关工作

　　这项工作涉及用于监测结构健康和颤振的计算机视觉的两个主要主题。以下部分将介绍这些问题以及它们与本研究的相关性。

12.2.1 结构健康监测

为了确保结构和操作安全并在损坏或灾难性倒塌时发出警告,许多结构都设计有结构健康监测(SHM)系统。SHM 需要永久连接的传感器,通常与仪器结合使用,这允许在操作期间进行频繁的测量[10]。

自 1970 年以来,已经发表了大约 17,000 篇关于 SHM 主题的论文。然而,这些很好的研究工作并没有转化为工业应用。这种在工业领域的适用性低的原因有很多,例如,许多研究人员在简单的结构(杆、板)中开展工作,然而工业结构要复杂得更多;SHM 所需的传感器数量、维护 SHM 系统的成本,并管理和处理收集到的数据都要更多[11]。

许多论文寻求改进故障检测方法[12-15]、传感器定位[6,16-17]、新媒体的使用和测量方法[18-20]。计算系统的进步使得用更复杂的技术来检测故障成为可能,例如使用神经网络、模糊逻辑和主要组件分析。Oliveira[12] 在论文中提出使用 Savitzky – Golay 滤波器来提高基于神经网络的 SHM 系统的性能。

Capellari[16] 和 Flynn[17] 研究了定位传感器的方法。Capellari 分析信息根据所使用的传感器的数量和类型如何变化。他们提出定位问题作为使用多项式混沌展开和随机优化方法的优化。另一方面,Castelini[18] 和 Chen[19] 也在探寻用非接触式测量系统来进行这些测量的新方法。这些系统可以在不干扰结构的情况下收集信息,因为它们不需要将传感器和电缆连接到结构上。

12.2.2 良好结构的计算机视觉

计算机视觉在过去几年得到了广泛的探索,主要是在检查和盗窃自主导航领域。将计算机视觉用于 SHM 的工作仍处于起步阶段。大多数作品研究基本结构,如钢筋和板材,或大型结构,如摩天大楼和桥梁。Jithin[21] 的工作提出了一种分析轻和细棒的非接触式振动的方法,这时使用传统方法往往无效,因为传统的方法需要改变测试体的结构动力学。新的方法是用高速摄像机识别并监控杆的自然阻尼。

仪器难以处理的结构可以通过计算机视觉轻松估计其振动参数;参考文献[22,23] 应用计算机视觉来估计这些特征。Bartilson 等的工作[22]采用三种类型的传感器来监测结构中的反弹(加速度计、应变仪、图像),并证明计算视图可用于准确确定固有频率。

12.2.3 Flutter 认证

有两种主要方法可以加强认证飞行。第一个旨在改进用于识别和监测气动弹性现象的软件,改进估计的数学模型并提出提取动态特性的新方法[24-26]。如参考文献[25,27-28]中所示,其他文章试图通过改进对现象进行预测和建模的计算方法来改进这一过程。参考文献[29]结合使用称为自回归移动平均(ARMA)的信号处理和动态系统识别技术,并结合随机递减(RDD)和自然激励技术(NExT)。上述技术旨在提高气动弹性失稳预测的准确性。

另一种方法是通过寻找新的数据处理手段和方法来处理数字信号。随着新技术的发展和计算机系统的小型化和改进,已经探索了处理飞行数据的新架构。DLR 研究人员开发了新的地面振动测试程序,以降低认证过程的成本[30]。还提出了对传统认证飞行过程的修改,新方法搭载了正在研究的飞机上的所有工具和工程师[5]。

12.2.4　计算机视觉和飞行中测量:未来趋势

自1980年NASA进行一项名为HiMAT Aeroelastic Tailored Wing[31]的试验以来,计算机视觉一直被用作测量方法。作者建议使用一组红外LED来测量气动弹性变形,并使用一组光电二极管来测量机翼位移。

随着图像采集和处理系统的发展提高了其适用性,计算机视觉变得越来越有吸引力。许多领域已经在探索这项技术,例如移动机器人、遥感和帮助治疗截肢者的健康系统。航空系统有许多依赖于流量的现象,这使得使用计算机视觉系统执行非接触式测量更具吸引力。文献显示了使用此类系统的趋势,参考文献[32-34]使用计算机视觉展示了飞行过程中的测量变形系统。这种技术的应用也将保留在无人机中,因为它们具有更轻、更灵活的结构,这种测量形式不会增加理想结构的质量。Pang[34]已经在灵活的无人机中探索了这种方法,使用一组立体相机来监控X-HALE飞机的变形。该系统可以使用一系列标记进行三维跟踪。在整个飞行过程中收集数据,然后离线处理,从而可以将计算模型获得的变形与飞行中的实际变形一起获取。

计算机视觉已成为一种趋势,因为它可以测量整个表面的飞行位移,这是航空工业中传统使用的测量方法(应变计加速度计)留下的未知[32]。

12.3　flutter 认证的信号处理

颤振认证测试中的主要工具是模态分析。该工具根据频率、阻尼和振动模式来描述结构,这些都是动态特性[35]。模态分析的数据处理可分为五个步骤,如图12.4所示。

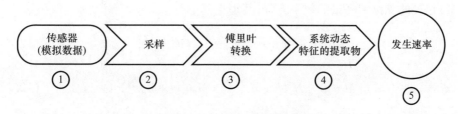

图 12.4　模态分析的数据流

12.4　试验和结果

12.4.1　合成数据

为了进行这个试验,需要三个步骤。首先是生成数据;第二,将数据传递到频域,第三,提取动态特征。合成数据是用数学模型生成的。第 12.4.1.1 节描述了这个模型。

12.4.1.1　典型机翼截面模型

人们开发了数学模型以生成研究的初始数据。典型的机翼截面模型是在 MATLAB®中开发的,如图 12.5 所示。该部分有两种振动模式,在这种情况下与其两个自由度(DF)相关联:弯曲。

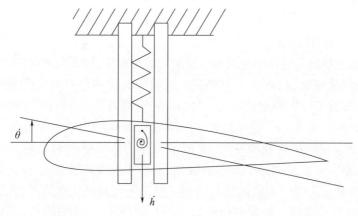

图 12.5　具有两个自由度的典型机翼截面的简化模型[36]

该模型的设计为基于在 MATLAB 中用作函数的一组数学方程,并作为理论参考来验证用于计算和监测颤振的方法。我们分别使用了与弯曲(L)和扭转

(M)相关的支撑和动量的数学方程,其理论基于[37]。

$$L = pV^2 \left(L_h + L_\theta \frac{b\dot{h}}{V} + L_\theta b \Theta L_\theta \frac{b^2 \dot{\Theta}}{V} \right) \qquad (12.1)$$

$$M = pV^2 \left(M_h bh + M_h \frac{b^2 \dot{h}}{V} + M_\theta b^2 \Theta + M_\theta \frac{b^3 \dot{\Theta}}{V} \right) \qquad (12.2)$$

式中:L 和 M 分别为升力和力矩的综合数据;h 和 Θ 是弯曲率和扭转率;L_h 和 L_q 是气动升力导数;M_h 和 M_q 是动量的空气动力学导数;p 是空气密度;V 是流速。

从这些方程中,建立矩阵表示以突出刚度矩阵和空气动力学阻尼的元素。矩阵表示如下:

$$\begin{Bmatrix} L \\ M \end{Bmatrix} = pV \begin{bmatrix} bL_h & b^2 L_\theta \\ b^2 M_h & b^3 M_\theta \end{bmatrix} \begin{Bmatrix} \dot{h} \\ \dot{\Theta} \end{Bmatrix} + pV^2 \begin{bmatrix} L_h & bL_\theta \\ bM_h & b^2 M_\theta \end{bmatrix} \begin{Bmatrix} h \\ \Theta \end{Bmatrix} \qquad (12.3)$$

在矩阵表示中,一项与弯曲速度(h)和扭转(Θ)成正比,而另一项与弯曲速度(h)和扭转(Θ)成正比。因此,作用在受到振荡运动的空气动力学剖面上的空气动力(L 和 M)可以被认为是结构中的阻尼和刚度行为。因此,B 和 C 分别称为气动阻尼和气动刚度矩阵。这些矩阵取决于飞行条件,例如流速。

为了应用气动弹性研究,将空气动力(L 和 M)与结构方程一起考虑,这导致经典的运动方程:

$$A \begin{Bmatrix} \ddot{h} \\ \ddot{\Theta} \end{Bmatrix} (pVB + D) \begin{Bmatrix} \dot{h} \\ \dot{\Theta} \end{Bmatrix} + (pV^2 C + E) \begin{Bmatrix} h \\ \Theta \end{Bmatrix} = 0$$

式中:A 是结构惯性矩阵;B 是气动阻尼矩阵;C 是气动刚度矩阵;D 是结构阻尼矩阵;E 为结构刚度矩阵。

该函数的输出是时域中弯曲和扭转运动的加速度,输入是阵风类型(一种激发类型)和气流速度,已在此部分提交。时域中的这些信号组成合成数据的生成,以模拟步骤 1 和 2,以对建议的解决方案进行理论验证,以计算和监控图 12.4 的颤振。计划并实施了一些有关该动态模型的试验。图 12.6 显示了该动力学模型的初始响应测试得到的结果,该模型被作为颤振分析和监测算法开发的标准。在这个初始模拟中,余弦函数的第一个正循环被用作输入(图 12.6(a)),以构成这阵风的力量强度。该循环模拟通过高压区的通道,在正常飞行条件下可以激发颤振。弯曲和扭曲输出在(图 12.6(b))中给出,考虑到颤振速度的 55% 和(图 12.6(c))中的 95% 下的恒定速度。本试验的目的是证明当接近发生的速度和情况时,颤振阻尼减小,激励能量消散,从而证明与模型的对应关系。

第12章 传感器和计算机视觉作为监控和维护无人机结构健康的手段

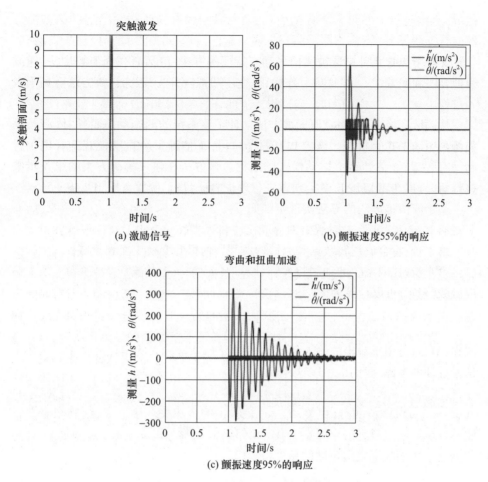

图12.6　55%和95%颤振的模型激励和响应(见彩图)

12.4.1.2　预处理

测试数据分析有助于获得飞机颤振特性[38-40]。由于测量信号通常质量较低,预处理对于提高后续颤振数据分析的准确性至关重要。可以引入几种类型的过滤来改进颤振结构的数据处理。例如,形态过滤器的有效性取决于执行的不同操作类型和使用的结构元素。在这种预处理之后,通常的颤振边界预测(FBP)技术有助于通过数值模拟和飞行颤振数据的测试来验证和确认预处理阶段的可行性。可以使用来自物理评估的结构响应的信噪比(SNR)度量来检查结果,以提高实际应用中的预测精度[41-42]。在预处理算法中,有一些基本算法,如最小二乘变体、最大似然变体、频谱分析、卡尔曼滤波,以及更现代的方法,如子空间方法[43]和计算智能算法[44-47]。

12.4.1.3 动态特性的提取

文献中包含几种提取被测信号动态特征的方法,包括高亮峰值幅度法、逆或线拟合法和残差[48]。在这项工作中,研究了圆拟合方法,因为计算方法有利于嵌入过程。

从频域变换中,使用峰值提取方法估计了该系统的两个动态特性:固有频率和每种振动模式的阻尼。该方法有两个阶段:①估计每个振动模式的峰值位置和固有频率;②估计每个振动模式的阻尼。该方法在建议解决方案的第 4 步中执行,并且也在 MATLAB 中实现以进行理论验证,基于参考文献[37,49 – 51]。

基于峰值提取法的算法实现步骤如下:

第 1 ~ 2 步:试验 1 时域中的合成扭转和弯曲数据;

第 3 步:将合成扭转数据和时域弯曲利用傅里叶变换变换到频域;

第 4 步:提取系统的动态特性。计算 $H(\omega)$ 频域中的响应。实际上,频率响应函数(FRF)可以计算为

$$H(\omega) = \frac{X(\omega)}{F(\omega)} \quad (12.5)$$

式中:$X(\omega)$ 是用于输出的输入傅里叶变换;$F(\omega)$ 是输入的傅里叶变换。从数字信号处理的考虑,我们也可以这样表示:

$$S_{XX}(\omega) = |H(\omega)|^2 S_{ff}(\omega) \quad (12.6)$$

式中:$S_{XX}(\omega)$ 是输入的自相关;$S_{ff}(w)$ 是输出的自相关。接下来,绘制奈奎斯特图并定位离原点最远的半弧点。确定相邻频率 ω_a、ω_b 和 ω_R(离原点最远)。计算代表这些相邻频率之间角度的角度(图 12.7)。

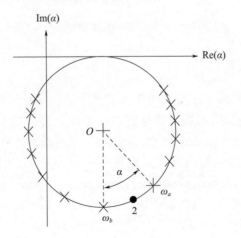

图 12.7 所关注的频率

对于每种振动模式,估计相应的阻尼如下:

$$\zeta = \frac{\omega_b^2 - \omega_a^2}{2\omega_R \left[\omega_a \tan\left(\frac{\alpha}{2}\right) + \omega_b \tan\left(\frac{\alpha}{2}\right)\right]} \quad (12.7)$$

第5步：监测每种振动模式的阻尼 z，估计速度和监测颤振。

图12.8说明了实现这些步骤的流程图。12.4.2.1节介绍了实现该算法的结果。

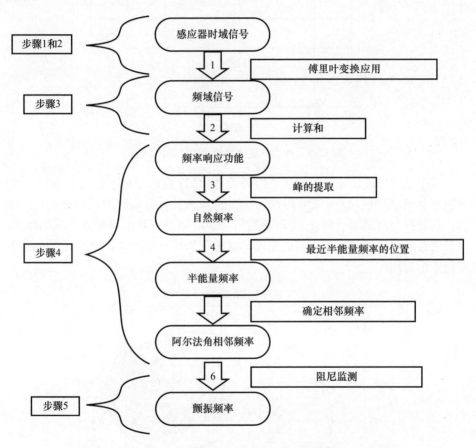

图12.8 通过奈奎斯特图法计算和监测颤振的步骤实现流程图

12.4.1.4 合成数据的结果

使用12.4.1.1中模型生成的数据和12.4.1.3中描述的程序，可以通过奈奎斯特（圆拟合）图来估计阻尼。对于这个试验，数据是在流速范围从40m/s到180m/s的情况下生成的，步长为5m/s。估计每个流速的阻尼，并绘制作为流速函数的阻尼变化。图12.9显示了模型中描述的模式之一的阻尼变化与气流速度的函数关系图。

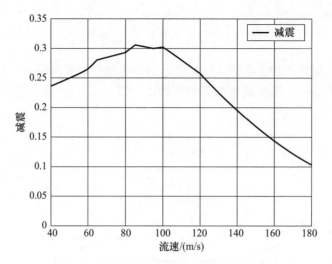

图12.9 作为气流速度的函数的弯曲阻尼

该阻尼图允许使用最后的值进行外推,并估计当系统接近临界区域($\zeta=0$)时阻尼达到临界区域(接近0)时的流速,随着感兴趣的频率形成的弧的长度增加。这种行为与预期一致,因为较小的阻尼会增加谐振频率与原点之间的距离,以及谐振频率与相邻频率之间的距离。这种行为可以在图12.10中绘制的奈奎斯特图中看到。

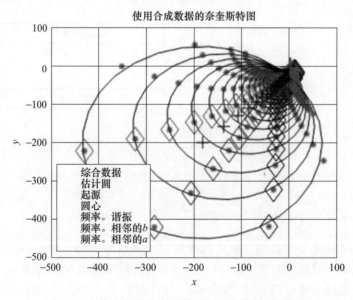

图12.10 作为气流速度函数的奈奎斯特图(见彩图)

12.4.2 风洞试验

在风洞中进行试验和数据收集以评估计算和监测颤振的算法是用气动弹性机翼进行的。

12.4.2.1 试验说明

该测试的组装结构如图12.11所示。该试验在航空技术研究所(ITA)的试验室(LAB-ESP)中进行,并使用了Lynx的ADS1800-SV信号采集系统。

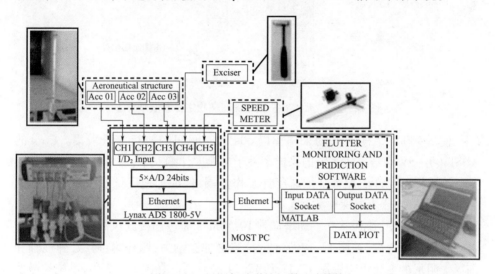

图12.11 风洞气动弹性机翼试验结构

气动弹性机翼安装在以低亚声速运行的低速风洞中,最大速度为33m/s,其测量是在弯曲和扭曲两个自由度下进行的。为此,我们使用了:

(1)气动弹性翼根部三个ICP加速度计M352C68。

(2)两个差压计连接到皮托管以测量气流速度,使用的仪表是testo512型压力计和MPXV7002DP差压传感器。

(3)一个PCB 086C03冲击锤,用于气动弹性机翼上的激励(施力)。

(4)山猫ADS1800-SV采集系统。

对于该测试,手动增加流速直至达到颤振速度。对于每个速度,在机翼上执行激励,并在此过程中执行流速,并监测测量的加速度。影响该机翼颤振速度的另一个参数是压载物围绕弹性轴的位置。该测试评估了两个条件;在第一种配置中,压载物的中心位于机翼弹性轴前方5mm处,然后将距压载物中心的距离修改为机翼弹性轴前方10mm。图12.12说明了该测试的镇流器位置。正如预期的那样,当压载物的中心位于机翼弹性轴前方10mm处,改变压载物的位置时,观察到颤振速度的变化,达到颤振所需的速度增加。图 12.12 还显示了机翼激励的位置。

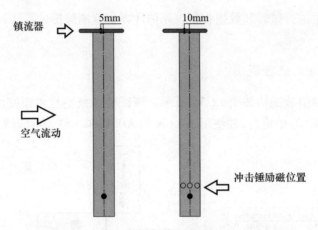

图 12.12 气动弹性机翼中的压载物定位和激励位置

使用 48000 个样本/s 的采样率以 60s 的时间间隔执行信号采集。Lynx 的 ADS1800-SV 信号采集系统的采样率高于加速度计响应率,即 10kHz。

该采样率允许监控整个加速度计工作范围,保证加速度计最大工作频率的四倍,并遵守奈奎斯特采样定理。

在本试验中,流速从 0 手动增加到 10.18m/s 通过连接到风洞变频器的电位器。对于每个速度,在图 12.12 所示的位置施加激励力,顺序为:后缘、弹性轴和前缘。阻尼的变化可以在图 12.13 和 12.14 中看到。在图 12.13 中,系统被激发并且没有进入颤振。在图 12.14 中,系统在弹性轴上执行激励时发生颤振,大约 15s。

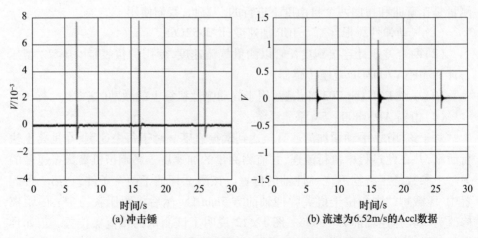

图 12.13 气流速度为 6.52m/s 的加速度和激励测量

第12章 传感器和计算机视觉作为监控和维护无人机结构健康的手段

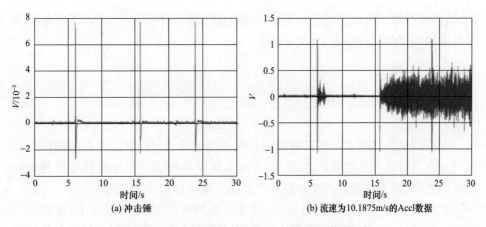

图12.14 气流速度10.18m/s的加速度和激励测量

12.4.2.2 试验数据结果

为了使用这些试验数据估计颤振速度,应用了建议的解决方案和第12.4.1.3节中描述的方法。图12.15显示了作为气流速度和三阶多项式近似函数的估计阻尼。使用在第12.4.2.1节中描述的气动弹性机翼风洞测试中收集的试验数据。

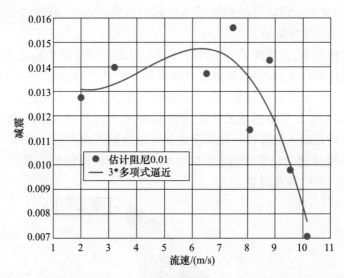

图12.15 根据使用Lynx系统收集的数据,阻尼作为气流速度的函数

如图4.31所示,随着气流速度的增加,阻尼z趋于减小。试验数据的点数较少,因为当流速大于2m/s时,差压传感器MPXV 7002DP的流速具有合理的精度。传感器没有足够的灵敏度来测量小于2m/s的速度。阻尼系数值为0.014~

263

0.005。这些值与所使用的气动弹性机翼的质量和结构成正比。该图显示颤振条件发生在气流速度接近 10.2m/s 时。

12.5 讨论

进行的试验证明了结构健康实时监测系统的技术可行性。开发的软件能够估计每个飞行条件的阻尼。然而,在实际系统中实现这一概念仍然需要技术的发展来支持,因为仪器的成本和这些进程的实时处理仍是一个问题。

在新飞机的开发中,原型机必须通过一系列测试,在这种情况下,地面和飞行振动测试的可用时间受到限制。敏捷仪器优化了振动测试,这可以通过使用基于计算机视觉的非接触式测量来实现。在航空领域,还没有找到解决这个仪表问题的商业解决方案。目前,只有用于认证飞行的测试飞机配备了仪表。

12.5.1 计算机视觉

计算机视觉已经成为复杂结构数据采集的主要方法。在颤振监测的情况下,计算机视觉系统必须能够处理一些特定的点。有关良好的讨论,参见参考文献[52]中的视频。该软件必须能够在不同的条件下运行,具有可变的背景,并至少在两个坐标中跟踪点。

有了这些要求,就出现了一些问题,例如,理想的图像采集系统是什么,摄像机的理想定位是什么,如何处理摄像机的相对运动,以及跟踪算法对移动设备的性能如何。为了回答这些问题,将在未来的工作中提出一系列试验。第一个试验将与第 12.4.2.1 节中描述的传感器采集系统与计算机视觉进行比较研究。本研究的目的是确认计算机视觉系统是否可以检测弯曲和扭转的第一模式。第 12.4.2.1 节中描述的设置将用于添加以 60FPS 运行的摄像机。图 12.16 显示了这个初始的计算机视觉设置。

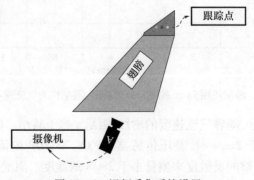

图 12.16 视频采集系统设置

该试验将证明并确定在飞行中实施该 SHM 系统的主要挑战。一些研究已经处理了这个问题,虽然是初步的,但对于控制良好的条件,例如参考文献[21 - 22,53],因此验证了使用计算机视觉进行振动测量的趋势。

随着所提出的测量概念的验证,我们提出了模型飞机的机翼运动。针对 IN-COSE(国际系统工程委员会手册)的原则,可以在该系统中开发其他工作来表征可靠性程度,从而确定在风洞中应用、校准和测试部件的可行性。该系统将借助相机和 MATLAB 软件跟踪和测量模型飞机航空结构的扭转和弯曲运动。验证这个概念的设置如图 12.17 所示,使用个人计算机、手机摄像头(Galaxy S8)和带有跟踪点的翼状结构。

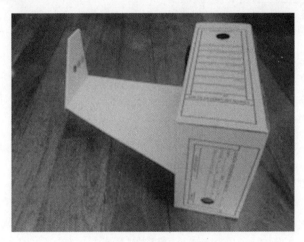

图 12.17 用于概念验证的设置

对于此设置,采集频率为 240 帧/s,1280×720。通过这种关系,相机将能够安全地捕捉谐波运动的分量:平衡起点、最大正振幅、负值和返回到平衡点。

划分为三个目标的目的是根据图 12.18 通过分析来区分运动。能够与横坐标轴或机翼的法向倾斜形成角度的位移表征旋转。知道目标和相机之间的距离,像素和实际距离之间的关系就设置好了。

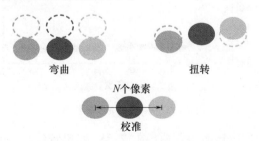

图 12.18 标记移动和校准(见彩图)

目标以红色、绿色和蓝色(RGB)颜色制作,因为软件识别的图像是由这些原色(RGB图像)的贡献之和形成的,从而避免了二次色。一旦确定了每个目标,可以减去蓝色和红色矩阵的成分以获得绿色,从而分别识别每个目标,如图 12.19 所示。该软件将跟踪整个视频中的标记,如图 12.20 所示。

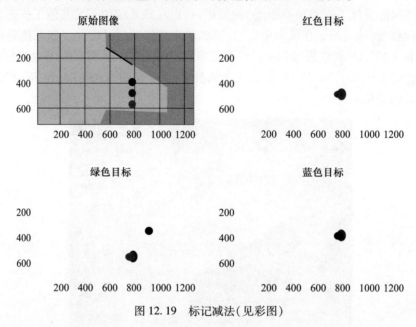

图 12.19 标记减法(见彩图)

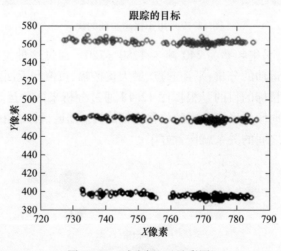

图 12.20 减去标记(见彩图)

然后将这些测量值转换为弯曲(图 12.21)和扭转位移(图 12.22)。在将像素测量值转换为位移后,它们将由本工作前几个阶段开发的算法进行处理。

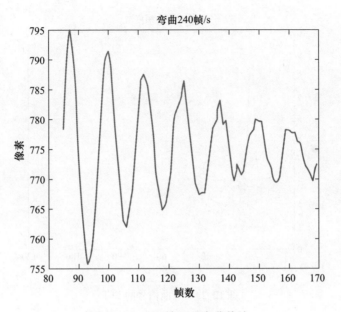

图 12.21 240 帧/s 的弯曲估计

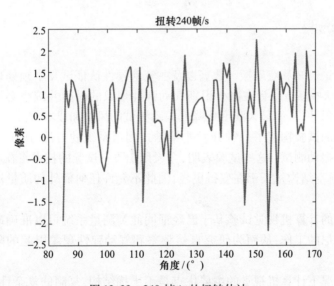

图 12.22 240 帧/s 的扭转估计

为了验证建议的系统是否能够捕获弯曲运动的振动频率,对信号进行 FFT(图 12.23)并去除 DC 信号平均值以验证峰值是否位于预期位置。

在所使用的时间信号中验证了振荡周期,从而验证了振动模式是否处于正确的频率。

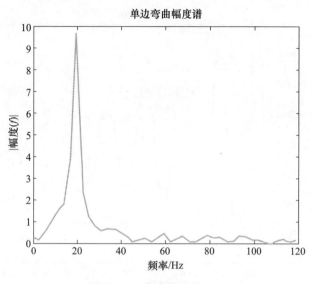

图 12.23 弯曲信号的 FFT

12.6 说明

本章讨论感知和获取振动数据以及在气动弹性认证试飞中预处理这些数据的新方法。这些新方法旨在减少识别气动弹性现象的时间并减小必须安装在飞机上的硬件尺寸，从而最大限度地降低振动测试的风险和成本。

所提出的试验构建了一种开发非接触式测量系统的方法，用于飞机认证过程中的飞行振动测试。这些试验表明，今天用于飞行试验的技术将在不久的将来过时，因为航空结构每天都在变得更轻，因此不允许任何额外的质量用于飞行试验中的仪表。

现提出的计算机视觉试验基于已经证明此类测量系统可以准确确定固有频率和结构阻尼的工作，从而为研究自然频率和气动弹性现象引起的阻尼开辟了道路。

这种情况下计算机视觉的主要优点是不干扰结构，复制的复杂性低，仪器成本低，并且易于在难以进入的结构（机翼）上使用。使用商用相机已经取得了很好的效果，并表明可以通过使用具有更高分辨率和采集频率的相机进一步改进结果[22]。

此外，这项工作提出了对颤振认证分析中传统使用的信号的采集和预处理程序的修改，例如模态分析，适用于嵌入式系统和近实时过程。

第12章　传感器和计算机视觉作为监控和维护无人机结构健康的手段

参考文献

[1] Noll TE, Ishmael SD, Henwood B, et al. Technical findings, lessons learned, and recommendations resulting from the helios prototype vehicle mishap. Security. Technical Report RTO – MP – AVT – 145. NASA Langley Research Center Hampton, VA 23681 USA 2007: 1 – 17. Available from: http://stinet. dtic. mil/oai/oai? fn&gverb = getRecordfn&gmetadataPrefix = htmlfn & gidentifier = ADA478771.

[2] Tsushima N, and Su W. Flutter suppression for highly flexible wings using passive and active piezoelectric effects. Aerospace Science and Technology. 2017; 65: 78 – 89. Available from: http://dx. doi. org/10. 1016/j. ast. 2017. 02. 013.

[3] Kayran A. Flight flutter testing and aeroelastic stability of aircraft. Aircraft Engineering and Aerospace Technology. 2007; 79(5): 494 – 506. Available from: http://www. emeraldinsight. com/doi/abs/10. 1108/00022660710732707.

[4] Saeed S, and Salman S. Flutter analysis of hybrid metal – composite low aspect ratio trapezoidal wings in supersonic flow. Chinese Journal of Aeronautics. 2017; 30(1): 196 – 203. Available from: http://linkinghub. elsevier. com/retrieve/pii/S1000936116302357.

[5] Sinske J, Jelicic G, Buchbach R, et al. Flight testing using fast online aeroelastic identification techniques with DLR research aircraft. In Proc. 17th International Forum on Aeroelasticity and Structural Dynamics(IFASD 2017), Como, Italy 2017; 1: 1 – 19.

[6] Estrela VV, Saotome O, Loschi HJ, et al. Emergency response cyberphysical framework for landslide avoidance with sustainable electronics. Technologies, 2018; 6: 42.

[7] Names B. 5 things you should know about flutter—LinkedIn; 2016. Available from: https://www. linkedin. com/pulse/5 – things – you – should – know – flutter – ben – names/.

[8] AIRBOYD. Ressonancia Aeroelastica – Efeito Flutter—YouTube. Available from: https://www. youtube. com/watch? v = 3CMlXyV2XnE.

[9] Sez S. Tacoma narrows bridge collapse 1940—Symon Sez; 2010. Available from: https://symonsez. wordpress. com/tag/tacoma – narrows – bridge – collapse – 1940/.

[10] Ko JM, and Ni YQ. Technology developments in structural health monitoring of large – scalebridges. EngineeringStructures. 2005; 27(12SPEC. ISS.): 1715 – 1725.

[11] Cawley P. Structural health monitoring: Closing the gap between research and industrial deployment. Structural Health Monitoring: An International Journal. 2018; 17: 1225 – 1244, 147592171775004. Available from: http://journals. sagepub. com/doi/10. 1177/1475921717750047.

[12] de Oliveira M, Araujo N, da Silva R, et al. Use of Savitzky Golay filter for performances improvement of SHM systems based on neural networks and distributed PZT sensors. Sensors. 2018; 18(1): 152. Available from: http://www. mdpi. com/1424 – 8220/18/1/152.

[13] Pozo F, and Vidal Y. Damage and fault detection of structures using principal component analysis and hypothesis testing; In Advances in Principal Component Analysis, Springer, Berlin, Germany, 2017, 137 – 191.

[14] Flynn EB. A Bayesian experimental design approach to structural health monitoring with application to ultrasonic guided waves. University of California; 2010. Available from: https://escholarship.org/uc/item/9m15r6ph.

[15] Coelho AM, de Assis JT, and Estrela VV. Error concealment by means of clustered blockwise PCA, in *Proceedings of* 2009 *IEEE Picture Coding Symposium*, Chicago, IL, USA, 2009. DOI: 10.1109/PCS.2009.5167442

[16] Capellari G, Chatzi E, and Mariani S. Optimal sensor placement through bayesian experimental design: Effect of measurement noise and number of sensors. Proceedings. 2016; 1 (3): 41. Available from: http://www.mdpi.com/2504-3900/1/2/41.

[17] Flynn EB, and Todd MD. Optimal placement of piezoelectric actuators and sensors for detecting damage in plate structures. Journal of Intelligent Material Systems and Structures. 2010; 21 (3):265-274.

[18] Castellini P, Martarelli M, and Tomasini EP. Laser Doppler Vibrometry: Development of advanced solutions answering to technology's needs. Mechanical Systems and Signal Processing. 2006;20(6):1265-1285.

[19] Chen JG, Wadhwa N, Cha YJ, et al. Modal identification of simple structures with high-speed video using motion magnification. Journal of Sound and Vibration. 2015;345:58-71. Available from: http://dx.doi.org/10.1016/j.jsv.2015.01.024.

[20] Estrela VV, and Coelho AM. State-of-the-art motion estimation in the context of 3D TV, in *Multimedia Networking and Coding*. IGI Global, 2013. 148-173. DOI: 10.4018/978-1-4666-2660-7.ch006.

[21] Jithin TV, Sudheesh Kumar N, and Gopi Krishna N. Vibration analysis using machine vision system. In Proc. Seventh International Conference on Theoretical, Applied, Computational and Experimental Mechanics, ICTACEM 2017, Kharagpur, India, 2017;1:1-12.

[22] Bartilson DT, Wieghaus KT, and Hurlebaus S. Target-less computer vision for traffic signal structure vibration studies. Mechanical Systems and Signal Processing. 2015; 60: 571-582. Available from: http://dx.doi.org/10.1016/j.ymssp.2015.01.005.

[23] Silva S, Bateira J, and Caetano E. sistema de visao artificial para monitor-izacao de vibracoes em tirantes de pontes. Revista da Associacao Portuguesa de Analise Experimental de Tensoes, Lisbon, Portugal, ISSN;1646:7078.

[24] Brandt A. Advantages of using long DFT computation for signal processing in operational modal analysis, in *International Conference on Structural Engineering Dynamics*; (EURODYN 2017) Rome, Italy, 2017.

[25] Conti E, Saltari F, Eugeni M, et al. Modal parameter estimate of time varying system using operational modal analysis based on Hilbert transform. 2017;1-14.

[26] Zeng J, and Kukreja SL. Flutter prediction for flight/wind-tunnel flutter test under atmospheric turbulence excitation. Journal of Aircraft. 2013;50(6):1696-1709. Available from: http://arc.aiaa.org/doi/abs/10.2514/1.C031710.

[27] Raveh DE. Assessment of advanced flutter flight test techniques and flutter boundary predic-

tion. J. A. Aircraft 2017;55(5):1-26.

[28] Ahmed F, and Kandagal SB. Modal identification of aircraft wing coupled heave-pitch modes using wavelet packet decomposition and logarithmic decrement. Procedia Engineering. 2016; 144:435-443. Available from:http://dx. doi. org/10. 1016/j. proeng. 2016. 05. 153.

[29] Tamayama M, Saitoh K, Yoshimoto N, et al. Effect of vibration data preprocessing for flutter margin prediction, in *JAXA Special Publication*:*Proceedings of the First International Symposium on Flutter and its Application*, Tokyo, Japan *l*;2017. p. 97.

[30] Schwochow J, Jelicic G, and Govers Y. Recent developments in operational modal analysis. In Proceedings EURODYN 2017, Paris, France 2005;1:1-19.

[31] DeAngelis VM. In-flight deflection measurement of the HiMAT aeroelastically tailored wing. J. A. Aircraft, 1982;19(12):1088-1094.

[32] Bakunowicz J, and Meyer R. In-flight wing deformation measurements on a glider. Aeronautical Journal. 2016;120(1234):1917-1931.

[33] Kurita M, Koike S, Nakakita K, et al. In-flight wing deformation measurement. 51*st* AIAA Aerospace Sciences Meeting Including the New Horizons Forum and Aerospace Exposition. Grapevine, Texas, USA, 2013;(January):1-7.

[34] Pang ZY, Cesnik CES, and Atkins EM. In-flight wing deformation measurement system for small unmanned aerial vehicles. 55*th AIAA/ASMe/ASCE/AHS/SC Structures*, *Structural Dynamics*, *and Materials Conference*. National Harbor, Maryland, USA, 2014;(January):1-13.

[35] Avitable P. Experimental modal analysis. Sound and Vibration. 2001;35(1):1-15.

[36] Wentz JPTG, Medeiros EB, and Duarte MLM. Determinacao da Velocidade de Flutter em Asa de Aeronaves Ultraleves de Construcao Mista.

[37] Wright JR, and Cooper JE. Introduction to aircraft aeroelasticity and loads; 2007. Available from:http://books. google. com/books? hl=enfn&glr=fn&gid=BUfn gtRQaz9gICfn&gpgis=1.

[38] Razmjooy N, Ramezani M, Estrela VV, Loschi HJ, and do Nascimento DA. Stability analysis of the interval systems based on linear matrix inequalities, in Y. Iano *et al*. (eds), *Proceedings of 4th Brazilian Technology Symposium (BTSym'18)*, Smart Innovation, Systems and Technologies, vol. 140. Springer, Cham, Campinas, SP, Brazil, 2019. DOI:10. 1007/978-3-030-16053-1_36

[39] Razmjooy N, Khalilpour M, Estrela VV, and Loschi HJ. World cup optimization algorithm:An application for optimal control of pitch angle in hybrid renewable PV/wind energy system. In M. Quiroz *et al*. (eds), *NEO 2018*:*Numerical and Evolutionary Optimization*, Cancun, Mexico, 2019.

[40] Razmjooy N, Ramezani M, and Estrela VV. A solution for Dubins path problem with uncertainties using world cup optimization and Chebyshev polynomials, in Y. Iano *et al*. (eds), *Proceedings of 4th Brazilian Techn. Symp. (BTSym'18). BTSym* 2018. Smart Innovation, Systems and Technologies, vol 140. Springer, Cham, Campinas, SP, Brazil, 2019. DOI:10. 1007/978-3-030-16053-1_5

[41] Hua ZX, Junhao L, and Shiqiang D. A preprocessing method for flutter signals based on mor-

phological filtering. 2018 9th International Conference on Mechanical and Aerospace Engineering(ICMAE) ,2018,p. 430 – 434.

[42] Bo Z,and Jian – Jun L. Denoising method based on Hankel matrix and SVD and its application in flight flutter testing data preprocessing. Journal ofVibration and Shock;2009;2:162 – 166.

[43] Bucharles A,Cumer C,Hardier G,et al. An overview of relevant issues for aircraft model identification. Aerospacelab Journal,2012;4:13 – 33.

[44] de Jesus MA,and Estrela VV. Optical flow estimation using total least squares variants. Oriental Journal of Computer Science and Technology. 2017:10:563 – 579.

[45] Razmjooy N,and Estrela VV. *Applications of Image Processing and Soft Computing Systems in Agriculture*,IGI Global,Hershey,PA,USA,2019. DOI:10. 4018/978 – 1 – 5225 – 8027 – 0

[46] Alcalay G,Seren C,Hardier G,Delporte M,and Goupil P. Development of virtual sensors to estimate critical aircraft flight parameters. IFAC – PapersOnLine. 2017:50:1:14174 – 14179 DOI:10. 1016/j. ifacol. 2017. 08. 2083

[47] Antoniadou I,Dervilis N,Papatheou E,Maguire AE,and Worden K. Aspects of structural health and condition monitoring of offshore wind turbines. Philosophical Transactions. Series A,Mathematical,Physical,and Engineering Sciences. 2015;373;1 – 14.

[48] Ewins DJ. *Modal Testing:Theory,Practice and Application*. Wiley,New Jersey,United States, 2000;p. 562.

[49] Ewins DJ. *Modal Testing:Theory and Practice*;Research Studies Press Ltd,Taunton,England,1984.

[50] Inman DJ. *Engineering Vibration*. Fourth Ed. Pearson,Elsevier;2014.

[51] Rao SS. *Mechanical Vibrations*. vol. 67;2010.

[52] Noakes A. (54) Boeing 747 – 400 wing flexing – YouTube; 2010. Availablefrom:https:// www. youtube. com/watch? v = 1URyA7 – 3PSQ.

[53] Kohut P,and Giergiel M. Optical measurement of amplitude of vibration ofmachine. Mechanics and Mechanical Engineering,2008;12(2):147 – 156.

第 13 章　小型无人机：让持续监视成为可能

在典型的情报、监视与侦察(ISR)任务中,持续监视通常被定义为通过利用空中平台(有人或无人)在高空对广域范围进行长时间监视,从而实现自动情报发现。该平台可以大到足以承载高分辨率传感器矩阵和高性能计算设备机架,以实时处理所有传感器的反馈。随着当前 ISR 能力的不断增强,寻找基于工程和光学的空中监视解决方案成为一项设计挑战。而在带宽受限环境中,需要更多的板载处理以应对高保真度/分辨率传感器的数据馈送,同时匹配尺寸、重量和功率的预算需求。能够携带复杂光学有效载荷和从战略角度拍摄航空图像的小型无人机(sUAV)技术在当今战场上已经成为不可避免的趋势,其广泛应用也有助于推进 ISR 任务能力。受限的机载处理能力和飞行时间成为 sUAV 亟待克服的严重挑战,以实现高性价比持续监视。大量案例表明,调整传感器来匹配平台环境是一项极具挑战性的工作,因此架构师已经将设计方案转变为在构建高效监视方案设计中以硬件和软件开放架构作为其设计核心。本章简要介绍开发持久监视系统中的硬件和软件构建模块。其中,重点介绍利用计算机视觉技术进行监视任务的光电和红外集成解决方案。

13.1　引言

在当下的互联数字世界中,有许多方式可以跟踪、观察和收集个人数据。这种行为被称为"监视",其中一种调查目标的方法是使用相机,即视觉监视[1]。尽管还有许多其他类型的监视,但视觉监视在世界上的不同领域得到了广泛的应用。从道路到工作场所,从群体到个人,每天都会有大量能够在广光谱范围、多分辨率和视场成像的相机被用来收集多个目标的数据。监视系统可以简单到一个固定的摄像头,也可以复杂得像一个巨大区域上连接摄像头的网络[1]。

当今时代,使用装有相机的空中系统获取图像变得越来越普遍,而这些成像系统的一个具体应用是广域监视系统(WASS)[2],即关注通过图像或信号广域覆盖并探测多个目标。广域覆盖的另一个好处是,它消除了大多数窄域监视系统嵌入空中平台时的"苏打水吸管"视图效应。WASS 为用户提供了跟踪多个目标的机会,同时不会丢失感兴趣区域中的任何数据。然而,在 WASS 应用中,跟踪视频序列中的运动目标是一项具有挑战性的任务,这对于具有网络-物理特性[2-4]的无人机尤其是 sUAV 带来了严重的问题。此外,广域监视系统通常需要大而重的成像和处理组件,这使其集成到小型飞行器上成为一项具有挑战性的任务。

一般来说,sUAV 体积小、灵活,便于为各种日常问题设计简单、快速、经济高效的解决方案。近年来,带有视觉传感器的 sUAV 在视觉监视、边境控制、搜索和救援任务、野生动物监测、人群检测和监控等领域得到了广泛的应用[5]。利用 sUAV 进行持续监视本身就是一种不断进化的智能空中监测解决方案。sUAV 技术的发展使其在灾害管理、战术军事区域监视和重大事件监视等领域的应用迅速增长。尽管仍有许多可能的应用,但大多数现有应用受制于有限的持续飞行时间(大多小于 3h)[6-7]。因此,虽然有许多正在进行的关于改进 sUAV 飞行时间的研究[8-9],但目前它们似乎不适合用于需要更长运行时间的持续监视平台。

参考文献[10]中提出了一种将 sUAV 拴在地面电源上的方法来作为一种可行的解决方案。这是由于最近商用系链空中平台的市场可用性,在飞行时间和操作一致性方面得到了不错的反馈[11-14]。这种方法提出,多旋翼 sUAV 在飞行过程中不断地从地面电源获得动力,代价是限制其运动自由性。对于某些应用,例如持续监视,可操作的持续时间比移动的自由性更重要。在本章中,我们将根据一个典型的利用计算机视觉技术来实现其监视任务的 sUAV 来作为我们的硬件和软件基准进行说明。

13.2 系统总览

13.2.1 系统介绍

典型的 sUAV 监测系统由三个主要部分组成:空中平台、框架式图像采集系统和高性能运动成像计算系统[15-16],称为处理和开发单元(PEU)。空中平台负责达到并保持在所需区域内的飞行高度,以便成像系统运行。框架式系统可以承载一个可视光谱的光学相机、一个红外相机,或者应用所需的任何类型和数量的相机。它能够在白天和夜间环境下稳定供给 PEU 的图像流。PEU 实时处理图像流,根据轨迹生成丰富的操作情报,并对调查区域内的移动目标进行地理定位。通过提供记录和回放功能,sUAV 监测系统为任务后调查提供了情报监视和侦察设施,包括生命模式分析和异常检测。

13.2.2 硬件组成

本节对 sUAV 监测系统的详细组成部分进行了说明(图13.1)。介绍了每个组件的高层规范,包括总结它们的优点和缺点,以帮助为任何特定应用选择部件。

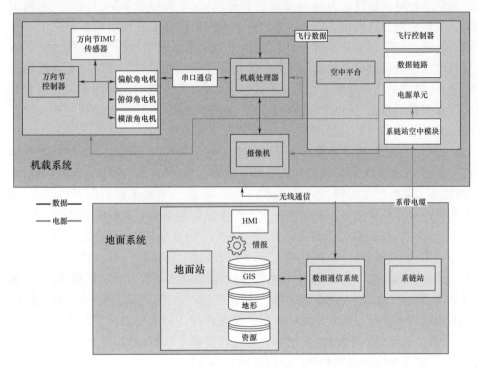

图 13.1 系统总览

空中平台(无人机):设想最终的 sUAV 监测系统将执行持续数小时的任务,以确保监视的持续性。因此,无人机的续航能力应满足这一预计任务时间,这本身就是两个因素的挑战性要求:

(1)无人机的功率有限,难以确保长时间飞行(例如,最多2h)。

(2)无人机数据链的带宽和吞吐量有限,而 PEU 系统则期望高分辨率图像流。

上述因素可以通过系链技术来解决,即将电力传输给无人机,并最终充当连接无人机与其地面段的数据链载体。然而,空中平台的性能会受到系链额外重量的影响,并会受到系链的作用力。此外,无人机的飞行高度大大降低,且系链限制了无人机的机动性。此外,据我们所知,系链技术仅限于为无人机提供动力(没有数据链路支持),因此,数据链路组件的选择成为设计可行性的关键因素。

总之,无人机技术的选择应确保携带成像系统,并使用系链飞行,以达到拍摄高质量图像所需的高度和持续时间,同时能够实时下传。这种无人机具有在密闭空间和城市建筑之间无障碍飞行的优势。系链有助于为无人机提供动力,使其能够长时间运行。然而,系链的长度限制了无人机的高度性能,且有效载荷重量预算必须考虑系链产生的拉力。

(1) 成像系统:一般来说,成像系统是指同时包括万向节装置及其所有配套的光学和传感器组件。万向节装置承载相机,并负责稳定采集的图像。万向节应该足够小以连接到选定的无人机,同时大到足以容纳成像设备。万向节必须承受高度、湿度、振动和温度变化的影响。为了保证运动目标的跟踪能力,万向节设计应至少提供两个轴运动。万向节的主要优点在于除了提供稳定和控制功能外,还提供了观察和瞄准能力。然而,由于所有无人机的连接部件都在争夺相同的有效载荷重量,所以万向节的所有子组件都需要尽可能小,并且可能会降低其功能以适应尺寸和重量预算。

万向节最关键的子部件之一是摄像头。可以考虑对不同波长敏感的各种相机。因此,光电(EO,可见光谱)、红外和高光谱(HS)都是适合 sUAV 监测的选择。此外,为了获得更宽的视场或获得多光谱图像,可以考虑多相机配置。然而,这些相机的尺寸和重量必须特定选择来与空中平台的整体重量和性能保持一致。

(2) 数据链路:数据链路允许并行的空中平台导航控制,以及地面操作员感兴趣的图像下行链路。根据 PEU 的部署位置(地面或机载),数据链路系统的使用方式会有所差异。当 PEU 处于地面时,数据链路必须处理实时图像流,以避免对 PEU 中运行的图像处理流程产生任何副作用。当 PEU 处于机上时,数据链路由图像流提供。具有更大带宽的数据链路允许使用更大覆盖区域的更高质量图像,从而生成更好的系统性能。然而,无论选择哪个数据链路,带宽总是有限的。因此,传输图像的帧速率和分辨率都必须仔细选择。

(3) PEU:PEU 是负责接收和处理成像系统获取和数据链路发送的图像的组件。PEU 的大小、位置和性能完全取决于用户的要求。因此,PEU 可以采用多种布局和设计选项。

13.2.3　组件推荐

在构建任何 sUAV 系统之前,应该首先考虑系统的操作极限。为了根据用户需求构建系统,需要知道系统的高度、飞行时间、覆盖范围、分辨率、环境条件和图像传输速度等要素。本节将提供相关组件的一些建议。必须按顺序检查组件以消除组件之间的兼容性问题。

(1) 空中平台(无人机):受系链约束,sUAV 监测系统的空中平台应为满足以下标准的旋转翼。

① 飞行高度高于所需高度。

② 有效载荷重量应能承载成像系统及其所有部件。
③ 与系链系统兼容。
④ 为系链的电源模块提供外壳和接口。
⑤ 在其部署位置的环境温度下运行。

（2）系链站：系链站为空中平台提供电力。它由连接到机载电源模块的系带电缆组成。设计系链时的一些建议如下。
① 与空中平台兼容。
② 有一根测量值略大于最大期望高度的系绳。
③ 有一个优化的重量，以适应分配的有效负载重量预算。
④ 在其部署位置的环境温度下运行。

（3）成像系统：它被定义为通用组件，代表机械万向节装置及其所有连接的光学元件和传感器。万向节的关键功能在于当无人机进行自然导航运动时可以稳定摄像头。因此，成像系统建议如下。
① 其重量应经过优化以适应分配的有效负载重量预算。
② 能够支持空中平台兼容且可实现的标准电源要求。
③ 能够提供稳定机制。
④ 能够支持针对特定地理位置的跟踪。

在电动万向节内，至少连接一个摄像头，以捕获可见光谱（本章中称为EO摄像头）或红外光谱中的运动图像。光电相机主要负责在白天拍摄图像。为sUAV监测选择合适的EO相机是一项具有挑战性的工作，因为相互冲突的相机设置会影响照片的质量，进而可能会影响PEU中进行的图像处理流程。因此，我们建议成像系统应该：
① 重量进行过优化，以适应分配的万向节重量预算。
② 与数据链路和PEU组件兼容，以便成功传输和使用图像。
③ 具有与PEU期望相兼容的可配置优化帧速率（FPS）（例如，跟踪人员和车辆）。
④ 具有在最大飞行高度下达到与PEU期望相符的地面采样距离（GSD）的分辨率。
⑤ 有足够大的视场（FOV）来覆盖被测区域。

会对sUAV监测的跟踪能力产生影响的主要是GSD和FOV标准。较高的GSD将导致跟踪目标像素化，并可能失去其轨迹。视场决定了所调查地理区域的界限。根据以下公式和典型的相机规格，sUAV监测系统设计师可以轻松推断所选成像系统的预期性能。该方程描述了单相机万向节系统的成像面积和成像质量。

成像系统变量如下。

① xsensor,传感器宽度,单位:mm。
② ysensor,传感器高度,单位:mm。
③ focallen,镜头焦距,单位:mm。
④ altitude,高度,单位:m。
⑤ xgimbal,x 轴万向节倾斜角度,单位:(°)。
⑥ ygimbal,y 轴万向节倾斜角度,单位:(°)。
⑦ xres,x 轴传感器分辨率,单位:像素。
⑧ yres,y 轴传感器分辨率,单位:像素。

公式如下。

$$视场宽度 = 2\arctan\left(\frac{传感器宽度}{2 \times 镜头焦距}\right) \qquad (13.1)$$

$$视场高度 = 2\arctan\left(\frac{传感器高度}{2 \times 镜头焦距}\right) \qquad (13.2)$$

式(13.1)和式(13.2)提供了相机的水平和垂直视场(FOV),这有助于确定地面上产生的覆盖面积。

$$无人机到成像区域底部距离 = 高度 \times \tan$$
$$(y 轴万向节倾斜角度 - \frac{1}{2} \times 视场宽度) \qquad (13.3)$$

$$无人机到成像区域顶部距离 = 高度 \times \tan$$
$$(y 轴万向节倾斜角度 + \frac{1}{2} \times 视场宽度) \qquad (13.4)$$

$$无人机到成像区域左侧距离 = 高度 \times \tan$$
$$(x 轴万向节倾斜角度 - \frac{1}{2} \times 视场高度) \qquad (13.5)$$

$$无人机到成像区域右侧距离 = 高度 \times \tan$$
$$(x 轴万向节倾斜角度 + \frac{1}{2} \times 视场高度) \qquad (13.6)$$

$$图片覆盖高度 = 无人机到成像区域右侧距离 - 无人机到成像区域左侧距离 \qquad (13.7)$$

$$图片覆盖宽度 = 无人机到成像区域顶部距离 - 无人机到成像区域底部距离 \qquad (13.8)$$

式(13.3)到式(13.6)显示了无人机相对于成像区域边缘的位置;式(13.7)和式(13.8)给出了基于高度、万向节倾斜度和视场的地面覆盖区域尺寸。

在正常情况下(无倾斜),相机的 GSD 由以下公式计算:

$$GSD = \frac{高度 \times 传感器宽度}{镜头焦距 \times x 轴传感器分辨率} \qquad (13.9)$$

式中:GSD 表示图像中 1 个像素对应地面上的距离。

在无倾斜条件下,x 轴 GSD 和 y 轴 GSD 相同。然而,当相机倾斜时,每个倾斜角度对应不同的 GSD,如下所示:

$$GSD_{x轴倾斜} = \frac{图片覆盖宽度}{x 轴传感器分辨率} \quad (13.10)$$

$$GSD_{y轴倾斜} = \frac{图片覆盖高度}{y 轴传感器分辨率} \quad (13.11)$$

sUAV 监测系统设计人员在设计系统时应注意 GSD 值,当其高于所需值将会导致目标出现像素化,从而影响跟踪过程。

(4) 数据链:数据链用于在地面段和平台之间来回传输图像、命令和各种数据。以下建议仅专门针对用于传输图像的数据链接。

① 在分配的有效载荷重量预算内重量进行过优化。

② 在电源和操作系统方面与空中系统兼容。

③ 满足解决方案部署所在国的传输频率规定。

④ 传输距离大于最大飞行距离。

⑤ 嵌入标准加密机制。

⑥ 拥有符合 PEU 期望的带宽和吞吐量。

(5) PEU:PEU 是 sUAV 监控系统的核心部分。PEU 提供了处理传感器获取图像以及构建实时智能系统所需的计算能力。因此,PEU 的主要任务是高效地运行图像处理和计算机视觉算法[17-20]。

图像处理是计算机知识的一个分支,涉及处理数码相机拍摄或扫描仪扫描的数字信号表达的图像[15-16,21-22]。

PEU 的规格取决于多种要求,如图像分辨率、帧速率、传感器数量、飞行平台等。因此,PEU 解决方案应特别注意以下几点:

(1) 可扩展性:通过利用分布式体系结构、多线程和 GPU 编程实现。

(2) 性能:通过利用下面举例提到的专用并行计算库来实现。

(3) 开放多处理(OpenMP)可以用于将工作负载分布在多个 CPU 和 CPU 核上。

(4) 消息传递接口(MPI)可以用于工作站间和进程间的通信。

(5) 计算一体化设备结构(CUDA)可用于图形处理单元(GPU)上的通用计算。

13.3 软件组件

拥有适当的软件体系结构是实现灵活和可扩展解决方案的关键因素。这里的目标是设计一个如下系统:

(1) 可扩展性足以支持各种不同规格(分辨率、焦距等)的传感器组件。

(2) 足够灵活,能够以最小的开发和集成工作量允许硬件和软件组件的可替换性。

PEU 至关重要,因为它通过从流图像中实时发现所有感兴趣目标,将传感器捕获的原始信息转化为可执行的情报。通过利用插件体系结构(逻辑软件组件被分组在公共接口下),不同算法的多种实现可以很容易地进行交换。这对于无缝交换各种硬件基准和/或支持先进监视算法的逐步集成至关重要。在本章中,图像处理流程的主要软件接口包括以下元素(图 13.2)。

图 13.2　PEU 图像处理流程

13.3.1　相机标定

几何相机标定过程是将相机系统中理想镜头模型和相机镜头模型之间的差异最小化的基本步骤。引入校准是为了消除径向和/或切向畸变以及测量镜头引入的畸变量[23]。它输出相机的内在和外在参数,这些参数构成了将三维世界坐标点转换为二维图像坐标点所需的旋转和平移向量。参考文献[24]对视觉系统中的各种相机标定技术进行了综述。相机标定技术可分为传统校准技术、自校准技术和基于运动的校准技术。传统的校准方法,如两步校准法[25]和 Zhang 的方法[26-27]使用了特征点的二维图像坐标和三维世界坐标之间的关系。由于参考文献[26-27]校准方法的精度较高,因此广泛应用于许多相机标定框架中。自校准技术的优点是无需使用已知场景即可校准系统。它的缺点是难以保证精度,而且严重缺乏稳健性。在基于运动的方法中,相机通过一些程序进行校准,例如纯平移、预旋转以及两者的组合。由于这种方法可以提供高精度的校准目标,故可以用于自动校准。一般来说,目前已经存在许多相机标定技术,但在基于 sUAV 的监控系统中,只有有限的研究涉及在 sUAV 上获取的图像[28]。这里特别引用了参考文献[29-33]中针对短目标距离和参考文献[34-35]中针对长目标距离的技术。在大多数情况下,相机标定过程是在试验室条件下通过近距离校准来估计相机参数的。

13.3.2　图像拼接

拼接过程通过组合从多个相机同时提供的单独部分重叠图像或通过组合由单个相机提供的部分重叠图像序列来创建全景图像。对于成功的监视而言,拼接任务是一个关键的过程,因为拼接后的图像提供了一个广视场的调查地区。

对于拼接图像的构造,必须基于这些图像间的重叠区域来估计图像间的变换。一些方法探索使用基于区域或基于特征来寻找重叠区域和对图像间的变换进行建模。例如,参考文献[36]研究了基于快速傅里叶变换(FFT)的拼接方法。在基于区域的图像拼接中,通过计算相似性度量(如归一化互相关[37]、熵和互信息[38])来利用图像窗口匹配连续图像。也有一些方法采用基于特征的匹配技术,例如尺度不变特征变换(SIFT)[39-41],Harris点[42]和加速稳健特征(SURF)[43-45]。设计者在选择适用于sUAV监视系统的拼接技术时应考虑检测的感兴趣区域,包括图像采集频率和重叠区域所需百分比[46]。

13.3.3 稳定

使用移动中的相机将无法基于处理运动图像来检测和跟踪移动目标。稳定是将拼接的运动图像转换为新图像的过程,其中相机的运动已被抵消。此外,带有流视频相机的sUAV由于大气湍流而遭受不希望的抖动,而抖动的飞行控制也需要越来越有效的稳定技术。这些实现应考虑以下几点。

(1)特征检测和描述是一项极为耗时的操作。因此,此阶段需要支持图像缩放。

(2)连续图像不包含地平面上相同区域的视图:

① 视角因飞机运动而改变;

② 即使对飞机运动和万向节运动进行了优化,观察地面上固定点时,可视区域也会在不同帧间发生变化。

关于sUAV视频稳定的相关研究数量较为有限[47-51]。通常,无人机视频稳定算法包括以下三个主要步骤:①运动估计;②运动补偿;③图像合成。许多研究试图找到二维运动模型(如单应性)来估计全局运动轨迹,然后应用低通滤波器来消除轨迹的高频抖动。最后,通过映射技术将低频参数应用到视频帧上,这对于无人机拍摄的动态运动很小的场景更为有效。参考文献[47]提出了一种利用圆形块来搜索和匹配关键位置的视频稳定算法。在参考文献[48]中的平滑方法使用Lucas-Kanade跟踪器[49]来检测兴趣点。在参考文献[50]中,作者提出了一种适用于无人机的三步视频稳定方法。首先,利用快速角点检测算法(FAST)对帧中的特征点进行定位;然后利用匹配的关键点进行仿射变换估计以减少误匹配;最后,实现了基于运动估计和补偿的仿射模型。

13.3.4 背景消除

背景消除是一种用于提取图像前景的技术。然后,将其用于进一步的处理,例如对目标跟踪或识别。大多数背景消除技术(如表13.1所列)假设提供给算法的图像具有静态背景,并在其中检测运动目标。背景消除过程的注意事项如下:

(1)稳健性在稳定误差的情况下是不可避免的(考虑到输入图像的尺度)。

(2)能够处理不充分的信息(前景目标可用像素数量较少,前景目标与相邻背景的像素具有低强度差异)。

(3)能够处理广域图像中常见的物体阴影。

(4)将多个背景消除的结果结合起来,得到比单个消除器更好的结果。

表 13.1 不同背景消除技术

方法	描述	优点	缺点
帧差异化[51]	计算当前帧与 1~3 个其他帧之间的差值来检测运动目标。设置阈值以区分前景像素和背景像素	(1)计算速度快。 (2)易于应用。 (3)内存要求低	在有噪声的背景或有运动物体的背景下效果不好
Eigen 背景[52]	利用特征空间对背景进行建模,分割运动物体。然后利用主成分分析法对特征空间进行降维	对于不稳定的背景有很好的性能	在动态场景中表现不佳
高斯混合模[53]	所有背景像素都被建模为高斯混合。然后将像素与现有模型集匹配。一个新的高斯由最小的模型像素值初始化,如果没有找到匹配则被替换	(1)内存要求低。 (2)适合缓慢的光照变化。 (3)在嘈杂的背景下表现良好	计算要求很高
近似中值滤波器[54]	背景计算为前 N 帧的中值。如果当前帧中对应的像素较大,则背景像素增加 1;如果较小,则背景像素减少 1。最终收敛到一个新的估计中值	(1)十分稳健。 (2)复杂度低。 (3)内存要求低	结果不平滑,因为背景模型仍然可能受到以前帧的影响

13.3.5 目标跟踪

目标跟踪是一种在一组时域序列图像中(空间)定位运动目标的方法。跟踪能够在监控区域内估计移动目标的轨迹。可以利用物体的速度和大小等信息来跟踪物体,并将它们与同一帧中的其他物体区分开来。

跟踪过程需要以下性能。

(1)对因大面积图像导致的稳定误差造成的虚警具有稳健性。

(2)对视角变化引起的虚警(例如,建筑物和塔楼等高物体在不同时间从不同角度观看时会移动)具有稳健性。

(3)在遮挡的情况下具有稳健性。

(4)在反射和光照条件下具有稳健性。

(5)能够处理前景目标可用信息不足的问题(即,看起来相似的不同目标,在道路上几乎看不到的目标)。

为了解决上述问题,开发了以下机制。

(1)设计反映真实世界物体的运动模型,以便能够在背景消除阶段对错误检测(即虚警)进行分类。

(2)设计滑行方法,以便应对检测失败情况下,在当前帧中找不到来自前一帧轨迹的情况;一个轨迹在被允许消失前被标记为可疑(即遮挡)的情况。

(3)结合基于外观的技术与基于运动的技术,以提供更稳健的关联性(即反射、信息不足等)。

(4)当上述所有机制都失败时,作为一种保护措施,设计合并策略,即将之前帧中允许消失的每个轨迹与这些轨迹消失后生成的新轨迹相关联。

一些对无人机跟踪有效的方法如表13.2所列。

表13.2 无人机应用中的跟踪方法

跟踪方法	描述	方法	优点	缺点
核跟踪[55-56]	移动目标被表示为未开发的目标部分,此跟踪方法以目标的形状、特征、表示和外观为基础	基于层的跟踪	(1)准确度好。(2)遮挡处理能力良好。(3)可以跟踪多个目标	计算时间长
		支持向量机	(1)准确度好。(2)良好的遮挡处理	需要预先训练
点跟踪[57-58]	正在跟踪的移动目标被表示为可以保存诸如轨迹和位置等信息的点。然而,为了首先检测这些点,需要另一个外部机制	粒子滤波	(1)高精度。(2)遮挡处理能力良好。(3)复杂背景下表现良好	(1)计算量大,计算时间长。(2)不适合实时应用
		卡尔曼滤波	在有噪声的图像中表现良好	准确度低
轮廓跟踪[59]	在目标具有复杂形状的情况下,可以使用此方法,因为它使用过去帧中移动目标的精确轮廓	形状匹配	(1)准确度高。(2)目标轮廓改变时表现良好。(3)遮挡处理能力良好	(1)计算时间长。(2)需要预先训练
		边缘匹配	(1)灵活适应各种形状。(2)准确度好	需要耗费时间寻找最佳配置近似值

13.3.6 地理位置指向

地理位置指向是万向节系统中使用的一种方法,允许用户根据无人机和万向节的位置和高度指向所需的地理位置。这种指向方法允许长时间盯着某个位置,这在持续监视中是必不可少的。通过从 PEU 向万向节电机发送命令以指定所需的角度。图13.3解释了此方法的流程。

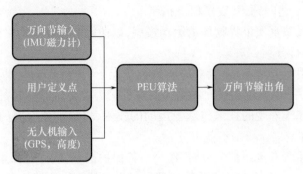

图 13.3 地理位置指向流程

PEU 从万向节和无人机读取所需的数据,并将用户所需的位置整合到算法中。从这些算法中可以得到万向节的俯仰和偏角,并将其作为角度命令发送到万向节,以将其指向所需的位置。PEU 中使用的算法和变量如下所示。

变量:

$\varphi_{A,B}$	点 A 和 B 的纬度,其中 A 是无人机点,B 是用户定义点。指向假设北方是正的
$L_{A,B}$	点 A 和 B 的经度,其中 A 是无人机点,B 是用户定义点。指向假设东方是正
β	方位角
D	平面上两点之间的距离
R	球形模型中的地球半径
σ	无人机朝向,从北顺时针方向
x	从无人机中心到相机中心的水平距离
z	从无人机中心到相机中心的垂直距离
H	无人机离地高度
γ	相机偏航角。顺时针为正
α	相机从水平位置的俯仰角。向下为正

如果地球表面有两个 A 点和 B 点(假定地球是半径为 R 的球形),并且这两个点距离很近(相距几千米以内),那么可以使用以下公式来计算这两个点之间的距离[60]。

可以利用哈弗斯线计算角度 θ 为

$$\mathrm{hav}(\theta) = \mathrm{hav}(\Delta\varphi) + \cos(\varphi_A)\cos(\varphi_B)\mathrm{hav}(\Delta L) \tag{13.12}$$

式中:$\Delta\varphi$ 是纬度差;ΔL 是经度差;哈弗斯函数是

$$\mathrm{hav}(\theta) = \sin^2\frac{\theta}{2}$$

因此,可以得到

$$\begin{cases} \theta = 2\arcsin(\sqrt{\mathrm{hav}(\theta)}) \\ D = R\theta \end{cases} \tag{13.13}$$

方位由北向东测量。从 A 点看，B 点的方位可通过首先计算两个量 S 和 C 来确定，如下所示：

$$S = \cos(\varphi_B)\sin(\Delta L) \tag{13.14}$$

$$C = \cos(\varphi_A)\sin(\varphi_B) - \sin(\varphi_A)\cos(\varphi_B)\cos(\Delta L) \tag{13.15}$$

然后，方位角 β 可通过以下公式计算：

$$\beta = \arctan\left(\frac{S}{C}\right)$$

但是，如果 C 为零，则无法解决此问题，因此可以在代码中使用 atan2 函数或任何等效函数。

无人机与感兴趣点之间的距离和方位角可根据上述公式计算。参考图 13.4，摄像机的偏航角可计算如下：

$$\gamma' = \arctan\left(\frac{D\sin\beta - x\sin\sigma}{D\cos\beta - x\cos\sigma}\right)$$

$$\gamma = \gamma' - \sigma$$

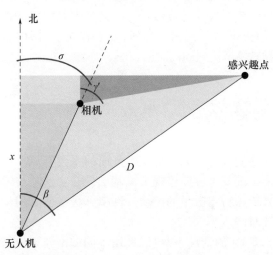

图 13.4　无人机俯视图和关注点

然后，参考图 13.2，俯仰角可计算如下：

$$\alpha = \arctan\left(\frac{H - z}{D - x}\right)$$

可以用 atan2 函数代替，以防止角度计算中出现的任何错误（图 13.5）。

至于横滚角度，它在系统中用作稳定器角度，来防止万向节滚动导致图像不稳定。当然，可以按需手动设置该值，但保持在水平位置更利于稳定。

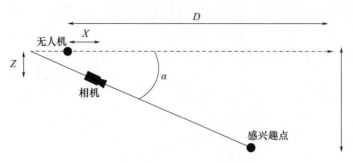

图 13.5 俯仰角计算的侧视图

如果所使用的万向节的运动范围有限,则最好在程序中指定以防止万向节因运动范围过大而损坏。例如,指定当前偏航角、俯仰角和横滚角的范围:

$$-90°\leqslant \gamma \leqslant 90°$$
$$0°\leqslant \alpha \leqslant 180°$$
$$-90°\leqslant \beta \leqslant 90°$$

当然,这些值可以根据所使用的万向节系统及其功能进行更改。最后要做的是检查万向节控制器的比特率。由于大多数万向节电机以编码器计数工作,设计师应该找到角度值对应的计数数目。这是为了允许算法输出编码器计数中的角度,以便发送给万向节控制器。当然,如果万向节可以立即读取正常角度,则不需要使用这种转换。

13.4 未来趋势

持续监视正在演变成一个无人机技术方面的主要领域。许多不同的任务应用需要持续监视来扩展安全性或监视关键基础设施。这项技术的未来发展是使用多个空中平台来覆盖特定数量的区域。许多算法被研究用于最大化覆盖区域和优化操作的持续时间[61-68]。

此外,在多个 sUAV 的情况下,可以使用不同的配置来维持系统总功率。例如,可以使用非系链解决方案,空中平台可以通过与其他平台交换来加油,然后返回基地开始加油过程[63-64]。多个 sUAV 和非系链配置的概念可以一起工作以覆盖多个区域、更大的覆盖区域和优化的功耗。

13.5 小结

我们在本章中介绍了一个可供参考的 sUAV 持续监视系统总览。这样的系统总览支持基于 COTS 硬件组件的开放式体系结构。在这个体系结构中,有两种可支持的有效载荷类型:EO 有效载荷和 IR 有效载荷允许系统日夜不间断运行。机载和地面站之间的通信通过数据链系统完成。万向节控制器控制万向节 IMU 传感器和电机以稳定万向节。此系统中的一个关键组件是 PEU,它负责运行跟踪功能所需的图像处理流程。PEU 接收图像并安排所需的处理过程,如拼接、稳定、背景消除和跟踪等。为了寻求可伸缩性、易部署性和可扩展性,建议 PEU 应遵循分布式/多线程体系结构,尽可能在嵌入式硬件上运行,并考虑 GPU 并行化,从而以最小的开发和集成工作量促进软件的可替代性。

参考文献

[1] Ren J., Xu M., Smith J., Zhao H., and Zhang R. 'Multi-view visual surveillance and phantom removal for effective pedestrian detection'. *Multimedia Tools and Applications*. 2017;77(14): 18801–18826.

[2] Sommer L. W., Teutsch M., Schuchert T., and Beyerer J. 'A survey on moving object detection for wide area motion imagery'. *Proceedings of the IEEE Winter Conference on Applications of Computer Vision*; Lake Placid, NY, USA, 2016. pp. 1–9.

[3] Palaniappan K., Rao R., and Seetharaman G. 'Wide-area persistent airborne video: Architecture and challenges'. *Distributed Video Sensor Networks: Research Challenges and Future Directions*, Springer, 2010; pp. 349–371.

[4] Blasch E., Seetharaman G., Suddarth S., et al. 'Summary of methods in wide-area motion imagery(WAMI)'. *Proceedings of SPIE* 9089; Baltimore, Maryland, USA, 2014. p. 90890C.

[5] Cai G., Dias J., and Seneviratne L. 'A survey of small-scale unmanned aerial vehicles: Recent advances and future development trends'. *Unmanned Systems*. 2014;2(02):175–199.

[6] Batista da Silva L. C., Bernardo R. M., de Oliveira H. A., and Rosa P. F. F. 'Unmanned aircraft system coordination for persistent surveillance with different priorities'. *Proceedings of the IEEE 26th International Symposium on Industrial Electronics*; Edinburgh, UK, 2017. pp. 1153–1158.

[7] Khandani H., Moradi H., and Yazdan P. J. 'A real-time coverage and tracking algorithm for UAVs based on potential field'. *Proceedings of the 2nd RSI/ISM International Conference on Robotics and Mechatronics*; Tehran, Iran, 2014. pp. 700–705.

[8] Logan M. J., Chu J., Motter M. A., Carter D. L., Ol M., and Zeune C. 'Small UAV research and evolution in long endurance electric powered vehicles'. *Proceedings of the AIAA Infotech Aerospace Conference and Exhibition*; Rohnert Park, California, USA, 2007. pp. 1–7.

[9] Zeng Y., Zhang R., and Lim T. J. 'Wireless communications with unmanned aerial vehicles: Opportunities and challenges'. *IEEE Communications Magazine*, 2016;54(5):36–42.

[10] Ohood A. A., Omar A., Abdulrahman A., Abdulla A. A., Slim S., and Issacniwas S, 'Persistent surveillance with small unmanned aerial vehicles(SUAVs): A feasibility study'. *Proceed-*

ings of SPIE 10796;Electro – Optical Remote Sensing XII;Berlin,Germany,2018. p. 107960K.

[11] https://www. ntpdrone. com/[Accessed 28 July 2018].

[12] http://tethered. solutions/[Accessed 01 Feb 2018].

[13] http://www. unmannedsystemstechnology. com/2017/05/mmc – announces – new – tethered – drone – power – supply – system/[Accessed 28 Jan 2018].

[14] https://hoverflytech. com/defense/[Accessed 05 Feb 2018].

[15] Estrela V. V. ,and Galatsanos N. P. 'Spatially – adaptive regularized pel – recursive motion estimation based on cross – validation'. In *Proceedings 1998 International Conference on Image Processing*. ICIP98(Cat. No. 98CB36269);Chicago,IL,USA,1998 October;Vol. 2. pp. 200 – 203. IEEE.

[16] Coelho A. M. ,and Estrela V. V. (2016). EM – based mixture models applied to video event detection. arXiv preprint arXiv:1610.02923. Small UAV:persistent surveillance made possible 327

[17] Razmjooy N. ,Mousavi B. S. ,Soleymani F. ,and Khotbesara M. H. 'A computer – aided diagnosis system for malignant melanomas'. *Neural Computing and Applications*. 2013;23(7 – 8):2059 – 2071.

[18] Estrela V. V. ,and Herrmann A. E. 'Content – based image retrieval(CBIR) in remote clinical diagnosis and healthcare'. In *Encyclopedia of E – Health and Telemedicine*,IGI Global,2016,pp. 495 – 520.

[19] Razmjooy N. ,Ramezani M. ,and Ghadimi N. 'Imperialist competitive algorithm – based optimization of neuro – fuzzy system parameters for auto – matic red – eye removal'. *International Journal of Fuzzy Systems*. 2017;19(4):1144 – 1156.

[20] de Jesus M. A. ,Estrela V. V. ,Saotome O. ,and Stutz D. 'Super – resolution via particle swarm optimization variants. ' Biologically *Rationalized Computing Techniques For Image Processing Applications*. Lecture Notes inComputational Vision and Biomechanics. Springer,Zurich,Switzerland,2018;25:317 – 337.

[21] Somayeh Mousavi B. ,and Soleymani F. 'Semantic image classification by genetic algorithm using optimised fuzzy system based on Zernike moments'. *Signal,Image and Video Processing*. 2014;8(5):831 – 842.

[22] Razmjooy N. ,Mousavi B. S. ,Khalilpour M. ,and Hosseini H. 'Automatic selection and fusion of color spaces for image thresholding'. *Signal,Image and Video Processing*. 2014;8(4):603 – 614.

[23] Emilia G. D. ,and Gasbarro D. D. 'Review of techniques for 2D camera calibration suitable for industrial vision systems'. *Journal of Physics:Conference Series*. 2017;841:012030.

[24] Yusuf A. R. ,Ariff M. F. M. ,Khairulnizam M. I. ,Zulkepli M. ,and Albert K. C. 'Camera calibration accuracy at different UAV flying heights'. *The International Archives of the Photogrammetry,Remote Sensing and Spatial Information Sciences*,vol. XLII – 2/W3,3D *Virtual Reconstruction and Visualization of Complex Architectures*. 2017;pp. 1 – 3.

[25] Tsai R. Y. 'A versatile camera calibration technique for high – accuracy 3D machine vision metrology using off the – shelf TV cameras and lenses'. *IEEE Transactions on Robotics and Au-*

tomation. 1987;3(4):323 – 344.

[26] Zhang Z. Y. 'A flexible new technique for camera calibration'. *IEEE Transactions on Pattern Analysis*. 2000;22(11):1330 – 1334.

[27] Zhang Z. 'Flexible camera calibration by viewing a plane from unknown orientations'. *Proceedings of the 7th IEEE International Conference on Computer Vision*; Kerkyra, Greece, 1999. pp. 666 – 673.

[28] Pérez M., Agüera F., and Carvajal F. 'Digital camera calibration using images taken from an unmanned aerial vehicle'. *The International Archives of the Photogrammetry, Remote Sensing and Spatial Information Sciences*, Zurich, Switzerland, Vol. XXXVIII, Part 1/C22, 2011; pp. 167 – 171.

[29] Chiang K. – W., Tsai M. – L., and Chu C. – H. 'The development of an UAV borne direct georeferenced photogrammetric platform for ground control point free applications'. *Sensors*, 2012;12:9161 – 9180. 328 Imaging and sensing for unmanned aircraft systems, volume 1

[30] Sauerbier M., and Eisenbeiss H. 'Investigation of UAV systems and flight modes for photogrammetric applications'. *The Photogrammetric Record*, 2011;26(136):400 – 421.

[31] Deng D. W., and Li B. A. 'Large Unmanned Aerial Vehicle Ground Testing System'. *In Applied Mechanics and Materials*, 2015;719:1244 – 1247.

[32] Jimenez P. L., and Agudelo D. 'Validation and calibration of a high – resolution sensor in unmanned aerial vehicles for producing images in the IR range utilizable in precision agriculture'. *American Institute of Aeronautics and Astronautics (AIAA) SciTech*, 2015.

[33] Tahar K. N. 'Aerial terrain mapping using unmanned aerial vehicle approach'. *International Archives of the Photogrammetry, Remote Sensing and Spatial Information Sciences*, Vol. XXXIX – B7, XXII ISPRS Congress, Melbourne, Australia, 2012. pp. 493 – 498.

[34] Mohamed M. R. M., and Schwarz K. P. 'An autonomous system for aerial image acquisition and georeferencing'. *American Society of Photogrammetry and Remote Sensing Annual Meeting*, 1999; pp. 17 – 21.

[35] Liu P., Xi C., and Yang L. 'An approach of system calibration for UAV photogrammetry'. *Proceedings of SPIE*, 2011; p. 8200.

[36] Xie H., Hicks N., Keller G. R., Huang H., and Kreinovich V. 'An IDL/ENVI implementation of the FFT – based algorithm for automatic image registration'. *Computers & Geosciences*. 2003; 29:1045 – 1055.

[37] Zhao F., Huang Q., and Gao W. 'Image matching by normalized cross – correlation'. *Proceedings of the IEEE International Conference on Acoustics, Speech and Signal Processing*, 2006. pp. II.

[38] Brown M., and Lowe D. G. 'Automatic panoramic image stitching using invariant features'. *International Journal of Computer Vision*. 2007;74:59 – 73.

[39] De Césare C., Rendas M. – J., Allais A. – G., and Perrier M. 'Low overlap image registration based on both entropy and mutual information measures'. *OCEANS 2008. IEEE*, 2008. pp. 1 – 9.

[40] Jia Y., Su Z., Zhang Q., Zhang Y., Gu Y., and Chen Z. 'Research on UAV remote sensing image mosaic method based on SIFT'. *International Journal of Signal Processing, Image Pro-*

cessing and Pattern Recognition, 2015;8(11):365 – 374.

[41] Cruz B. F., de Assis J. T., Estrela V. V., and Khelassi A. 'A compact SIFT – based strategy for visual information retrieval in large image databases.' Medical Technologies Journal, 2019; 3(2):402 – 412, doi:10.26415/2572 – 004X – vol3iss2p402 – 412.

[42] Zagrouba E., Barhoumi W., and Amri S. 'An efficient image – mosaicing method based on multifeature matching'. *Machine Vision and Applications*. 2009;20:139 – 162.

[43] Wang J., and Watada J. Panoramic image mosaic based on SURF algorithm using OpenCV, *9th International Symposium on Intelligent Signal Processing*, IEEE, Siena, Italy, 2015; pp. 1 – 6.

[44] Rong W., Chen H., Liu J., Xu Y., and Haeusler R. Mosaicing of microscope images based on SURF, *24th International Conference on Image and Vision Computing New Zealand*, IEEE, Wellington, New Zealand, 2009; pp. 271 – 275.

[45] Geng N., He D., and Song Y. 'Camera image mosaicing based on an optimized SURF algorithm'. *TELKOMNIKA Indonesian Journal of Electrical Engineering*. 2012;10:2183 – 2193.

[46] Zhang Y., Xiong J., and Hao L. 'Photogrammetric processing of low – altitude images acquired by unpiloted aerial vehicles'. *The Photogrammetric Record*, 2011;26:190 – 211.

[47] Shen H., Pan Q., Cheng Y., and Yu Y. Fast video stabilization algorithm for UAV. In *IEEE International Conference on Intelligent Computing and Intelligent Systems*, 2009. ICIS 2009, Shanghai, China, 2009, vol. 4, pp. 542 – 546.

[48] Vazquez M., and Chang C. 'Real – time video smoothing for small RC helicopters'. *Proc. IEEE International Conference on Systems, Man and Cybernetics*, San Antonio, Texas, USA, 2009; pp. 4019 – 4024.

[49] Lucas B. D., and Kanade T., 'An iterative image registration technique with an application to stereo vision'. *Proceeding of the 7th International Joint Conference on Artificial Intelligence*. San Francisco, USA, 1981;81:674 – 679.

[50] Wang Y., Hou Z., Leman K., and Chang R. 'Real – time video stabilization for unmanned aerial vehicles'. Proc. IAPR Conference on Machine Vision Applications, 2011, Nara, JAPAN, 2011:336 – 339.

[51] Issacniwas S., Slim S., and Maya A. H. 'Parallax rectification and stabilization technique for multiple objects tracking in wide area surveillance system'. *Proc. SPIE* 10649, *Pattern Recognition and Tracking XXIX*, Orlando, Florida, USA, 2018; p. 1064914.

[52] Srinivasan K., Porkumaran K., and Sainarayanan G. 'Improved background subtraction techniques for security in video applications'. *Proc. IEEE 3rd International Conference on Anti – counterfeiting, Security and Identification in Communication*, Hong Kong, China, 2009.

[53] Oliver N. M., Rosario B., and Pentland A. P. 'A Bayesian computer vision system for modeling human interactions'. *IEEE Transactions on Pattern Analysis and Machine Intelligence*. 2000;22(8):831 – 843.

[54] Stauffer C., and Grimson W. 'Adaptive background mixture models for realtime tracking'. *Proc. IEEE Computer Society Conference on Computer Vision and Pattern Recognition*. Fort Collins, CO, USA, 1999.

[55] McFarlane N. J. B., and Schofield C. P., 'Segmentation and tracking of piglets in images'. *Machine Vision and Applications*, 1995;8:187 – 193.

[56] Wei L., Jianhu W., and Qin L. 'Study on moving object tracking algorithm in video images'. *Proc. 8th IEEE International Conference on Electronic Measurement and Instruments*, Xian, China, 2007; pp. 810 – 816.

[57] Shai A. 'Support vector tracking'. *IEEE Transactions on Pattern Analysis and Machine Intelligence*. 2004;26(8):1064 – 1072.

[58] Hu W., Tan T., Wang L., and Steve M. 'A survey on visual surveillance of object motion and behaviors'. *IEEE Transactions on Systems, Man, and Cybernetics Applications and Reviews*. 2004;34(3):334 – 352.

[59] Javed O., and Shah M. 'Tracking and object classification for automated surveillance'. *Proceedings of the 7th European Conference on Computer Vision – Part IV*, Copenhagen, Denmark, 2002; pp. 343 – 357.

[60] Karasulu B. 'Review and evaluation of well – known methods for moving object detection and tracking in videos'. *Journal of Aeronautics and Space Technologies*. 2010;4(4):11 – 22.

[61] Jeong B., Ha J., and Choi H. 'MDP – based mission planning for multi – UAV persistent surveillance'. *14th International Conference on Control, Automation and Systems*. Seoul, South Korea, 2014; pp. 831 – 834.

[62] Nigam N., and Kroo I. 'Persistent surveillance using multiple unmanned air vehicles'. 2008 *IEEE Aerospace Conference*, Big Sky, MT, USA, 2008; pp. 1 – 14.

[63] Hartuv E., Agmon N., and Kraus S. Scheduling spare drones for persistent task performance under energy constraints. 2008 International Conference on Autonomous Agents and Multiagent Systems AAMAS, Stockholm, Sweden, 2018.

[64] Mitchell D., Corah M., Chakraborty N., Sycara K. P., and Michael N. 'Multi – robot long – term persistent coverage with fuel constrained robots'. *Proc. 2015 IEEE International Conference on Robotics and Automation (ICRA)*, Seattle, WA, USA, 2015; pp. 1093 – 1099.

[65] Peters, J. R., Wang, S. J., Surana, A., and Bullo, F. 'Cloud – supported coverage control for persistent surveillance missions'. *Journal of Dynamic Systems Measurement and Control*. 2017; 139(8):1 – 12.

[66] Razmjooy N., Estrela V. V., and Loschi H. J. 'A survey of potatoes image segmentation based on machine vision.' *Applications of Image Processing and Soft Computing Systems in Agriculture*. IGI Global, Hershey, PA, USA, 2019; 1 – 38. doi:10.4018/978 – 1 – 5225 – 8027 – 0.ch001

[67] Nigam N. 'The multiple unmanned air vehicle persistent surveillance problem: A review'. *Machines*. 2014;2(1):13 – 72.

[68] Mahmood S., Afsharchi M., and Weindling A. M. 'A Markovian decision process analysis of experienced agents joining ad – hoc teams'. 2018 *21st Euromicro Conference on Digital System Design (DSD)*, Prague, Czech Republic, 2018; 691 – 698.

第14章　总结与展望

目前对无人机的认识不仅促进了军事应用,也促进了民用领域。飞行器的要求是保证更高水平的安全性,能够在避障情况下与有人驾驶飞机相媲美。探测车辆路径中的障碍物并确定它们是否构成威胁的过程以及避免问题的措施(被称为"看见并避免"或"感觉并避免")涉及大量决策。其他类型的决策任务可以通过计算机视觉和传感器集成来完成,因为它们有很大的潜力来提高无人机的性能。从宏观上看,无人飞行系统(UAS)是一种网络-物理系统(CPS),尽管存在精度、可靠通信、分布式处理能力和数据管理等严格的设计限制,但它可以从各种类型的传感框架中获益。

第1章概述了一些主要概念,并重点关注了UAV-CPS中尚待讨论的几个问题。然后讨论了一些趋势和需求,以促进读者对之后的章节进行批判性思考。

UAV-CPS的一些显著优点是,它们能够在完成乏味无聊工作的同时承担人们的职责和目标。同时,它们也独立地做出一些决定并执行行动。因此,人和机器必须协作。尽管这些功能可以提供很大回报,但要完全掌握辅助人机交互的合适方法仍然需要付出巨大的努力。

在多个传感器和执行器上都使用低成本、开源组件对于工作量和代价而言是一个相当大的挑战。因此,在UAV-CPS中采用开源软件(OSS)和硬件(OSH)是一种理想的解决方案。可用的OSH和OSS应尽可能地独立应用于硬件框架和操作系统的类型设计。

通过添加信道编码(即纠错码)可以识别和纠正在数据传输过程中发生的错误,进而提升正交频分复用(OFDM)UAV-CPS的性能。与传统的无线信道模型相比,超宽带(UWB)信道的巨大带宽可以在多个MAV应用中产生新的影响。基于IEEE802.15.4a的UWB技术在需要使用各种传感器以高精度定位来实现稳定和导航时有多种用途。尽管如此,绝对室内定位对于无人机而言仍极具挑战。

在非结构化环境和多变条件下驾驶无人机是一项挑战。为了支持更好算法的发展,提出了一个在巴西低空无人机飞行的多用途数据集作为定位和其他航空电子任务的基准数据集,从而可以用一个有/无地标的深度估计基准方法来评估计算机视觉程序的稳健性和通用性。这一阶段的发展有助于推进未来与遥感(RS)模块的集成,而遥感模块可以带来更多的光谱信息以供分析。

UAV-CPS涉及大量的网络知识,更具体地说,是飞行Ad-hoc网络(FANET)。通过UAV-CPS的高维多媒体数据流量呈指数级增长,这一事实提出了若干问题,并指出了未来的研究方向。

纹理是识别图像中物体或感兴趣区域(ROI)的一个重要特征,广泛应用于从卫星图像到评估生物量的图像分类。无人机图像利用超高空间分辨率,也表明纹理是其重要的知识来源。然而,无人机图像中的纹理很少被用于监视。此外,融合地面高光谱数据可以补偿UAV传感器的有限波段,提高分析的估计精度。因此,本章的目标是:①探索基于无人机的多光谱图像;②通过高光谱信息提高部分类型的估计精度。

配备相机的无人机可以用于直接观察生态平衡、水体、建筑物、桥梁、森林保护区和其他类型基础设施建设,其应用呈指数级增长。这些UAV-CPS可以高频率地检查各种现场地点,监控正在进行的工作,生成安全文件/报告,并检查现有结构(主要是难以到达的区域)。

无论机载传感器、云端、遥感、计算智能和通信技术的发展如何复杂,超分辨率(SR)将在相当长的一段时间内得到广泛应用。这将继续发生在获取图像是昂贵和麻烦的情况下,例如医疗保健、天文学和救灾等。

服务质量(QoS)和体验质量(QoE)(除其他定性性能指标外)将在推动UAV-CPS所有阶段的进一步发展方面发挥关键作用。

本书旨在为当前和未来的UAV-CPS应用提供参考。它将展示无人机成像能力和传感器集成部署的基本方面、正在进行的研究工作、成就和面临的挑战。

总之,这本书介绍了计算机视觉/图像处理框架以及传感器应用在无人机设计中的挑战、作用和技术问题。本书能够帮助读者关注和理解与计算机视觉和传感相关的最重要的因素。

彩图

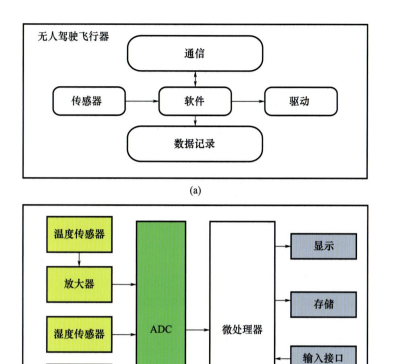

图 2.1　软件在自动驾驶汽车中的作用(a)和典型的数据记录器(b)

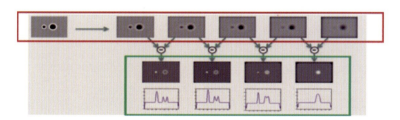

图 3.2　用高斯滤波器平滑图像

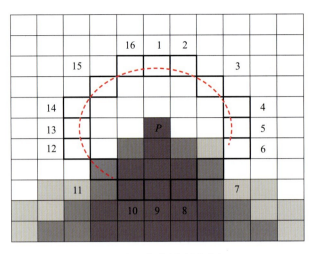

图 3.4 中心像素周边圆形窗口

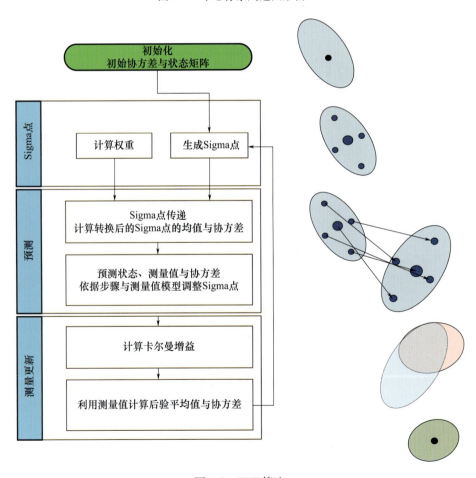

图 6.2 UKF 算法

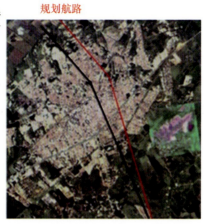

图 7.1　惯性导航飞行路径与规划路径对比示意图
（黑色线为 IMU 导航线路，红色线为规划航线）

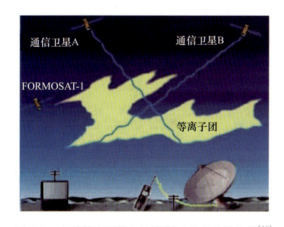

图 7.3　赤道等离子体气泡阻断无线电信号传播[16]

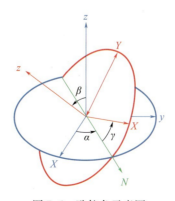

图 7.6　欧拉角示意图

(a) 转换后的捕获图像　　　　(b) 存储图像

图 7.7　使用相关性度量方法匹配来自同一传感器的 RGB 图像[57]

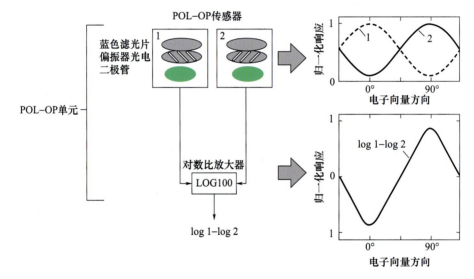

图 8.9　POL-OP 单元示意图

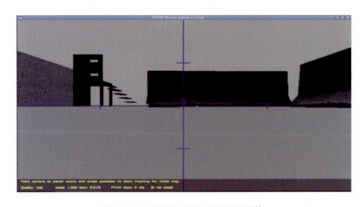

图 9.15　PTAM 无人机相机图像

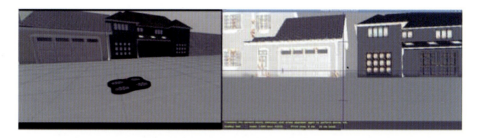

图 9.16　跟踪图(初始图)

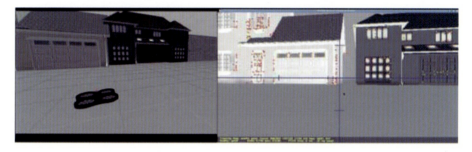

图 9.17　跟踪图

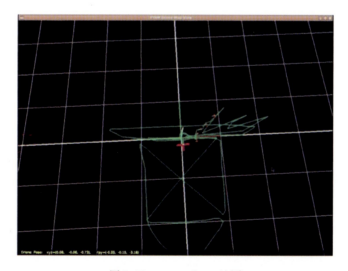

图 9.18　tum_ardrone 地图

无人机系统成像与感知——控制与性能

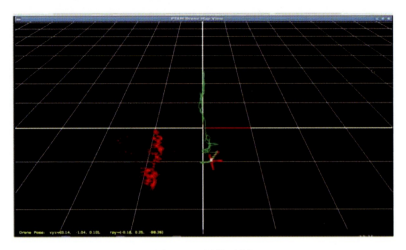

图 9.19　导航示例

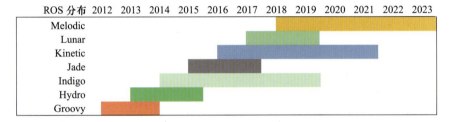

图 10.3　ROS 发行版和寿命终止日期清单

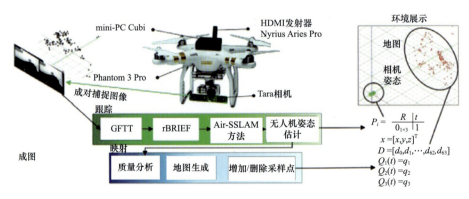

图 11.3　Air SSLAM 架构概述[19]

006

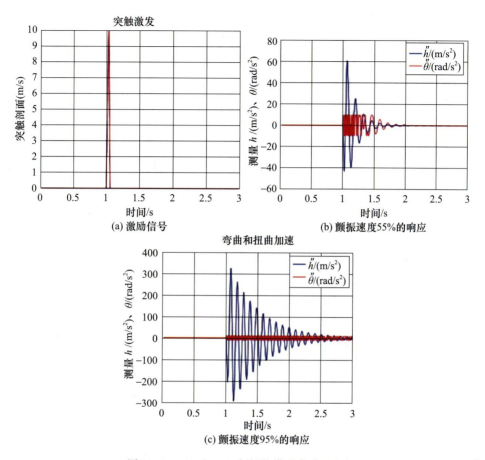

图 12.6 55% 和 95% 颤振的模型激励和响应

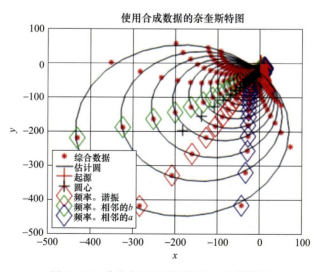

图 12.10 作为气流速度函数的奈奎斯特图

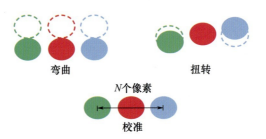

图 12.18 标记移动和校准

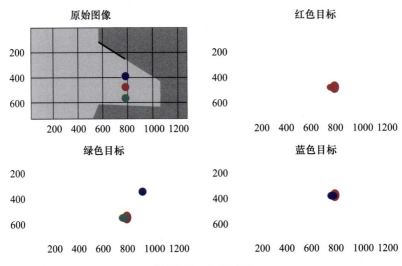

图 12.19 标记减法

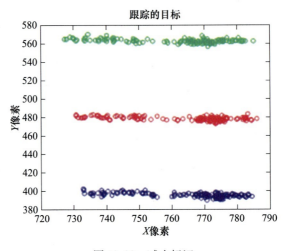

图 12.20 减去标记